普通高等教育"十四五"规划教材

统 计 热 力 学

沈峰满　编著

U0314545

北　京

冶 金 工 业 出 版 社

2023

内 容 提 要

本书从分子的能量分析入手，论述了经典力学描述微观粒子性质的局限性，通过引入量子力学知识，介绍了微观粒子的能量赋存方式与具有普适性的微观粒子玻耳兹曼分布统计方法以及统计热力学中最重要的概念——配分函数，详细论述了配分函数的引出、计算以及与宏观热力学性质之间的关系，由浅入深地介绍了统计热力学在热力学参数计算上的应用，并从微观角度介绍了动力学参数的微观机理。

本书适合于高等学校化学专业以及冶金、材料等学科的本科生与研究生学习，也适合于从事热力学研究工作的科研工作者使用。

图书在版编目(CIP)数据

统计热力学/沈峰满编著.—北京：冶金工业出版社，2023.1
普通高等教育"十四五"规划教材
ISBN 978-7-5024-9373-8

Ⅰ.①统…　Ⅱ.①沈…　Ⅲ.①统计热力学—高等学校—教材　Ⅳ.
①O414.2

中国国家版本馆 CIP 数据核字(2023)第 022821 号

统计热力学

出版发行	冶金工业出版社	电　话	(010)64027926
地　址	北京市东城区嵩祝院北巷 39 号	邮　编	100009
网　址	www.mip1953.com	电子信箱	service@ mip1953.com

责任编辑　刘小峰　赵缘园　美术编辑　彭子赫　版式设计　孙跃红
责任校对　石　静　责任印制　窦　唯
三河市双峰印刷装订有限公司印刷
2023 年 1 月第 1 版，2023 年 1 月第 1 次印刷
787mm×1092mm　1/16；12 印张；226 千字；181 页
定价 39.00 元

投稿电话　(010)64027932　投稿信箱　tougao@cnmip.com.cn
营销中心电话　(010)64044283
冶金工业出版社天猫旗舰店　yjgycbs.tmall.com
(本书如有印装质量问题，本社营销中心负责退换)

前　言

　　统计热力学是集"热力学知识—量子力学理论—统计力学方法"为一体的一门科学，是沟通微观世界和宏观世界的桥梁。掌握统计热力学知识，可以增进对微观世界的认知，强化数学逻辑思维的应用，精准掌握统计力学的原理，开拓获得热力学参数的途径，建立科学研究的理念与方法，提高对微观与宏观之间辩证统一的逻辑思维能力。统计热力学历史悠久，早在 19 世纪初，科学家们就开始涉猎统计热力学的研究，通过对微观粒子性质，尤其是依据微观粒子能量分布的统计，给出了微观粒子分布的定量描述表达式，解释了自然界中相关的物理化学现象，并使之成为获得宏观体系物理量的一种有效的方法。

　　本教材着眼于分子的能量分析，讨论了经典力学描述微观粒子性质的局限性和有关微观粒子能量赋存方式的量子力学描述，重点介绍了具有普适性的微观粒子玻耳兹曼分布统计方法和统计热力学中最重要的概念——配分函数。从配分函数的引出、计算以及与宏观热力学性质之间的关系，由浅入深地介绍了统计热力学在热力学参数计算上的应用以及动力学参数的微观机理。本教材由热力学的基本关系式、经典和量子力学确定分子能量的论述、不同属性（定域子或离域子）微观粒子的分布和配分函数、宏观热力学性质与描述微观状态配分函数之间的关系、动力学的微观统计力学解释等共 5 章构成。若以微观/宏观尺度为横坐标、势能（层次）为纵坐标，可将本教材各章节知识点的衔接及相互之间的逻辑关系示于图 1。

　　从图 1 可见，若按层次（势能）分类，本教材前三章属于基础知识层次，后两章属于应用层次；若按尺度评价，体系热力学性质，经典力学属于宏观范畴，量子力学、玻耳兹曼分布以及动力学理论则属于微观范畴，而统计热力学和配分函数就是将基础与应用、宏观与微观有机连接起来的纽带。

　　本教材作为《冶金物理化学》（高等教育出版社）的姊妹篇，保持了《冶

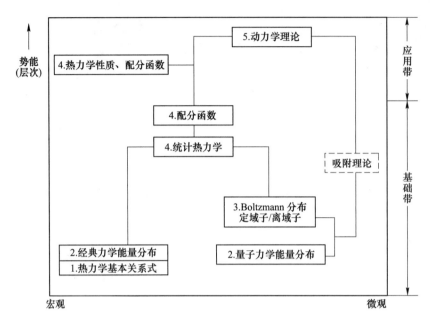

图 1　本教材各章节主要内容、所处层次及相互关系

金物理化学》教材力求概念精准、定义严密、逻辑清晰、推导缜密、深入浅出、应用性强的风格，教材集笔者常年教学经验，将量子力学知识与统计计算相结合，对于较苦涩难懂的问题或较难掌握的概念、公式做了详细的阐述，易于被忽略、混淆的词汇、用语以及特别需关注之处采用醒目的"注意"栏给予说明或解释，并安排了大量的例题与习题，有助于读者对知识点的消化、理解、掌握与自学。同时坚持历史文化传承，在教材的余白处图文并茂地介绍了与本教材内容相关的历史名人，方便读者了解有关统计热力学的发展历史脉络。

本教材适用于高等学校化学专业以及与化学知识密切相关的冶金、材料等学科的本科生、研究生和从事与热力学研究相关的科技工作者使用。

鉴于笔者的学识水平，本教材在内容或逻辑上难免有不妥之处，敬请读者给予批评指正。

沈峰满

2022 年 10 月于沈阳

|符 号 表|

英文字母

A：1）摩尔功焓，J/mol；
    2）面积：m^2

c：1）光速，299792458m/s$\approx 3.0\times 10^8$m/s；
    2）浓度，mol/m^3

C_p：恒压热容，J/(mol·K)

C_V：恒容热容，J/(mol·K)

D_0：离解能，J/mol

D_e：光谱离解能，J/mol

e：电子电量，1.602×10^{-19}C

E_k：摩尔动能，J/mol

f：自由度，量纲一的量

F：力，N

g：重力加速度，m/s^2

G：吉布斯自由能，J/mol

h：1）普朗克常数，6.626×10^{-34}J·s；
    2）高度，m

$\hbar$：约化普朗克常数，1.055×10^{-34}J·s

H：摩尔焓，J/mol

I：转动惯量，kg·m^2

J：转动量子数，量纲一的量

k：1）玻耳兹曼常数，1.381×10^{-23}J/K；
    2）反应速度常数；
    3）胡克定律比例常数

K_p：平衡常数

l：角量子数（也称副量子数），量纲一的量

m：微观粒子质量，kg

m_l：磁量子数，量纲一的量

m_s：自旋量子数，量纲一的量

M：分子量，g/mol

n：1）量子数（有时特指平动量子数），量纲一的量；
    2）微观粒子数，量纲一的量；
    3）摩尔数，量纲一的量

N：微观粒子总数，量纲一的量

N_A：阿伏伽德罗常数，6.022×10^{23}mol^{-1}

p：1）压强，Pa；
    2）动量，kg·m/s；
    3）方位因子，量纲一的量

$p^{\ominus}$：标准大气压，101325Pa

P：概率，量纲一的量

q：一个自由度上的配分函数，量纲一的量

Q：热量，J

r_{AB}：碰撞半径，m

r：1）微观粒子半径，m；
    2）距离，m

R：气体常数8.314J/(mol·K)

R_e：键长，m

S：摩尔熵，J/(mol·K)

t：时间，s

下角标 t、r、v、e：分别代表平动、转动、振动、电子的性质

T：温度，K

u_p：最概然速率，m/s

u_{rms}：方均根速率，m/s

U：摩尔内能，J/mol

v：速度，m/s

$\bar{v}$：平均速度，m/s

V：体积，m^3

w：排列方式数，量纲一的量

W：功，J

z：配分函数，量纲一的量

Z：总配分函数，量纲一的量

Z_{AB}：碰撞次数，量纲一的量

$Z^{\neq}$：络合物（活性中间体）

希腊字母

β：常数，$\beta = \dfrac{1}{kT}$，J^{-1}

ε：单个微观粒子的能量，J

ε_0：1）真空介电常数，$8.85 \times 10^{-12} F/m$；

2）粒子的零点能，J

ε_k：单一粒子动能，J

ε_p：势能，J

Θ_r：转动特征温度，K

Θ_v：振动特征温度，K

κ：活性中间体转化为产物的概率，量纲一的量

λ：波长，m^{-1}

μ：折合质量，kg

ν：振动频率，Hz（s^{-1}）

$\tilde{\nu}$：波数，m^{-1}

ρ：密度，kg/m^3

σ：对称数，量纲一的量

σ_{AB}：碰撞截面，m^2

υ：振动量子数，量纲一的量

ψ：波函数

ω：1）简并度，量纲一的量；

2）角速度，s^{-1}

Ω：微观状态数，量纲一的量

1 引 论

2 分子的能量

3　微观粒子的分布及配分函数

4 统计热力学

5 动力学参数的微观诠释

附　录

1 引　　论

—— • 1.1　关于统计热力学 • ——

科学研究和生产实践过程中，经常会涉及化学反应 A+B ═ C+D，为了有效控制该化学反应的进行方向与程度，必须了解和掌握参与化学反应的各物质物理化学特性。

一般说来，获得物质物理化学特性的方法有：

（1）直接测定；

（2）查阅文献；

（3）理论推导；

（4）近似估算。

统计热力学是一种由理论推导获得物质物理化学性质参数的方法。

1.1.1　统计力学

统计力学（又称统计物理学）是研究大量微观粒子集合宏观规律的科学，是衔接物质从微观到宏观以及从量子力学到热力学的桥梁，通过统计描述微观粒子的力学行为得出物质宏观体系性质及规律。

统计力学研究工作起始于气体分子运动论，其理论奠基人是 **R. 克劳修斯**、**J. C. 麦克斯韦**和 **L. 玻耳兹曼**等人，根据物质的微观组成和相互作用，研究由大量微观粒子组成的宏观物体性质和行为。

统计力学应用力学及概率论的基本概念，通过逻辑论证推导，得出具有普遍意义的规律，并能揭示该规律的根源。

微观粒子和宏观量是统计力学中经常使用的两个术语，其含义分别为：

（1）微观粒子：尺寸约为 Å（0.1nm）数量级，微观粒子可以是分子、原子、离子、电子等。

（2）宏观量：一般指 1mol 物质量体系对应的物理量，也称宏观性质，如摩尔体积、摩尔质量、摩尔熵、摩尔吉布斯自由能等，由于体系内微观粒子数量巨大，在同一时刻各粒子所处的状态不尽相同，因此欲获得该体

▶ **人物录 1.**

克劳修斯

鲁道夫·朱利叶斯·埃曼努埃尔·克劳修斯（Rudolf Julius Emanuel Clausius），德国物理学家和数学家，热力学主要奠基人之一。1822 年 1 月出生于德国波美拉尼亚省科斯林（今波兰科沙林）。克劳修斯重新阐述了萨迪·卡诺的定律（又被称为卡诺循环），使热理论成为更真实、健全的基础理论。1850 年克劳修斯发表关于热力学理论的论文，首次明确地提出了热力学第二定律基本概念，并于 1855 年引进了熵的概念。

系的宏观物理量，需要采用一定的处理方式，统计就是获得宏观物理量的有效方法之一。

1.1.2　统计热力学

▶ 人物录 2.

麦克斯韦

　　詹姆斯·克拉克·麦克斯韦（James Clerk Maxwell），英国物理学家、数学家，经典电动力学的创始人、统计物理学的奠基人之一。1831 年 6 月出生于苏格兰爱丁堡，毕业于剑桥大学。麦克斯韦主要从事电磁理论、分子物理学、统计物理学、光学、力学、弹性理论方面的研究。麦克斯韦建立的电磁场理论，将电学、磁学、光学三者统一，是科学史上最伟大的综合之一，也是 19 世纪物理学最光辉的成果之一。

　　统计热力学是利用统计力学原理研究和描述有关系统化学性质和行为的一种方法。根据微观粒子性质和运动力学规律，采用概率统计方法阐明并推断物质的宏观性质和规律，从微观粒子平动、转动、振动、电子跃迁等特性推算气体压力、热容、熵、焓、**吉布斯**自由能、自由能函数、反应平衡常数等物质的热力学性质。

　　统计热力学可分为平衡态统计热力学和非平衡态统计热力学，前者是指体系处于平衡状态下的统计力学，发展得比较完善；后者是指体系处于非平衡状态下的统计力学，至今尚处于发展过程中。

　　统计热力学中有一个非常重要的参数是"配分函数"。通过配分函数把微观粒子的存在状态与体系的宏观性质有机联系起来，进而由逻辑推导获得体系的热力学性质。

── • 1.2　热力学基本关系式 • ──

　　设某体系获得 δQ 热量，对体系外界做 δW 功，若假设体系对外只做膨胀功，则原本与路径有关的增量 δQ 和 δW（过程函数）就可视为与路径无关的状态函数，可分别用 $\mathrm{d}W$ 与 $\mathrm{d}Q$ 表示。对于只做膨胀功的体系，$\mathrm{d}W$ 与 $\mathrm{d}Q$ 及体系内能 $\mathrm{d}U$ 之间存在如下关系式：

$$\mathrm{d}U = \mathrm{d}Q - \mathrm{d}W \tag{1-1}$$

　　又因为膨胀功：

$$\mathrm{d}W = p\mathrm{d}V \tag{1-2}$$

式中，p 为压力（即压强），Pa；V 为体积，m^3。

　　所以：

$$\mathrm{d}U = \mathrm{d}Q - p\mathrm{d}V \tag{1-3}$$

　　对于可逆过程，根据熵 S 的定义：

$$\mathrm{d}Q = T\mathrm{d}S \tag{1-4}$$

　　因此，体系的内能 U 与温度 T 及压力 p 之间的基本关系式为：

$$\mathrm{d}U = T\mathrm{d}S - p\mathrm{d}V \tag{1-5}$$

　　进而，由热力学参数基本关系式可知：

　　焓 H：

$$H = U + pV \tag{1-6}$$

　　功焓 A：

$$A = U - TS \tag{1-7}$$

Gibbs 自由能 G：

$$G = H - TS \tag{1-8}$$

各热力学参数之间的基本关系式为：

$$dH = dU + pdV + Vdp = TdS + Vdp \tag{1-9}$$

$$dA = -SdT - pdV \tag{1-10}$$

$$dG = -SdT + Vdp \tag{1-11}$$

因此，经数学推导可获得如下 Maxwell 关系式。

将内能 U 视为是熵和体积的函数，$U = U(S, V)$，则：

$$dU = \left(\frac{\partial U}{\partial S}\right)_V dS + \left(\frac{\partial U}{\partial V}\right)_S dV \tag{1-12}$$

同理，将焓 H 视为是熵和压力的函数，$H = H(S, p)$，则：

$$dH = \left(\frac{\partial H}{\partial S}\right)_p dS + \left(\frac{\partial H}{\partial p}\right)_S dp \tag{1-13}$$

将功焓 A 视为是温度和体积的函数，$A = A(T, V)$，则：

$$dA = \left(\frac{\partial A}{\partial T}\right)_V dT + \left(\frac{\partial A}{\partial V}\right)_T dV \tag{1-14}$$

将 Gibbs 自由能 G 视为是温度和压力的函数，$G = G(T, p)$，则：

$$dG = \left(\frac{\partial G}{\partial T}\right)_p dT + \left(\frac{\partial G}{\partial p}\right)_T dp \tag{1-15}$$

将式（1-12）~式（1-15）的数学关系与基本关系式（1-5）及式（1-9）~式（1-11）相比较，得到 Maxwell 关系式的第一种表达式（1-16）~式（1-19），称为 Maxwell 关系式 I：

$$T = \left(\frac{\partial U}{\partial S}\right)_V = \left(\frac{\partial H}{\partial S}\right)_p \tag{1-16}$$

$$V = \left(\frac{\partial H}{\partial p}\right)_S = \left(\frac{\partial G}{\partial p}\right)_T \tag{1-17}$$

$$p = -\left(\frac{\partial U}{\partial V}\right)_S = -\left(\frac{\partial A}{\partial V}\right)_T \tag{1-18}$$

$$S = -\left(\frac{\partial A}{\partial T}\right)_V = -\left(\frac{\partial G}{\partial T}\right)_p \tag{1-19}$$

进而，恒熵条件下对式（1-16）再次微分，得：

$$\left(\frac{\partial T}{\partial V}\right)_S = \frac{\partial^2 U}{\partial S \partial V} \tag{1-20}$$

同理，恒容条件下对式（1-18）进行再次微分得：

$$\left(\frac{\partial p}{\partial S}\right)_V = -\frac{\partial^2 U}{\partial V \partial S} \tag{1-21}$$

因为二阶导数存在且连续，所以由式（1-20）与式（1-21）得：

$$\left(\frac{\partial T}{\partial V}\right)_S = -\left(\frac{\partial p}{\partial S}\right)_V \tag{1-22}$$

▶ **人物录 3.**

玻耳兹曼

路德维希·爱德华·玻耳兹曼（Ludwig Eduard Boltzmann），奥地利物理学家、哲学家。1844 年 2 月出生于奥地利，1866 年获得维也纳大学博士学位。1877 年暗示了物理学系统存在能级离散现象，成为了量子力学的先驱。1885 年和 1888 年先后成为奥地利和瑞典皇家科学院院士。1890 年玻耳兹曼从统计概念出发，完美地阐释了热力学第二定律，采用统计理论解释热力学中的熵增原理使得热力学第二定律更易理解。玻耳兹曼最重要的科学贡献是分子运动论，其中包括研究气体分子运动速度的麦克斯韦-玻耳兹曼分布。

同理可得：

$$\left(\frac{\partial T}{\partial p}\right)_S = \left(\frac{\partial V}{\partial S}\right)_p \qquad (1\text{-}23)$$

$$\left(\frac{\partial S}{\partial V}\right)_T = \left(\frac{\partial p}{\partial T}\right)_V \qquad (1\text{-}24)$$

$$-\left(\frac{\partial S}{\partial p}\right)_T = \left(\frac{\partial V}{\partial T}\right)_p \qquad (1\text{-}25)$$

式（1-22）~式（1-25）是 Maxwell 关系式的第二种表达形式，也称为 Maxwell 关系式 II。

—— 1.3 状态方程 ——

由 4 个物理量（p、T、V、n）描述物质平衡态的函数关系式称为状态方程：

$$F(p, T, V, n) = 0 \qquad (1\text{-}26)$$

式中，p 为压力，Pa；T 为绝对温度，K；V 为体积，m^3；n 为物质的摩尔数，量纲为一。

关于状态方程在平衡状态下的数学关系式，可由以下几种方法获得：

（1）对大量的实验数据进行数学处理；

（2）建立模型并进行逻辑推导。

目前较完备的状态方程式是描述平衡状态下理想气体的方程：

$$pV = nRT \qquad (1\text{-}27)$$

式中，R 为气体常数，$R = 8.314 J/(mol \cdot K)$。

实际上，真正的理想气体是不存在的，人们往往把密度较低（或说气体的压强（一般习惯称为压力）较低）的真实气体近似视为是理想气体。理想气体的特性如下。

1.3.1 忽略粒子间的相互作用

对于理想气体，气体分子（粒子）是非常稀疏地填充于空间内。以氢气为例，在标准状态（$T = 273K$、$p = 101325Pa$）条件下，氢气可视为理想气体。假设氢分子为刚性球，因为氢分子的直径 $d_{H_2} = 0.6nm$，单个氢分子体积 $V_{H_2} = 0.11 \times 10^{-27} m^3$，所以 1mol 的氢分子总体积为 $0.11 \times N_A = 6.8 \times 10^{-5} m^3$（$N_A$ 为阿伏伽德罗常数，$N_A = 6.022 \times 10^{23} mol^{-1}$）。在标准状态（101325Pa、273K）下，1mol 理想气体所占体积为 $22.4 \times 10^{-3} m^3$，所以视为理想气体的氢分子在空间的填充率仅为：$6.8 \times 10^{-5}/22.4 \times 10^{-3} = 0.3\%$，可见理想气体的分子（粒子）之间的空间距离"很遥远"，因此可以忽略理想气体粒子间的相互作用。

1.3.2 压力（压强）

压强是运动的分子（粒子）与单位面积的刚性器壁碰撞而产生的作用力，即气体对物体的压力，也可描述为：单位时间由气体对器壁的碰撞传给器壁单位面积上的动量变化。

根据**牛顿**定律，作用于物体上的作用力等于该物体动量的变化。因此，考察 1 个粒子（x 方向）以速度 v_x 与器壁的碰撞现象，假设该碰撞为完全弹性碰撞，该粒子的质量为 m，则该粒子的动量为 mv_x，具有的动能为 $\frac{1}{2}mv_x^2$。因为是弹性碰撞，碰撞后的速度为 $-v_x$，动量 $-mv_x$，动能仍为 $\frac{1}{2}mv_x^2$。

因为单个粒子一次碰撞的动量变化量为 $2mv_x$，体积 V 中 N 个粒子单位时间对面积 A 的器壁碰撞次数为 $\frac{Nv_x}{V2}$（式中分母 2 的含义是所有的粒子中有 1/2 数量的粒子朝向面积为 A 的器壁方向运动，而另 1/2 数量的粒子则是朝向相反的方向运动），则，

面积 A 器壁所受到的作用力 F 为：

$$F = \left(\frac{N}{V}\frac{v_x}{2}\right)A(2mv_x) = \frac{N}{V}Amv_x^2 \tag{1-28}$$

所以，压强 p 为：

$$p = \frac{F}{A} = \frac{N}{V}mv_x^2 \tag{1-29}$$

对于空间粒子运动，由于运动方向是随机且等概率，因此粒子在 x、y、z 三个方向上的分速度应相等，即：

$$|v_x| = |v_y| = |v_z| \tag{1-30}$$

所以速度矢量的模 v^2：

$$v^2 = v_x^2 + v_y^2 + v_z^2 = 3v_x^2 \tag{1-31}$$

把式（1-31）代入式（1-29），得到三维空间的 p（压强）数学表达式：

$$p = \left(\frac{N}{3V}\right)mv^2 \tag{1-32}$$

对于单一粒子运动所具有的动能 ε_k：

$$\varepsilon_k = \frac{1}{2}mv^2 \tag{1-33}$$

式中，ε_k 为单一粒子具有的动能，J。

联立式（1-33）与式（1-32），得：

▶ 人物录 5.

牛顿

艾萨克·牛顿（Isaac Newton），英国著名的物理学家、数学家、天文学家、自然哲学家，被誉为"近代物理学之父"。1643 年 1 月出生于英国林肯郡伍尔索普村，1665 年毕业于剑桥大学。1665 年发现了广义二项式定理，发展成一套新的数学理论，也就是后来的微积分学。1669 年被授予卢卡斯数学教授席位。1687 年发表《自然哲学的数学原理》，阐述了万有引力和三大运动定律，奠定了力学和天文学的基础。1689 年成为英国皇家科学院成员。1703 年担任皇家学会会长，同时也是法国科学院会员。牛顿通过论证开普勒行星运动定律与万有引力理论间的一致性，展示了地面物体与天体运动都遵循着相同的自然定律，为太阳中心学说提供了强有力的理论支持，推动了科学革命。

$$pv = \frac{2}{3}N\varepsilon_k \tag{1-34}$$

设 V 体积中的粒子数为 1mol，即对于 $N = N_A$ 个粒子体系，将 $N = N_A$ 代入式（1-34），则：

$$pV = \frac{2}{3}E_k \tag{1-35}$$

式中，E_k 为 1mol 粒子具有的动能，J。

由式（1-35）可知，pV 具有能量单位。

因此，标准状态下 1mol 气体具有的能量为：

$$E_k = \frac{3}{2}pV = \frac{2}{3} \times 101325 \times 22.4 \times 10^{-3} = 3406J \tag{1-36}$$

对于理想气体，因为 $pV = nRT$，所以 $n = 1mol$ 的理想气体所具有的动能为：

$$E_k = \frac{3}{2}RT \tag{1-37}$$

因此，从式（1-37）可知，体系的温度 T 是描述粒子平均动能的一种度量方式，若体系温度升高，必然有体系能量 E_k 的增加。换言之，体系的温度表征了体系能量的多少。

1.3.3 粒子运动速度与温度的关系

前已述及，因为拥有 n 个 mol 量的体系所具有的能量为 $E_k = \frac{3}{2}nRT$，

设 n 个 mol 体系中有 N 个粒子，则能量表达式为：

$$E_k = \frac{3}{2}nRT = \frac{1}{2}mu_{rms}^2 N \tag{1-38}$$

式中的 u_{rms} 称为方均根速率，关于方均根速率的推导参见后述的 1.4 节。

因此，由式（1-38）得：

$$u_{rms} = \left(\frac{3nRT}{mN}\right)^{1/2} \tag{1-39}$$

因为物质的分子量 M 可表示为：

$$M = \frac{mN}{n} \tag{1-40}$$

将式（1-40）代入式（1-39），得方均根速率的计算式：

$$u_{rms} = \left(\frac{3RT}{M}\right)^{1/2} \tag{1-41}$$

可见体系内粒子的方均根速率 u_{rms} 与体系的温度 T 和粒子的分子量 M 有关。

———• 1.4 最概然速率、平均速度、方均根速率 •———

以下根据 Maxwell 速率分布函数，介绍最概然速率 u_p、平均速度 $\bar{v}$ 和方均根速率 u_{rms}。

1.4.1 最概然速率 u_p

气体分子的速率分布遵循 Maxwell 分布规律，具有速度为 v 的气体分子数的概率密度 $f(v)$ 表达式（具体推导参见第 3 章 3.6.2 节）：

$$f(v) = 4\pi \left(\frac{m}{2\pi kT}\right)^{3/2} \exp\left(-\frac{mv^2}{2kT}\right) v^2 \tag{1-42}$$

以速度 v 为横坐标、概率密度 $f(v)$ 为纵坐标作图，得到气体分子速率分布概率密度与速率的对应关系（图 1-1），可见概率密度 $f(v)$ 存在极大值。定义对应 Maxwell 速率分布概率密度函数取得最大值时的速率为最概然速率 u_p。

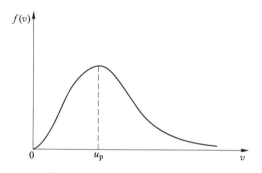

图 1-1 气体分子速率分布概率密度与速率的对应关系

以下推导最概然速率 u_p 的表达式：

根据最概然速率的定义知，当 $v = u_p$ 时，必有 $\dfrac{\mathrm{d}f(v)}{\mathrm{d}v} = 0$，即：

$$
\begin{aligned}
\left.\frac{\mathrm{d}f(v)}{\mathrm{d}v}\right|_{v=u_p} &= 4\pi\left(\frac{m}{2\pi kT}\right)^{3/2}\left[\mathrm{e}^{-\frac{mv^2}{2kT}}\left(-\frac{m}{2kT}\right)2v^3 + 2v\mathrm{e}^{-\frac{mv^2}{2kT}}\right]_{v=u_p} \\
&= 8\pi\left(\frac{m}{2\pi kT}\right)^{3/2}\mathrm{e}^{-\frac{mv^2}{2kT}}v\left[\left(-\frac{m}{2kT}\right)v^2 + 1\right]_{v=u_p} \\
&= 0
\end{aligned}
\tag{1-43}
$$

因为 $v=0$ 将失去物理意义，所以必然有：$1 - \left.\dfrac{m}{2kT}v^2\right|_{v=u_p} = 0$，由此得最概然速率 u_p 数学表达式：

$$u_p = \sqrt{\frac{2kT}{m}} \approx 1.41\sqrt{\frac{kT}{m}} \tag{1-44}$$

1.4.2　平均速度 $\bar{v}$

定义平均速度 $\bar{v}$:

$$平均速度\ \bar{v} = \frac{所有分子的速度之和}{分子总数} \tag{1-45}$$

因为具有 $(v,\ v+\mathrm{d}v)$ 速度的气体分子数概率为 $f(v)\mathrm{d}v$,设气体分子总数为 N,则在 $(v,\ v+\mathrm{d}v)$ 速度区间的分子数为 $Nf(v)\mathrm{d}v$,此速度区间的气体分子速度之和等于 $vNf(v)\mathrm{d}v$,因此所有气体分子的速度之和等于 $\int_0^\infty vNf(v)\mathrm{d}v$。根据平均速度 $\bar{v}$ 的定义,有:

$$\begin{aligned}
\bar{v} &= \left.\frac{\int_0^\infty vNf(v)\mathrm{d}v}{N}\right|_{f(v)=4\pi\left(\frac{m}{2\pi kT}\right)^{3/2}\mathrm{e}^{-\frac{mv^2}{2kT}}v^2} \\
&= \int_0^\infty 4\pi\left(\frac{m}{2\pi kT}\right)^{3/2}\mathrm{e}^{-\frac{mv^2}{2kT}}v^3\mathrm{d}v \\
&= 4\pi\left(\frac{m}{2\pi kT}\right)^{3/2}\int_0^\infty \mathrm{e}^{-\frac{mv^2}{2kT}}v^3\mathrm{d}v
\end{aligned} \tag{1-46}$$

因为:

$$\begin{aligned}
\int_0^\infty \mathrm{e}^{-\frac{mv^2}{2kT}}v^3\mathrm{d}v &= -\int_0^\infty \frac{kTv^2}{m}\mathrm{d}\mathrm{e}^{-\frac{mv^2}{2kT}} \\
&= -\frac{kTv^2}{m}\mathrm{e}^{-\frac{mv^2}{2kT}}\bigg|_0^\infty + \frac{kT}{m}\int_0^\infty \mathrm{e}^{-\frac{mv^2}{2kT}}\mathrm{d}v^2 \\
&= 0 + \left[-2\left(\frac{kT}{m}\right)^2\int_0^\infty \mathrm{e}^{-\frac{mv^2}{2kT}}\mathrm{d}\left(-\frac{mv^2}{2kT}\right)\right] \\
&= -2\left(\frac{kT}{m}\right)^2\mathrm{e}^{-\frac{mv^2}{2kT}}\bigg|_0^\infty \\
&= 2\left(\frac{kT}{m}\right)^2
\end{aligned} \tag{1-47}$$

将式 (1-47) 代入式 (1-46),得平均速度 $\bar{v}$ 表达式为:

$$\begin{aligned}
\bar{v} &= 4\pi\left(\frac{m}{2\pi kT}\right)^{3/2}\int_0^\infty \mathrm{e}^{-\frac{mv^2}{2kT}}v^3\mathrm{d}v \\
&= 4\pi\left(\frac{m}{2\pi kT}\right)^{3/2}2\left(\frac{kT}{m}\right)^2 \\
&= \sqrt{\frac{8kT}{\pi m}}
\end{aligned} \tag{1-48}$$

1.4.3　方均根速率 u_{rms}

定义方均根速率 u_{rms}:

$$方均根速率\ u_{\text{rms}} = \sqrt{\dfrac{所有分子的速度平方之和}{分子总数}} \tag{1-49}$$

同理，在 $(v,\ v+dv)$ 速度区间的气体分子数概率为 $f(v)\,dv$，设气体分子总数为 N，则在 $(v,\ v+dv)$ 速度区间的分子数为 $Nf(v)\,dv$，此速度区间的气体分子速度平方之和等于 $v^2 Nf(v)\,dv$，因此所有气体分子的速度平方之和等于 $\displaystyle\int_0^\infty v^2 Nf(v)\,dv$。根据方均根速率 u_{rms} 的定义，有：

$$
\begin{aligned}
u_{\text{rms}} &= \sqrt{\dfrac{\displaystyle\int_0^\infty v^2 Nf(v)\,dv}{N}} \\[2mm]
&= \sqrt{\int_0^\infty v^2 f(v)\,dv}\;\Big|_{f(v)=4\pi\left(\frac{m}{2\pi kT}\right)^{3/2}e^{-\frac{mv^2}{2kT}}v^2} \\[2mm]
&= \sqrt{\int_0^\infty 4\pi\left(\dfrac{m}{2\pi kT}\right)^{3/2} e^{-\frac{mv^2}{2kT}}v^4\,dv}
\end{aligned}
\tag{1-50}
$$

因为：

$$
\begin{aligned}
\int_0^\infty 4\pi\left(\dfrac{m}{2\pi kT}\right)^{3/2} e^{-\frac{mv^2}{2kT}}v^4\,dv
&= 4\pi\left(\dfrac{m}{2\pi kT}\right)^{3/2}\int_0^\infty e^{-\frac{mv^2}{2kT}}v^4\,dv \\[2mm]
&= 4\pi\left(\dfrac{m}{2\pi kT}\right)^{3/2}\int_0^\infty -\dfrac{kTv^3}{m}\,de^{-\frac{mv^2}{2kT}} \\[2mm]
&= 4\pi\left(\dfrac{m}{2\pi kT}\right)^{3/2}\left(-\dfrac{kTv^3}{m}e^{-\frac{mv^2}{2kT}}\Big|_0^\infty + \int_0^\infty \dfrac{kT}{m}e^{-\frac{mv^2}{2kT}}\,dv^3\right) \\[2mm]
&= 4\pi\left(\dfrac{m}{2\pi kT}\right)^{3/2}\left(0 + 3\dfrac{kT}{m}\int_0^\infty v^2 e^{-\frac{mv^2}{2kT}}\,dv\right) \\[2mm]
&= 4\pi\left(\dfrac{m}{2\pi kT}\right)^{3/2}\left[-3\left(\dfrac{kT}{m}\right)^2\int_0^\infty v\,de^{-\frac{mv^2}{2kT}}\right] \\[2mm]
&= 4\pi\left(\dfrac{m}{2\pi kT}\right)^{3/2}\left[-3\left(\dfrac{kT}{m}\right)^2 v e^{-\frac{mv^2}{2kT}}\Big|_0^\infty + 3\left(\dfrac{kT}{m}\right)^2\int_0^\infty e^{-\frac{mv^2}{2kT}}\,dv\right] \\[2mm]
&= 4\pi\left(\dfrac{m}{2\pi kT}\right)^{3/2}\left[0 + 3\sqrt{\dfrac{2kT}{m}}\left(\dfrac{kT}{m}\right)^2\int_0^\infty e^{-\frac{mv^2}{2kT}}\,d\sqrt{\dfrac{mv^2}{2kT}}\right] \\[2mm]
&= 4\pi\left(\dfrac{m}{2\pi kT}\right)^{3/2}\left[3\sqrt{\dfrac{2kT}{m}}\left(\dfrac{kT}{m}\right)^2\int_0^\infty e^{-\frac{mv^2}{2kT}}\,d\sqrt{\dfrac{mv^2}{2kT}}\right]
\end{aligned}
\tag{1-51}
$$

由**泊松**积分公式：

$$\int_0^\infty e^{-x^2}\,dx = \dfrac{\sqrt{\pi}}{2} \tag{1-52}$$

所以式（1-51）可写为：

人物录6.

泊松

泊松（Siméon Denis Poisson），法国数学家、几何学家和物理学家。1781 年 6 月出生于法兰西王国皮蒂维耶（今属法国卢瓦雷省）。1798 年泊松以当年第一名成绩进入巴黎综合理工学院，毕业后于 1802 年留校任教，1806 年晋升为教授。泊松最重要的贡献是将数学应用到物理学领域，最有创意和最有影响力的是他关于电磁理论的草稿，建立了描述随机现象的一种概率分布。

$$\int_0^\infty 4\pi\left(\frac{m}{2\pi kT}\right)^{3/2} \mathrm{e}^{-\frac{mv^2}{2kT}} v^4 \mathrm{d}v = 4\pi\left(\frac{m}{2\pi kT}\right)^{3/2} 3\sqrt{\frac{\pi kT}{2m}}\left(\frac{kT}{m}\right)^2$$

$$= \frac{3kT}{m} \tag{1-53}$$

将式（1-53）代入式（1-50），得方均根速率表达式为：

$$u_{\mathrm{rms}} = \sqrt{\frac{3kT}{m}} \tag{1-54}$$

对式（1-54）右边根号下的分子分母同乘阿伏伽德罗常数 N_A，得：

$$u_{\mathrm{rms}} = \sqrt{\frac{3kN_AT}{mN_A}}$$

$$= \sqrt{\frac{3RT}{M}} \tag{1-55}$$

可见上式与前述的式（1-41）完全相同。

推导完毕。

注意：方均根速率 $u_{\mathrm{rms}} = \left(\frac{3RT}{M}\right)^{1/2}$，单位 m/s，与体系内粒子的平均速度 $\bar{v} = \left(\frac{8RT}{\pi M}\right)^{1/2}$ 计算方法不同，用途也不同，前者用于计算平均动能和压强，而后者是用于计算平均自由程。

1.4.4 最概然速率 u_p、平均速度 $\bar{v}$ 以及方均根速率 u_{rms} 之间的关系

气体的最概然速率 u_p、平均速度 $\bar{v}$ 以及方均根速率 u_{rms} 三者之间的关系如下：

$$u_{\mathrm{rms}} = 1.22u_p \tag{1-56}$$

$$\bar{v} = 0.92u_{\mathrm{rms}} = 1.13u_p \tag{1-57}$$

2 分子的能量

关于分子、原子、电子等微观粒子所拥有的能量表达方式有经典物理方法和量子力学方法。本章将分别介绍。

首先介绍与能量表达方式相关的能量守恒定律限定条件和自由度的概念。

—— 2.1 能量守恒定律的限定条件 ——

周知，能量守恒定律是自然界普遍的基本定律之一，但该能量守恒定律的成立是有前提条件的。根据 **Einstein** 质能方程：

$$E = mc^2 \qquad (2\text{-}1)$$

质量与能量之间可以进行转换，或者说在微观世界中，能量与质量是统一的，伴随着体系内发生核裂变或聚合反应，质量和能量都将发生变化。但在一般条件下，由于体系很难发生核裂变或聚合反应，因此此时的体系将遵守能量守恒定律。实际上统计热力学涉及的能量守恒定律是存在附加限制性条件的：即体系能量形式仅限定于热能、物质内能、分子间作用能、化学能、宏观移动的动能和势能等。在统计热力学中如无特殊说明，涉及的能量形式仅是热能和物质的内能，而不涉及其他形式的能量。

一般说来物质内能或说粒子内部能量赋存形式有：粒子位移的平动能、粒子自身旋转的转动能和粒子内部质点偏离平衡点的振动能，诚然还有原子内的电子跃迁能，但除了少数高温等特殊条件下，电子基本处于基态，出现电子跃迁的可能性较小，因此，一般所说的 T 温度下物质内能 U 主要包括平动能、转动能和振动能 3 种形式。在定量评价物质能量的多少时，应分别计算该粒子所拥有的平动能、转动能和振动能。另外，根据需要，能量赋存形式也将包括电子跃迁能。

—— 2.2 粒子的平动能、转动能和振动能的自由度 ——

由于在评价包括分子、原子、电子等粒子的平动能、转动能和振动能

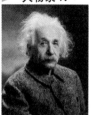

1999 年 12 月爱因斯坦被美国《时代周刊》评选为 20 世纪的"世纪伟人（Person of the Century）"。爱因斯坦的理论为核能开发奠定了理论基础，开创了现代科学技术新纪元，被公认为是继伽利略、牛顿之后最伟大的物理学家。

时涉及维度，即自由度问题，因此，为了计算粒子的平动能、转动能和振动能，需确定粒子的平动自由度 $f_{平}$、转动自由度 $f_{转}$ 和振动自由度 $f_{振}$。

首先简化非主流影响因素：假设所有的粒子均为几何质点，即忽略分子、原子、电子等粒子的实际尺寸。因为粒子 i 在位移时有三个维度（x_i、y_i、z_i），所以粒子所拥有的平动自由度 $f_{平}=3$。而粒子拥有的转动自由度 $f_{转}$ 和振动自由度 $f_{振}$ 因粒子的微观结构不同而异，以下分别进行讨论。

2.2.1 单原子分子（单质点粒子）

对于单原子分子，粒子的平动自由度在 x、y、z 三个维度上各为 1，即平动自由度 $f_{平}=3$。由于该分子（粒子）由单个质点构成，$n=1$，且因为把单原子分子只看作是一个几何点，因此其转动自由度与振动自由度均为 0（$f_{转}=0$ 且 $f_{振}=0$），所以单原子分子（粒子）的总自由度数 $f_{总}=3$（通式 $f_{总}=3n\,|_{\,n=1}$）。

2.2.2 双原子分子（双质点粒子）

将双原子分子整体看作一个粒子，粒子由两个质点构成，$n=2$。整个粒子在三维空间内的平动自由度仍是 $f_{平}=3$。关于粒子的转动自由度和振动自由度，由于粒子内有两个原子，所以必定呈线型结构，因此整个粒子可以以垂直于两个原子（质点）连线中心点为轴独立地在两个维度上旋转，因此双原子分子（双质点粒子）的转动自由度 $f_{转}=2$。同时，双原子分子中，相对于一个原子另一个原子在平衡位置附近有一定的偏移，表现为相对于另一原子质点的振动，因此双原子分子（双质点粒子）的振动自由度为 $f_{振}=1$。

因此双原子分子（双质点粒子）的自由度为平动自由度 $f_{平}=3$，转动自由度 $f_{转}=2$，振动自由度 $f_{振}=1$，粒子总的自由度数 $f_{总}=6$（通式 $f_{总}=3n\,|_{\,n=2}$）。

2.2.3 三原子分子（三质点粒子）

同理将三原子的分子看成一个粒子，粒子中有三个质点 $n=3$。与上述分析类似，三原子分子的整体平动自由度仍为 $f_{平}=3$，但对于其转动自由度 $f_{转}$ 和振动自由度 $f_{振}$ 要视粒子内部三个原子的排列位置而定。

2.2.3.1 3 个原子呈线型排列

若 3 个原子呈线型排列，则整个粒子可以以垂直于线型粒子的质量中心点为轴，在两个维度上旋转，即线型的三原子分子（三质点粒子）转动自由度 $f_{转}=2$，而三原子线型排列分子（三质点粒子）的振动自由度 $f_{振}$：相对于中心质点的两端质点存在两个振动自由度，而相对于两个端点质点，中心质点可以在垂直于两端质点的连线上，在两个维度产生位移，表现出中心质点相对于端点质点连线的两种振动，因此线型排列的三原子分子（粒子）的振动自由度 $f_{振}=4$。因此呈线型排列的三原子分子（粒子）的自由度为平动自由度 $f_{平}=3$、转动自由度 $f_{转}=2$、振动自由度 $f_{振}=4$，粒子总自由度数 $f_{总}=9$（通式 $f_{总}=3n\mid_{n=3}$）。由此可得出由 n 个质点构成的粒子振动自由度的计算通式：

$$f_{振}=f_{总}-f_{平}-f_{转}=3n\mid_{n=3}-f_{平}-f_{转} \tag{2-2}$$

例如：对于 CO_2 分子，因为 $n=3$，且三质点呈线型排列，所以平动自由度 $f_{平}=3$，转动自由度 $f_{转}=2$，则振动自由度 $f_{振}=3n-f_{平}-f_{转}=4$。关于 CO_2 分子（粒子）4 个振动自由度上的质点振动模式及振动频率 ν（波数 $\tilde{\nu}=\dfrac{\nu}{c}$，$c$ 为光速 $=3.0\times10^8 \text{m/s}$）如图 2-1 所示。

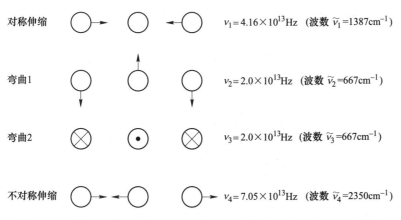

图 2-1　三质点线型排列微观粒子各振动自由度上的质点振动形式示意图

应该说明的是：CO_2 分子的弯曲振动模式有两种，对应的振动频率（或说能量值）相等，对于这种振动模式不同而能量相等的现象称为该能量对应的能级是简并的，即此时 CO_2 分子的弯曲振动为简并，其简并度为 2（关于简并度将在 2.4.2 节详细介绍）。

2.2.3.2　3 个原子呈非线型排列

若 3 个原子呈非线型排列，则以质量中心点为轴，分别在 x、y、z 三个维度方向上旋转，此时的转动能自由度 $f_{转}=3$。而三原子非线型排列分子（粒子）的振动自由度：由于任何一个质点均存在相对其他两个质点的位移，即每个质点各存在一个振动自由度。因此非线型排列的三原子分子（粒子）的振动自由度 $f_{振}=3$（$3n\mid_{n=3}-6=3$），粒子总自由度数 $f_{总}=9$（通式 $f_{总}=3n\mid_{n=3}$）。

归纳，从上述分析可得如下规律：

（1）粒子总自由度数 $f_{总}$ 等于平动自由度 $f_{平}$、转动自由度 $f_{转}$、振动自

由度 $f_{振}$ 之和，数值上等于构成粒子质点数 n 的 3 倍，即 n 个质点构成的粒子总自由度为 $f_{总} = f_{平} + f_{转} + f_{振} = 3n$。

（2）单一粒子的平动自由度 $f_{平}$ 不论构成粒子内部的质点数多少均为 3。

（3）单一粒子的转动自由度 $f_{转}$ 与构成粒子的质点数 n（$n \geq 2$）和 n 个质点的排列状态有关。若粒子内 n 个质点呈线型排列，则 $f_{转} = 2$；若粒子内 n 个质点呈非线型排列，则 $f_{转} = 3$。

（4）单一粒子的振动自由度 $f_{振}$ 也与粒子内的质点数 n（$n \geq 2$）和 n 个质点的排列状态有关。若粒子内质点数为 2（$n = 2$），则粒子的 $f_{振} = 1$；若粒子内的质点数为 3（$n = 3$）且呈线型排列，则 $f_{振} = 4$；若粒子内的质点数为 3（$n = 3$）但不呈线型排列，则 $f_{振} = 3$。因而对于 n 个质点数的微观粒子的振动自由度 $f_{振} = 3n - f_{平} - f_{转}$。即当构成粒子的质点数 $n \geq 3$，则该粒子所拥有的总自由度数 $f_{总} = 3n$，包含平动自由度 $f_{平} = 3$、转动自由度 $f_{转} = 2$（粒子内的所有质点呈线型排列）或 $f_{转} = 3$（粒子内的质点呈非线型排列）、振动自由度 $f_{振} = 3n - 5$（粒子内的所有质点呈线型排列）或 $f_{振} = 3n - 6$（粒子内的质点呈非线型排列）。将上述规律列于表 2-1。

表 2-1 粒子的种类与对应的自由度

分子（粒子）种类	粒子内质点数 n	总自由度 $f_{总}$	平动自由度 $f_{平}$	转动自由度 $f_{转}$	振动自由度 $f_{振} = f_{总} - f_{平} - f_{转}$
单原子分子（粒子）	1	$3n \big|_{n=1}$	3	0	0
双原子分子（粒子）	2	$3n \big|_{n=2}$	3	2	1
线型多原子分子（粒子）	≥ 3	$3n \big|_{n \geq 3}$	3	2	$3n-5$
非线型多原子分子（粒子）	≥ 3	$3n \big|_{n \geq 3}$	3	3	$3n-6$

事实上，粒子所具有的能量均赋存于每个自由度中。但要**注意**，自由度只是承载能量的必要条件，有能量就必须有相应的自由度，但有自由度不一定赋存一定的能量，即每一个自由度中不一定必须赋存能量，可能是"空"的。

—— 2.3 经典力学理论 ——

2.3.1 粒子平动能量

设某粒子质量为 $m(\text{kg})$ 运动速度矢量为 $v(\text{m/s})$，该速度矢量 v 在 x、y、z 三个方向上的分速度分别为 $v_x(\text{m/s})$、$v_y(\text{m/s})$、$v_z(\text{m/s})$，则该粒子具有的平均平动能 $\varepsilon_t(\text{J})$ 为：

$$\varepsilon_t = \frac{1}{2}m|v|^2 = \frac{1}{2}mv_x^2 + \frac{1}{2}mv_y^2 + \frac{1}{2}mv_z^2 \tag{2-3}$$

式中，$|\boldsymbol{v}|$ 为粒子速度矢量的模，$|\boldsymbol{v}| = (v_x^2 + v_y^2 + v_z^2)^{1/2}$。

对于气体，若不存在宏观流动时，气体分子在 x、y、z 三个方向上的运动概率相等，则：

$$v_x^2 = v_y^2 = v_z^2 = \frac{1}{3}|\boldsymbol{v}|^2 \tag{2-4}$$

由第 1 章的式（1-37）知，1mol 理想气体具有的平均动能为：

$$E_k = \frac{3}{2}RT$$

所以式（2-3）乘以**阿伏伽德罗**常数 N_A 即为 1mol 气体拥有的动能，在数值上应与式（1-37）相等，因此粒子的平均动能：

$$\varepsilon_t = \frac{1}{2}m|\boldsymbol{v}|^2 = \frac{3}{2} \cdot \frac{RT}{N_A} \tag{2-5}$$

因为气体常数 R 与阿伏伽德罗常数 N_A 之比是玻耳兹曼常数 k，所以式（2-5）可改写为：

$$\varepsilon_t = \frac{1}{2}m|\boldsymbol{v}|^2 = \frac{3}{2}\frac{RT}{N_A} = \frac{3}{2}kT \tag{2-6}$$

式中，k 为玻耳兹曼常数，$k = 1.38 \times 10^{-23} \mathrm{J/K}$。

依照能量均分，即等概率原理，粒子动能在 x、y、z 任一方向上的能量分布相等，所以每一个自由度上配分的能量为：

$$\varepsilon_t = \frac{1}{2}kT \tag{2-7}$$

注意：（1）$\varepsilon_t = \frac{1}{2}kT$ 只是一个平均值，并非是体系中每一粒子拥有的真实能量值；

（2）式（2-7）中的温度 T 只表明 T 与体系的平均能量有关，并不代表某个粒子的温度。

2.3.2　粒子转动能量

如果某粒子为双原子分子，设双原子为不同种元素，其质量分别为 m_j 的（j 代表物质，如氧（O）、碳（C）等），再设该原子距分子（粒子）质量中心距离为 r_j，则该双原子分子（双质点粒子）的总转动惯量为：

$$I = \sum_j m_j r_j^2 \tag{2-8}$$

若转动的角速度为 ω，则粒子的转动能 ε_r 为：

$$\varepsilon_r = \frac{1}{2}I\omega^2 = \frac{1}{2}\left(\sum_j m_j r_j^2\right) \cdot \omega^2 \tag{2-9}$$

式中，ω 为粒子在某一自由度上（例如垂直于纸面）围绕质量中心（重

▶ **人物录 8.**

阿伏伽德罗

阿莫迪欧·阿伏伽德罗（Amedeo Avogadro），物理学家、化学家。1776 年 8 月出生于意大利都灵，1796 获得都灵大学博士学位。阿伏伽德罗毕生致力于化学和物理学中关于原子论的研究，提出了阿伏伽德罗假说以及"同温同压下相同体积任何气体含有的分子数相同"的阿伏伽德罗定律。阿伏伽德罗的分子假说奠定了原子-分子论的基础，推动了物理学、化学的发展，对近代科学产生了深远的影响。出版的著作有：《可称物质的物理学》《确定物质基本粒子的相对质量及它们的化合比的一种方法》《关于气体物质相互结合的记录》和《原子相对质量的测定方法及原子进入化合物时数目之比的测定》。

心）点的转动角速度，s^{-1}。

以 CO 为例，从图 2-2 给出的双原子分子 CO 分子（双质点粒子）的内部构造示意图可知，CO 由质量为 m_O 和 m_C 的 O、C 原子构成，且设两原子距离为 R_L，因此 O 原子和 C 原子距 CO 分子的质量中心（O' 点：重心）的距离 r_O 和 r_C 的计算式分别为：

$$r_O = \frac{m_C}{m_O + m_C}R_L; \qquad r_C = \frac{m_O}{m_O + m_C}R_L \qquad (2\text{-}10)$$

式中，R_L 为 O 原子和 C 原子之间的距离。

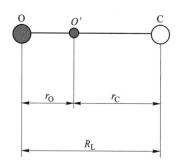

图 2-2　CO 分子内部构造示意图

因此，CO 分子（粒子）在重心处绕 x 轴的转动惯量为：

$$I_x = m_O r_O^2 + m_C r_C^2$$
$$= \frac{m_C m_O}{m_C + m_O}R_L^2$$
$$= \mu R_L^2 \qquad (2\text{-}11)$$

式中，μ 称为折合质量，表示为：

$$\mu = \frac{m_C m_O}{m_C + m_O} \qquad (2\text{-}12)$$

注意：根据能量均分原理，配分到每一个转动自由度上的能量与配分给每一个平动自由度上的能量相等，即每个转动自由度配分的能量也为 $\frac{1}{2}kT(\text{J})$。

由于双原子分子内的两个原子呈线型排列，CO 分子的转动自由度 $f_{转}=2$，因此 CO 分子在转动形式上赋存的平均能量 $\overline{\varepsilon}_r$ 为：

$$\overline{\varepsilon}_r = \left(\frac{1}{2}kT\right) \times 2 = \frac{2}{2}kT \qquad (2\text{-}13)$$

而对于非线型多原子分子（粒子），由于转动自由度 $f_{转}=3$，所以在转动形式上赋存的平均能量 $\overline{\varepsilon}_r$ 为：

$$\overline{\varepsilon}_r = \left(\frac{1}{2}kT\right) \times 3 = \frac{3}{2}kT \qquad (2\text{-}14)$$

2.3.3 粒子振动能量

仍以 CO 双原子分子（双质点粒子）为例，探讨振动能的表达式。

假设双原子分子的两质点之间存在一弹簧（图 2-3），并假设其中的一个质点不动，相当于固定质点，另一个质量为 m 的质点相对于原来的平衡位置位移为 x。根据**胡克**定律，当弹簧的一端固定不动，则弹簧产生的作用力 F 与弹簧的另一个端点产生的位移 x 成正比。

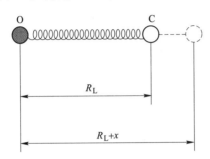

图 2-3　双原子分子内振动现象示意图

$$F = -kx \tag{2-15}$$

式中，k 为比例常数。一般说来，分子内原子间的化学键越强，k 值就越大。

根据牛顿力学第二定律：

$$F = ma = m\frac{d^2x}{dt^2} = -kx \tag{2-16}$$

式中，F 是作用力，N；m 是质点质量，kg；a 是质点获得的加速度，m/s^2；x 是位移，m；t 是时间，s。

对于微分方程式（2-16），其初始条件为：

$$t = 0 \text{ 时}, x = 0 \tag{2-17}$$

边界条件：

$$x = A \text{ 时}, \frac{dx}{dt} = v = 0 \tag{2-18}$$

式中，A 为弹簧振动的振幅，m；v 为质点的运动速度，m/s。

因此，把微分方程式（2-16）改写为：

$$m\frac{d^2x}{dt^2} + kx = 0 \tag{2-19}$$

求解微分方程式（2-19），得到任意时刻质点位移 x 的计算表达式：

$$x = A\sin\sqrt{\frac{k}{m}} \cdot t \tag{2-20}$$

令频率 ν：

▶ **人物录 9.**

胡克

　　罗伯特·胡克，英国物理学家、天文学家，17 世纪英国最杰出的科学家之一，被誉为英国的"双眼和双手"。1635 年 7 月生于威特岛的弗雷施瓦特。1655 年成为玻意耳的助手，1663 年获得牛津大学文学学士学位，并被选为皇家会员，1665 年任格雷山姆学院几何学、地质学教授，并从事天文观测工作，1676 年公布了著名的弹性定律。在物理学研究方面，胡克提出了描述材料弹性的基本定律-胡克定律，且提出了万有引力平方反比关系。胡克定律（弹性定律）是胡克最重要的发现之一，也是力学最重要的基本定律之一。

$$\nu = \frac{1}{2\pi}\sqrt{\frac{k}{m}} \qquad (2\text{-}21)$$

代入式（2-20），则得：

$$x = A\sin 2\pi\nu t \qquad (2\text{-}22)$$

因为粒子的振动能量 ε_v 为：

$$\begin{aligned} \varepsilon_v &= \int_0^A F(x)\,\mathrm{d}x \\ &= \int_0^A kx\,\mathrm{d}x \\ &= \frac{1}{2}kA^2 \end{aligned} \qquad (2\text{-}23)$$

由于处于任意位移时的质点能量 ε_v 是该时刻质点的动能和势能的加和，即：

$$\begin{aligned} \varepsilon_v &= \varepsilon_p + \varepsilon_k \\ &= \frac{1}{2}kx^2 + \frac{1}{2}\mu v^2 \end{aligned} \qquad (2\text{-}24)$$

式中，ε_p 和 ε_k 分别代表质点的势能和动能；μ 代表折合质量。

经典力学将每一个振动自由度上的配分能量等价于两个平动自由度赋存的能量，因此一个振动自由度上最大可配分的平均振动能量 ε_v 为：

$$\overline{\varepsilon_v} = \frac{1}{2}kT + \frac{1}{2}kT = \frac{2}{2}kT \qquad (2\text{-}25)$$

因此，对于存在 N 个振动自由度的粒子，总的振动能量为：

$$\overline{\varepsilon_v} = N\frac{2}{2}kT \qquad (2\text{-}26)$$

2.3.4 经典力学理论能量分布小结

粒子赋存能量的基本单位量为 $\frac{1}{2}kT$，所有能量都将"存放"在各个自由度中。

2.3.4.1 单原子分子（粒子）

对于单质点粒子：

平动能： $\qquad f_{平} = 3；\ \varepsilon_t = \frac{3}{2}kT$

转动能： $\qquad f_{转} = 0；\ \varepsilon_r = 0$

振动能： $\qquad f_{振} = 0；\ \varepsilon_v = 0$

所以，单质点粒子的总能量为：

$$\varepsilon_{\text{总}} = \varepsilon_{\text{t}} + \varepsilon_{\text{r}} + \varepsilon_{\text{v}} = \frac{3}{2}kT \qquad (2\text{-}27)$$

2.3.4.2 双原子分子（双质点粒子）

因为双原子分子属于线型排列粒子，则粒子的：

平动能： $\qquad f_{\text{平}} = 3$ ； $\varepsilon_{\text{t}} = 3 \times \frac{1}{2}kT$

转动能： $\qquad f_{\text{转}} = 2$ ； $\varepsilon_{\text{r}} = 2 \times \frac{1}{2}kT$

振动能： $\qquad f_{\text{振}} = 3n - 5 = 1$ ； $\varepsilon_{\text{v}} = 1 \times \frac{2}{2}kT$

所以双质点粒子的总能量为：

$$\varepsilon_{\text{总}} = \varepsilon_{\text{t}} + \varepsilon_{\text{r}} + \varepsilon_{\text{v}} = \frac{7}{2}kT \qquad (2\text{-}28)$$

2.3.4.3 对于三原子分子（三质点粒子）

若三质点粒子中的三个质点呈线型排列，则粒子的：

平动能： $\qquad f_{\text{平}} = 3$ ； $\varepsilon_{\text{t}} = 3 \times \frac{1}{2}kT$

转动能： $\qquad f_{\text{转}} = 2$ ； $\varepsilon_{\text{r}} = 2 \times \frac{1}{2}kT$

振动能： $\qquad f_{\text{振}} = 3n - 5 = 4$ ； $\varepsilon_{\text{v}} = 4 \times \frac{2}{2}kT$

所以呈线型排列的三质点粒子总能量为：

$$\varepsilon_{\text{总}} = \varepsilon_{\text{t}} + \varepsilon_{\text{r}} + \varepsilon_{\text{v}} = \frac{13}{2}kT \qquad (2\text{-}29)$$

若粒子中各质点呈非线型排列，则粒子的：

平动能： $\qquad f_{\text{平}} = 3$ ； $\varepsilon_{\text{t}} = 3 \times \frac{1}{2}kT$

转动能： $\qquad f_{\text{转}} = 3$ ； $\varepsilon_{\text{r}} = 3 \times \frac{1}{2}kT$

振动能： $\qquad f_{\text{振}} = 3n - 6 = 3$ ； $\varepsilon_{\text{v}} = 3 \times \frac{2}{2}kT$

所以呈非线型排列的三质点粒子总能量为：

$$\varepsilon_{\text{总}} = \varepsilon_{\text{t}} + \varepsilon_{\text{r}} + \varepsilon_{\text{v}} = \frac{12}{2}kT \qquad (2\text{-}30)$$

以上是针对一个分子（粒子）计算的能量分布，若对 1mol 物质，需乘阿伏伽德罗常数 N_{A}，例如，对 1mol 的双原子分子的能量 E 为：

$$E = N_A \varepsilon = N_A \frac{7}{2}kT = \frac{7}{2}RT \qquad (2\text{-}31)$$

归纳质点数 $n \geq 2$ 粒子内的能量分布列于表 2-2。

表 2-2 质点数 $n \geq 2$ 的粒子内的能量分布

形 式	自由度		每自由度平均能量
	质点呈线型排列	质点呈非线型排列	
平动	3	3	$\frac{1}{2}kT$
转动	2	3	$\frac{1}{2}kT$
振动	$3n-5$	$3n-6$	$\frac{2}{2}kT$

由热力学知，物质的恒容热容 C_V 定义式为：

$$C_V = \frac{\partial U}{\partial T} \qquad (2\text{-}32)$$

式中，U 为物质的内能；T 为温度。

根据上述结果，从已获得的气体物质内能，可推导出该气体物质的恒容热容表达式。

（1）对于 1mol 单原子分子气体：

$$C_V = \frac{dU}{dT} = \frac{d\left(\frac{3}{2}kTN_A\right)}{dT} = \frac{3}{2}kN_A = \frac{3}{2}R \qquad (2\text{-}33)$$

（2）对于 1mol 双原子分子气体：

$$C_V = \frac{dU}{dT} = \frac{7}{2}R \qquad (2\text{-}34)$$

（3）对于 1mol 三原子分子气体：

若原子呈线型排列：

$$C_V = \frac{13}{2}R \qquad (2\text{-}35)$$

若多原子呈非线型排列：

$$C_V = \frac{12}{2}R \qquad (2\text{-}36)$$

（4）对于质点数大于 3 的分子（粒子），可类推，不赘述。

表 2-3 中列出了典型气体经典力学 C_V/R 计算值和 C_V/R 实测值的对比，可见温度较低且原子量较小的分子经典计算值与实测值吻合程度较高，表明在原子量较小且温度较低的条件下，前述假设是合理的；但随原子量的增大和温度的升高，计算值与实测值之间存在一定的偏差，而且原子量越大、温度越高，偏差就越大，暗示原子量较大或在高温情况下粒子除了平动、转动和振动以外，还应存在其他的能量赋存形式，因此在原子

人物录 10.

德布罗意

路易·维克多·德布罗意（Louis Victor, Duc de Broglie），法国理论物理学家，波动力学的创始人，物质波理论的创立者，量子力学的奠基人之一。1892 年 8 月出生于迪耶普，1924 年获得巴黎大学博士学位。德布罗意在博士论文中首次提出了"物质波"概念，1929 年因有关波和量子论文中所提到的电子波动性理论被证实，获诺贝尔物理学奖。1932 年任巴黎大学理论物理学教授，1933 年被选为法国科学院院士。1952 年由于他热心教导民众科学知识，联合国教育、科学及文化组织授予他一级卡琳加奖。1956 年获得法国科学研究中心的金质奖章。出版的著作有：《波动力学导论》《物质和光：新物理学》《物理学中的革命》和《海森堡不确定关系和波动力学的概率诠释》。

量较大或高温条件下需对经典力学计算进行修正。

表 2-3　典型气体 C_V/R 的经典力学计算值与实测值对比

气体	经典力学 C_V/R 计算值	C_V/R 实测值				
		298K	400K	800K	1000K	1500K
He	1.5（3/2）	1.5	1.5	1.5	1.5	1.5
H$_2$	刚性 2.5（5/2） 非刚性 3.5（7/2）	2.4685	2.510	2.562	2.633	2.882
O$_2$	刚性 2.5（5/2） 非刚性 3.5（7/2）	2.503	2.519	2.781	2.934	3.192
CO$_2$	线型 6.5（13/2）	3.465	3.970	5.185	5.530	6.020
H$_2$O	非线型 6.0（12/2）	3.037	3.119	3.652	3.956	4.651
Cl$_2$	刚性 2.5（5/2） 非刚性 3.5（7/2）	3.071	3.246	3.475	3.511	3.571

上述分析可见，经典力学只适合于低温且小原子量、单原子分子及部分刚性双原子分子，表明经典力学存在较大的局限性。

—— 2.4　量子力学理论 ——

前节提到，经典力学有不完备之处，需寻求普适性更强的理论。

量子力学理论的出现为更科学合理描述粒子内部能量分布提供了坚实的基础。以下介绍用量子力学观点给出的微观粒子内部能量分布的理论。

2.4.1　粒子平动能

波粒二象性是微观粒子的基本属性之一。设某一微观粒子在固定的势阱间做一维运动，由于粒子不能穿透墙壁到势阱的外面，因此，对于微观粒子的波动来说，当波面抵达势阱墙壁处时，其振幅必定为 0，即在势阱的墙壁处一定出现驻波。图 2-4 是微观粒子在一维势阱内波动时可能存在和一定不能存在的波形示意图。

由图 2-4 可知，对于一维势阱内粒子波动可能存在的波长 λ 与势阱间距 a 必然存在如下关系：

$$n \times \frac{\lambda}{2} = a \tag{2-37}$$

式中，n 为正整数（$n=1，2，3，\cdots$），称为量子数。

根据**德布罗意波长公式**：

$$\lambda = \frac{h}{mv} \tag{2-38}$$

式中，λ 为粒子的波动（也称物质波）波长，m；h 为**普朗克**常数，$h=$

▶ **人物录 11.**

普朗克

马克斯·普朗克（Max Karl Ernst Ludwig Planck），德国著名物理学家、量子力学的重要创始人之一，和爱因斯坦并称为二十世纪最重要的两大物理学家。1858 年 4 月出生于德国荷尔施泰因，1879 年获得柏林大学博士学位，1894 年当选为普鲁士科学院院士。1900 年提出了普朗克常数及"量子化"概念，得出了关于辐射定律的理论。1918 年获得诺贝尔物理学奖，1926 年成为英国皇家学会会员，同时还担任了柏林威廉皇家研究所所长。1930 年被德国科学研究最高机构威廉皇家促进科学协会选为会长。普朗克在物理学上最主要的成就是提出了著名的普朗克辐射公式，创立能量子概念。普朗克的另一个鲜为人知伟大贡献是推导出玻耳兹曼常数 k。

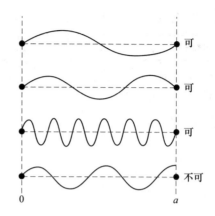

图 2-4　一维势阱内可能存在和一定不能存在的波形示意图

6.63×10^{-34} J·s；m 为粒子质量，kg；v 为粒子运动速度，m/s。

由式（2-38）可知，若粒子的动量 mv 较大时，则 $\lambda \to 0$，此时微粒波动性不显著，所以一般质量较大的粒子难以观察到波动性，主要显示其粒子性；反之对于质量较小的微粒，波长 λ 则较大，波动现象明显，主要显示其波动性。

例如，对于电子：已知电子质量 $m = 9.11 \times 10^{-31}$ kg，并已知电子运动速度为 $v = 1 \times 10^6$ m/s，试判断此时的电子主要是显示其粒子性，还是其波动性。

根据德布罗意波长公式，该状态下的电子波动波长 λ 为：

$$\lambda = \frac{h}{mv} \Bigg|_{\substack{h = 6.63 \times 10^{-34} \text{J·s} \\ m = 9.11 \times 10^{-31} \text{kg} \\ v = 1 \times 10^6 \text{m/s}}} = 0.73 \text{nm} \qquad (2\text{-}39)$$

可见该电子的波动波长与 H_2 分子的直径（约 0.60nm）相当，可以推断，此时的电子主要显示的是波动性。

另外，将德布罗意波长公式（式（2-38））与式（2-37）相结合，则可确定势阱内粒子应具有的运动速度：

$$2a = n \cdot \frac{h}{mv} \qquad (2\text{-}40)$$

由于式中 a、m、h 均为常数，所以微粒可能具有的运动速度为：

$$v = \frac{nh}{2am} = f(n) \qquad (2\text{-}41)$$

式中，$f(n)$ 是以量子数 n 为自变量的速度函数。

因此，由式（2-41）可知，此时微粒的速度呈不连续变化，是量子数 n 的函数，即微粒的速度是量子化的。

考虑到微粒的平动能 ε_t 为：

$$\varepsilon_t = \frac{1}{2}mv^2 \qquad (2\text{-}42)$$

将式（2-41）代入式（2-42），可获得某微粒所具有平动能 ε_t 的表达式：

$$\varepsilon_t = \frac{1}{2}m\left(\frac{nh}{2am}\right)^2 = \frac{n^2h^2}{8a^2m} \tag{2-43}$$

由此可见，微粒的平动能也是量子化的。

若将粒子存在的一维势阱扩展至三维势阱，且假设三维空间是刚性箱体，三个维度上的势阱间距分别为 a、b、c，则此时微粒的平动能表达式可写为：

$$\varepsilon_t = \frac{h^2}{8m}\left(\frac{n_x^2}{a^2} + \frac{n_y^2}{b^2} + \frac{n_z^2}{c^2}\right) \tag{2-44}$$

式中，n_x、n_y、n_z 分别为 x、y、z 三个维度方向上的量子数。

简便起见，令 $a=b=c$，则式（2-44）可改写为：

$$\varepsilon_t = \frac{h^2}{8ma^2}(n_x^2 + n_y^2 + n_z^2) \tag{2-45}$$

因为此时正方形刚性箱体的体积 V 为：

$$V = a^3 \tag{2-46}$$

所以，式（2-45）可进一步改写为：

$$\varepsilon_t = \frac{h^2}{8mV^{\frac{2}{3}}}(n_x^2 + n_y^2 + n_z^2) \tag{2-47}$$

由式（2-47）可知，刚性箱体的体积越小，呈量子化的平动能级间隔就越大，体系平动能量分布的量子化特征就越明显。

2.4.2 简并度

对于同一能量的能级可能存在多个相互独立的微观态（也称为量子态），通常把能量相同但微观状态不同的多个相互独立微观态现象称为简并，把这些能量相同的相互独立微观态的个数称为简并度（ω_i）。例如，前述 CO_2 振动模式中的两种弯曲振动频率 $\nu_2 = \nu_3 = 2.0\times10^{13}$ Hz 相等，表明弯曲振动是简并的，其简并度 $\omega = 2$。再如，对于气体分子所具有的平动能，由式（2-47）：

$$\varepsilon_t = \frac{h^2}{8mV^{\frac{2}{3}}}(n_x^2 + n_y^2 + n_z^2) \tag{2-48}$$

（1）当 x、y、z 三个维度上的量子数均为 1，即 $n_x = n_y = n_z = 1$ 时，式（2-48）可写为：

$$\varepsilon_t = \frac{h^2}{8mV^{\frac{2}{3}}} \times 3 \tag{2-49}$$

此时只有一种可能的微观状态，记为 $\psi_{1,1,1}$（注意：ψ 是波函数，可表征微观粒子的运动状态，详见后述章节），所以简并度：

$$\omega_i = 1 \qquad (2\text{-}50)$$

习惯上把简并度为 1 的能级称为是非简并的。

（2）若微粒在 x、y、z 中某一个维度上的量子数等于 2，其他两个维度方向上的量子数均为 1，则此时式（2-48）可写为：

$$\varepsilon_t = \frac{h^2}{8mV^{\frac{2}{3}}} \times 6 \qquad (2\text{-}51)$$

由于此时能级（一个量子数为 2，两个量子数为 1）上的微观状态有 3 种，即 $\psi_{2,1,1}$、$\psi_{1,2,1}$ 和 $\psi_{1,1,2}$，因此比能级的简并度为：

$$\omega_i = 3 \qquad (2\text{-}52)$$

注意：记号 ψ 是描述粒子在空间运动状态的波函数，其模的平方表征了微观粒子在指定区域的存在概率密度（有关波函数参见 2.4.3 节），$\psi_{2,1,1}$、$\psi_{1,2,1}$ 和 $\psi_{1,1,2}$ 是三个维度上的量子数分别为 211、121 和 112 时所对应的微观状态，这 3 种微观状态拥有相同的能量。

同理，对于 $(n_x, n_y, n_z) = (2, 5, 5)$ 和 $(n_x, n_y, n_z) = (3, 3, 6)$ 两种微观量子态，因为有：

$$(2^2 + 5^2 + 5^2) = (3^2 + 3^2 + 6^2) = 54$$

所以可判定：$\psi_{2,5,5}$ 和 $\psi_{3,3,6}$ 也是同一能级上的两种简并状态。

对于振动，因为二维简谐振子的第 n 能级能量表达式为：

$$\varepsilon_n = (n + 1)h\nu \qquad (2\text{-}53)$$

式中，ν 为振动频率，s^{-1}；n 为量子数，$n = v_x + v_y = 0, 1, 2, \cdots$；$v_x$ 和 v_y 分别为 x、y 两个维度上的振动量子数。

所以二维简谐振子系统的第 n 能级简并度为：

$$\omega_n = n + 1 \qquad (2\text{-}54)$$

注意：对于振动能级，事实上存在基态振动能级，若考虑基态振动，其振动能量的数学表达式将有所变化，参见后述的 2.4.5 节。

例如，对于二维简谐振子系统的 $n = 3$ 能级，由式（2-54）知，该能级上存在能量相同但微观态不同的方式有 4 种（即简并度为 4），具体的微观状态方式为：

（1）$v_x = 3$、$v_y = 0$；

（2）$v_x = 0$、$v_y = 3$；

（3）$v_x = 1$、$v_y = 2$；

（4）$v_x = 2$、$v_y = 1$。

所以，对应 $n = 3$ 能级的简并度为 4。

然而对于三维简谐振子，其第 n 能级的振动能量表达式为：

$$\varepsilon_n = \left(n + \frac{3}{2}\right)h\nu \qquad (2\text{-}55)$$

式中，n 为量子数，$n = v_x + v_y + v_z = 0, 1, 2, \cdots$。

对应 n 能级的简并度计算通式为：

$$\omega_n = \frac{1}{2}(n + 1)(n + 2) \qquad (2\text{-}56)$$

注意：对于振动简并度的计算式因振动维数的不同而异：一维振动时，所有的能级均为非简并的（$\omega_i = 1$），二维振动时，第 i 能级的简并度 $\omega_i = i + 1$，三维振动时，第 i 能级的简并度 $\omega_i = \frac{1}{2}(i + 1)(i + 2)$。

若三维简谐振子在某能级上振动能表达式为 $\varepsilon_n = \frac{9}{2}h\nu$，由于该能量可用如下等效式描述：

$$\varepsilon_n = \left(3 + \frac{3}{2}\right)h\nu \qquad (2\text{-}57)$$

对照式（2-55）可知此时的 $n = 3$，即该能级对应的简并度为：

$$\omega_n = \frac{1}{2}(n + 1)(n + 2)\bigg|_{n=3} = 10$$

对于这 10 种微观状态在 x、y、z 维度上三个分量子数的排列形式分别是：

$$(v_x v_y v_z) = 003 \quad 012 \quad 021 \quad 030$$
$$102 \quad 111 \quad 120$$
$$201 \quad 210$$
$$300$$

前已述及，粒子的能级分布是量子化的，但为什么人们在现实中难以观察到粒子能级的量子化？以下举例说明。

以 $T = 300K$、$p = 101325Pa$、1L 立方体空间条件下氧分子为例，计算氧分子的平动能最低能级能量差。

氧分子质量为：

$$m = \frac{2 \times 16 \times 10^{-3}}{N_A} = 5.31 \times 10^{-26}kg$$

因为微观粒子的平动能能量值与量子数有关，所以针对氧分子最低两个平动能级（$(n_x n_y n_z) = (211)$ 和（111））的能量差 $\Delta\varepsilon_t$ 进行计算：

$$\Delta\varepsilon_t = \varepsilon_t(211) - \varepsilon_t(111) = \frac{h^2}{8mV^{\frac{2}{3}}} \cdot \left[(2^2 + 1^2 + 1^2) - (1^2 + 1^2 + 1^2)\right]$$

将氧分子质量代入能量差计算式，得：

$$\Delta\varepsilon_t = \varepsilon_t(211) - \varepsilon_t(111) = \frac{h^2}{8mV^{\frac{2}{3}}} \cdot \left[(6) - (3)\right]\bigg|_{\substack{h = 6.63 \times 10^{-34}J \cdot s \\ m = 5.31 \times 10^{-26}kg \\ V = 1.0 \times 10^{-3}m^3}} = 3.10 \times 10^{-40}J$$

可见 300K 温度条件下，O_2 分子在体积为 1L 立方体内的平动能能级差很小，导致能级的量子化特征被淹没，所以难以观察到粒子能级量子化现象。

另外，通过计算 $T = 300\text{K}$、$p = 101325\text{Pa}$、1L 立方体空间条件下氧分子的平均能量也可说明粒子能级量子化难以观察到的原因。为了计算平均能量，首先计算 $T = 300\text{K}$、$p = 101325\text{Pa}$、1L 立方体空间条件下氧分子可能存在的能级数量。

方便起见，令 $n_x = n_x = n_z = n$，对于 O_2 分子，其拥有的平动能若按经典力学计算：

$$\varepsilon_t = \frac{3}{2}kT \tag{2-58}$$

若按量子力学计算：

$$\varepsilon_t = \frac{3n^2h^2}{8mV^{\frac{2}{3}}} \tag{2-59}$$

由于 O_2 的分子量较小，在 300K 的常温条件下可认为经典力学和量子力学给出的能量值相等，因此联立式（2-58）和式（2-59），得：

$$n = \left(4kT\frac{m_{O_2}V^{\frac{2}{3}}}{h^2}\right)^{\frac{1}{2}}\Bigg|_{\substack{V = 1\times10^{-3}\text{m}^3 \\ T = 298\text{K} \\ m_{O_2} = \frac{32\times10^{-3}}{N_A}\text{kg}}} = 4.5\times10^9 \tag{2-60}$$

可见 300K 温度条件下，氧分子在 1L 体积空间内的平动量子数达 10^9 数量级，数目巨大，若将 300K 时平均动能 $6.21\times10^{-21}\text{J}$ 平均分配到 4.5×10^9 个能级上，平均每个能级上的能量只有 $1.38\times10^{-30}\text{J}$，如此小的能量值使得人们难以观察到 300K 温度条件下 O_2 分子平动能的量子化分布特征。

2.4.3　波函数与**薛定谔**方程

2.4.3.1　薛定谔方程的必要性

前已述及，经典力学理论对微观粒子能量的预测存在一定的误差，其原因可以依据**海森堡**"不确定性原理"（**注意**：有的书称其为"测不准原理"，但正确的称呼应为"不确定性原理"，说明一个运动微观粒子的位置和动量不能同时精准确定是微观粒子的内在属性，而与测量尤其是与测量技术无关）给出合理的解释。关于"不确定性原理"的内涵有：

（1）微观粒子的位置和动量不能同时精准确定。

因为不确定性原理：

$$\Delta x \cdot \Delta p \geqslant \frac{h}{4\pi} \tag{2-61}$$

或：

$$\Delta x \cdot (m_0\Delta v) \geqslant \frac{h}{4\pi} \tag{2-62}$$

可见，当某微观粒子的位置很精确时，即 $\Delta x \to 0$ 时，必有 $\Delta p \to \infty$ 或 $\Delta v \to \infty$，表明在精准确定微观粒子位置的同时，微观粒子动量或速度的确定性极差或说误差非常大。

（2）时间和能量变化不能同时精准确定。

将不确定性原理表达式（2-61）的左边乘 $\dfrac{\Delta t}{\Delta t}$，得：

$$式（2-61）左边 = \Delta x \cdot \Delta p \cdot \dfrac{\Delta t}{\Delta t} \qquad (2-63)$$

根据动量原理：

$$F \cdot \Delta t = \Delta p \qquad (2-64)$$

将式（2-64）代入式（2-63），得：

$$式（2-61）左边 = \Delta x \cdot F \cdot \Delta t$$
$$= \Delta E \cdot \Delta t \qquad (2-65)$$

即，力 F 使物体位移了 Δx，相当于做功 ΔE，所以不确定性原理也可写为：

$$\Delta E \cdot \Delta t \geqslant \dfrac{h}{4\pi} \qquad (2-66)$$

表明了在精准时刻（$\Delta t \to 0$），某粒子的能量变化是非常大的。换言之，时刻精准确定了，能量就不能被精准确定。

以下说明经典力学方法不适合描述电子运动的缘由。

对于一颗质量约为 10^{-15} kg 空气中悬浮的尘埃，若确定尘埃位置的误差为 0.1nm（即 $\Delta x = 10^{-10}$ m），相当于原子尺寸（$= 10^{-10}$ m）数量级，则由不确定性原理式（2-62）可得尘埃运动速度的变化误差为：

$$\Delta v \geqslant \dfrac{h}{4\pi} \cdot \dfrac{1}{m_0 \Delta x}\bigg|_{\substack{h = 6.63 \times 10^{-34} \text{J} \cdot \text{s} \\ m_0 = 1 \times 10^{-15} \text{kg} \\ \Delta x = 1 \times 10^{-10} \text{m} \\ \pi = 3.14159}} = 5.28 \times 10^{-10} \text{m/s} \qquad (2-67)$$

可见速度变化误差很小，表明精度很高，因此对于尘埃级的粒子，采用经典力学方法可精准地描述其运动状态。

但是，对于质量为 $m_0 = 9.11 \times 10^{-31}$ kg 的电子运动来说，仍设定电子位置误差为 $\Delta x \leqslant 10^{-10}$ m，此时由不确定性原理估算电子运动速度 v 的误差为：

$$\Delta v \geqslant \dfrac{h}{4\pi} \cdot \dfrac{1}{m_0 \Delta x}\bigg|_{\substack{h = 6.63 \times 10^{-34} \text{J} \cdot \text{s} \\ m_0 = 9.11 \times 10^{-31} \text{kg} \\ \Delta x = 1 \times 10^{-10} \text{m} \\ \pi = 3.14159}} = 5.79 \times 10^5 \text{m/s} \qquad (2-68)$$

一般情况下，电子运动速度约 10^6 m/s 数量级，可见，上述条件下测定电子运动速度的误差与电子自身运动速度几乎为同数量级。误差过大，表明经典力学方法不适于评价电子的运动状态。

从上述例子可知：虽然经典力学理论能够很好地描述宏观物体的运动，但无法描述诸如电子、原子、分子尺寸级的微观粒子运动。由于薛定谔方程可以精准地描述电子、原子、分子等微观粒子的运动状态以及空间

▶ **人物录 13.**

海森堡

维尔纳·卡尔·海森堡（1901 年 12 月 ~ 1976 年 2 月），德国物理学家，量子力学的主要创始人，哥本哈根派的代表人物。1925 年创立矩阵力学并提出了不确定性原理及矩阵理论，1932 年获诺贝尔物理学奖。海森堡撰写了一系列物理学和哲学方面的著作，如《量子论的物理学基础》《原子核科学的哲学问题》《物理学与哲学》《自然规律与物质结构》《部分与全部》《原子物理学的发展和社会》等，为现代物理学和哲学做出了不可磨灭的贡献。

分布状态，因此在描述微观粒子行为时一般采用薛定谔方程。

2.4.3.2 波函数

在介绍薛定谔方程之前，首先需了解波函数。

对于单频率平面波（图 2-5），描述其波动行为的波函数为：

$$y(x,t) = A\cos 2\pi\left(\nu t - \frac{x}{\lambda}\right) \tag{2-69}$$

式中，y 对于机械波，等价于纵向位移，m；y 对于电磁波，等价于 y 方向上的电场强度 E 或磁场强度 B，V/m 或 A/m。x 为横向位移，m。t 为时间，s。A 为振幅，m。ν 为振动频率，s^{-1}。λ 为波长，m。

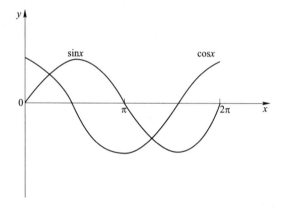

图 2-5 单频率平面波示意图

而对于量子力学，y 则是描述微观粒子运动状态的一种度量形式，即波函数是量子力学中描写微观系统状态的函数。用波函数描述物质波时，波函数式（2-69）可用复数形式表示：

$$y(x,t) = A\exp\left[-\mathrm{i} \cdot 2\pi\left(\nu t - \frac{x}{\lambda}\right)\right] \tag{2-70}$$

根据复数定义：

$$z = r(\cos\theta + \mathrm{i}\sin\theta) = r e^{\mathrm{i}\theta} \tag{2-71}$$

可知式（2-70）中的实数部 $A\cos 2\pi\left(\nu t - \frac{x}{\lambda}\right)$ 就是式（2-69）。

为了简化微观粒子运动状态，假设微观粒子做一维运动且不受任何外力作用（外力 = 0），将微观粒子的能量 $E = h\nu$ 和动量 $p = \dfrac{h}{\lambda}$ 代入波函数式（2-70）中，得到描述微观粒子运动状态的波函数 $\psi(x, t)$：

$$\psi(x,t) = \psi_0\exp\left[-\frac{\mathrm{i}}{\hbar}(Et - px)\right] \tag{2-72}$$

式中，ψ_0 为波函数 $\psi(x, t)$ 的模；$\hbar$ 称为约化普朗克常数（reduced Planck constant）或称为**狄拉克**常数（Dirac constant），其表达式为：

$$\hbar = \frac{h}{2\pi} \tag{2-73}$$

注意：波函数的重要性在于 $\psi(x, t)$ 模的平方（$|\psi(x, t)|^2$）等价于微观粒子在指定空间存在的概率密度，可描述微观粒子在空间分布的统计规律。

关于波函数模的平方计算：

$$|\psi|^2 = \psi_0^2 = \psi(x,t) \cdot \psi^*(x,t) \tag{2-74}$$

式中，$\psi^*(x, t)$ 是 $\psi(x, t)$ 的共轭复数。

若考虑微观粒子的三维运动，设微观粒子沿 r 方向运动，则相应的波函数为：

$$\psi(r,t) = \psi_0 \exp\left[-\frac{i}{\hbar}(Et - p \cdot r)\right] \tag{2-75}$$

即：

$$\psi(x,y,z,t) = \psi_0 \exp\left\{-\frac{i}{\hbar}\left[Et - (p_x \cdot x + p_y \cdot y + p_z \cdot z)\right]\right\} \tag{2-76}$$

考虑到微观粒子在微小空间 $d\Omega$（$x \to x+dx$；$y \to y+dy$；$z \to z+dz$；）中的状态 $\psi(x, y, z, t)$ 相对不变，则可以得出：某粒子在 $d\Omega$ 出现的概率与 $|\psi|^2 \cdot d\Omega$ 成正比，即：

$$粒子出现的概率 = |\psi|^2 \cdot d\Omega$$
$$= \psi(x,y,z,t) \cdot \psi^*(x,y,z,t) \cdot dxdydz \tag{2-77}$$

那么，描述微观粒子的运动状态的波函数形式是否任意呢？答案是否定的。该波函数必须具有下列性质：

（1）在给定的 $t=t$ 时刻及（x, y, z）空间里，粒子出现的概率是唯一的；

（2）t 时刻，不同空间位置粒子出现的概率是光滑连续的。

即该波函数应具备如下两个条件。

（1）标准条件：波函数 $\psi(x, y, z, t)$ 是位置（x, y, z）的单值函数、$\psi(x, y, z, t)$ 的值是有限的、$\psi(x, y, z, t)$ 函数是光滑连续的，即波函数必须单值、有限、连续。

（2）波函数须满足归一化条件，即：

$$\iiint_{-\infty}^{+\infty} |\psi|^2 d\Omega = 1 \tag{2-78}$$

通常把满足归一化条件的函数称为归一化函数，因此波函数必须是归一化函数。波函数 $\psi(x, y, z, t)$ 的物理意义在于：

（1）可以描述粒子运动状态，包含了粒子内部能量、动量、空间分布等及信息。

▶ 人物录 14.

狄拉克

保罗·狄拉克（Paul Adrien Maurice Dirac），英国理论物理学家。1902 年 8 月出生于英格兰布里斯托，1926 年获得博士学位剑桥大学博士学位。1930 年出版了量子力学著作《量子力学原理》，是物理史上重要的里程碑标志。1933 年因创立有效、新型的原子理论而获得诺贝尔物理学奖。1973 年获英国功绩勋章。狄拉克给出的狄拉克方程可以描述费米子的物理行为，并且预测了反物质的存在。狄拉克对物理学的主要贡献是：给出描述相对论性费米粒子的量子力学方程（狄拉克方程），给出反粒子解；费米-狄拉克统计。另外在量子场论尤其是量子电动力学方面也做出了奠基性的工作。出版著作有：《量子力学原理》、《量子力学讲义》、《希尔伯特空间中的旋量》、《广义相对论》和《物理学的方向》。

（2）用 $|\psi|^2 = \psi \cdot \psi^*$ 描述了 t 时刻、处于 (x, y, z) 位置的 $\mathrm{d}\Omega$ 空间，微观粒子出现的概率密度。

（3）该函数是薛定谔方程的解。

2.4.3.3 薛定谔（Schrodinger）方程

前已述及，根据不确定性原理，微观粒子的运动状态无法采用经典力学进行描述，而需使用薛定谔方程对微观粒子的能量、运动状态以及粒子的分布等进行描述。以下简要介绍薛定谔方程。

薛定谔方程是一个二阶微分方程，其解析解为波函数，遗憾的是薛定谔方程无法从理论直接推导得出，只能从波函数的反向数学运算获得。具体反向推导过程如下。

设微观粒子在 x 轴方向做自由的一维运动。前已论述过，此时描述微观粒子状态的波函数 $\psi(x, t)$ 为：

$$\psi(x,t) = \psi_0 \exp\left[-\frac{\mathrm{i}}{\hbar}(Et - px)\right] \tag{2-79}$$

对波函数 $\psi(x, t)$ 进行 x 的二阶偏导，得：

$$\frac{\partial^2 \psi}{\partial x^2} = \psi_0 \exp\left[-\frac{\mathrm{i}}{\hbar}(Et - px)\right] \cdot \left(\frac{\mathrm{i}}{\hbar}p\right)^2 \tag{2-80}$$

因为 $\mathrm{i}^2 = -1$，所以：

$$\frac{\partial^2 \psi}{\partial x^2} = \psi_0 \left(-\frac{p^2}{\hbar^2}\right) \exp\left[-\frac{\mathrm{i}}{\hbar}(Et - px)\right]$$

$$= \left(-\frac{p^2}{\hbar^2}\right) \psi(x,t) \tag{2-81}$$

进而将波函数 $\psi(x, t)$ 对时间 t 取一阶微分：

$$\frac{\partial \psi}{\partial t} = \psi_0 \exp\left[-\frac{\mathrm{i}}{\hbar}(Et - px)\right] \cdot \left(-\frac{\mathrm{i}}{\hbar}E\right)$$

$$= -\frac{\mathrm{i}}{\hbar}E\psi(x,t) \tag{2-82}$$

将式（2-81）两边同时乘 $\dfrac{\hbar^2}{2m}$，得：

$$-\frac{\hbar^2}{2m} \cdot \frac{\partial^2 \psi}{\partial x^2} = \frac{p^2}{2m}\psi(x,t) \tag{2-83}$$

再将式（2-82）两边同乘 $\mathrm{i}\hbar$，得：

$$\mathrm{i}\hbar\frac{\partial \psi}{\partial t} = E\psi(x,t) \tag{2-84}$$

如果考虑微观粒子的总能量只有动能一种形式，对于动能：

$$E_{\text{动}} = \frac{1}{2}mv^2 = \frac{(mv)^2}{2m} = \frac{p^2}{2m} \tag{2-85}$$

将式（2-85）代入式（2-83），得：

$$-\frac{\hbar^2}{2m}\cdot\frac{\partial^2\psi}{\partial x^2}=E_{动}\,\psi(x,t) \qquad (2\text{-}86)$$

比较式（2-84）与式（2-86），得：

$$-\frac{\hbar^2}{2m}\cdot\frac{\partial^2\psi}{\partial x^2}=\mathrm{i}\,\hbar\,\frac{\partial\psi}{\partial t} \qquad (2\text{-}87)$$

上式就是考虑时间因素的含时一维自由运动微观粒子薛定谔方程。

若考虑到微观粒子总能量由动能和势能两种形式构成，则在势场中运动的微观粒子总能量为：

$$E=E_{动}+E_{势}$$
$$=\frac{p^2}{2m}+E_{势} \qquad (2\text{-}88)$$

把式（2-88）代入式（2-82），得：

$$\frac{\partial\psi}{\partial t}=-\frac{\mathrm{i}}{\hbar}\left(\frac{p^2}{2m}+E_{势}\right)\cdot\psi(x,t) \qquad (2\text{-}89)$$

上式两边同乘 $\mathrm{i}\hbar$，得：

$$\mathrm{i}\,\hbar\,\frac{\partial\psi}{\partial t}=\frac{p^2}{2m}\cdot\psi(x,t)+E_{势}\cdot\psi(x,t) \qquad (2\text{-}90)$$

再将式（2-83）代入式（2-90），得：

$$-\frac{\hbar^2}{2m}\cdot\frac{\partial^2\psi}{\partial x^2}+E_{势}\cdot\psi(x,t)=\mathrm{i}\,\hbar\,\frac{\partial\psi}{\partial t} \qquad (2\text{-}91)$$

上式就是含时势场中一维运动微观粒子薛定谔方程。

将空间由一维推广至三维，并使用**拉普拉斯**（Pierre-Simon Laplace，1749~1827）算子 ∇^2：

$$\nabla^2=\frac{\partial^2}{\partial x^2}+\frac{\partial^2}{\partial y^2}+\frac{\partial^2}{\partial z^2} \qquad (2\text{-}92)$$

用 ∇^2 代替 $\frac{\partial^2}{\partial x^2}$，用 $E_{势}(x,y,z,t)$ 代替 $E_{势}(x,t)$，则式（2-91）可改写为：

$$-\frac{\hbar^2}{2m}\cdot\nabla^2\psi(x,y,z,t)+E_{势}(x,y,z,t)\cdot\psi(x,y,z,t)=\mathrm{i}\,\hbar\,\frac{\partial\psi(x,y,z,t)}{\partial t}$$
$$(2\text{-}93)$$

上式即为含时势场中三维运动微观粒子薛定谔方程。

注意：薛定谔方程既不能由理论导出也不能证明，只能验证，其原因在于该方程自身就是一种假设。

为了更加简明地表述薛定谔方程，定义**哈密顿**（Hamilton）算符 $\hat{H}$：

$$\hat{H}=-\frac{\hbar^2}{2m}\cdot\nabla^2+E_{势}(x,y,z,t) \qquad (2\text{-}94)$$

▶ 人物录 15.

拉普拉斯

皮埃尔－西蒙·拉普拉斯（Pierre-Simon Laplace，1749 年 3 月~1827 年 3 月），法国著名天文学家和数学家，天体力学的集大成者。1749 年生于法国西北部卡尔瓦多斯的博蒙昂诺日，1816 年被选为法兰西学院院士，1817 年任该院院长。1812 年发表了重要的《概率分析理论》一书，在该书中总结了当时整个概率论的研究，论述了概率在选举审判调查、气象等方面的应用，导入"拉普拉斯变换"等。拉普拉斯曾任拿破仑的老师，在拿破仑皇帝时期和路易十八时期两度获颁爵位。

因为将哈密顿算符作用到波函数，使之转为能量形式，因此有时把哈密顿算符 $\hat{H}$ 称为能量算符。

另外，由式（2-90）知，$i\hbar\dfrac{\partial}{\partial t}$ 作用于波函数也使之成为能量形式，因此令：

$$E = i\hbar\,\frac{\partial}{\partial t} \tag{2-95}$$

将哈密顿算符 $\hat{H}$ 与 E 应用于薛定谔方程，则薛定谔方程可表述为：

$$\hat{H}\psi = E\psi \tag{2-96}$$

（1）若微观粒子处于无势场或势能可以忽略的条件下，即 $E_{势}=0$，则薛定谔方程式（2-93）可简化为：

$$\nabla^2\psi = -\frac{2im}{\hbar}\cdot\frac{\partial\psi}{\partial t} \tag{2-97}$$

（2）进而，若波函数可以分解为：

$$\psi(x,y,z,t) = \psi(x)\cdot\psi(y)\cdot\psi(z)\cdot f(t) \tag{2-98}$$

则求解薛定谔方程变得比较容易。那么，什么条件下式（2-98）才能成立呢？或说式（2-98）可以被分解的附加条件是什么呢？以下讨论式（2-98）可以被分解的附加条件。

首先分析波函数可以分解为坐标 $(x，y，z)$ 和时间 t 的两函数乘积的附加条件。

采用反推法，假设波函数可以分解为：

$$\psi(x,y,z,t) = \psi(x,y,z)\cdot f(t) \tag{2-99}$$

则此时薛定谔方程式（2-93）可写为：

$$-\frac{\hbar^2}{2m}\cdot\nabla^2[\psi(x,y,z)\cdot f(t)] + E_{势}(x,y,z,t)\cdot\psi(x,y,z)\cdot f(t)$$

$$= \hbar\,\frac{\partial}{\partial t}[\psi(x,y,z)\cdot f(t)] \tag{2-100}$$

方便起见，设势函数 $E_{势}(x，y，z，t)$ 不依赖于时间，只是位置坐标的函数。通常把与时间无关的势函数 $E_{势}(x，y，z)$ 描述的微观粒子状态称为定态，此条件下得到的薛定谔方程称为定态薛定谔方程。

此时式（2-100）改写为：

$$-\frac{\hbar^2}{2m}\cdot\nabla^2[\psi(x,y,z)\cdot f(t)] + E_{势}(x,y,z)\cdot\psi(x,y,z)\cdot f(t)$$

$$= i\hbar\,\frac{\partial}{\partial t}[\psi(x,y,z)\cdot f(t)] \tag{2-101}$$

以下是定态薛定谔方程的推导。

将式（2-101）两边同时除以 $\psi(x，y，z)\cdot f(t)$，得：

$$-\frac{\hbar^2}{2m} \cdot \frac{\nabla^2\left[\psi(x,y,z)\right]}{\psi(x,y,z)} + E_{\text{势}}(x,y,z) = i\hbar \cdot \frac{1}{f(t)} \cdot \frac{\partial f(t)}{\partial t} \quad (2\text{-}102)$$

因为式（2-102）左边只是坐标的函数，而右边却只是时间的函数，为了使式（2-102）成立，则两边必然同时等于常数，设常数为 E，即：

$$i\hbar \cdot \frac{1}{f(t)} \cdot \frac{\partial f(t)}{\partial t} = E \quad (2\text{-}103)$$

因此，式（2-102）必须等于常数就是波函数可以分解为坐标 (x,y,z) 和时间 t 两个函数乘积形式的附加条件。

积分式（2-103），得：

$$f(t) = \exp\left(-\frac{i}{\hbar} \cdot E \cdot t\right) \quad (2\text{-}104)$$

因为指数量纲为一，又因为 $\hbar$ 的单位为 J·s（$\hbar = \frac{h}{2\pi}$，故 $\hbar$ 与 h 单位相同），时间 t 的单位为 s，所以上式中的 E 必须具有能量的量纲，单位为 J。

事实上，含时波函数 $\psi(x,y,z,t)$ 必须能分解为 $\psi(x,y,z,t) = \psi(x,y,z) \cdot \exp(-i\omega t)$ 的形式才能满足定态的需要。而且习惯上把 $\psi(x,y,z)$ 称为定态波函数，简称波函数。

注意：上述论述中，含时波函数 $\psi(x,y,z,t)$ 与定态波函数 $\psi(x,y,z)$ 均用 $\psi(p,q,r,\cdots)$ 记号形式描述，请读者注意两者间的差异。

将式（2-103）代入式（2-102），得：

$$-\frac{\hbar^2}{2m} \cdot \frac{\nabla^2\psi(x,y,z)}{\psi(x,y,z)} + E_{\text{势}}(x,y,z) = E \quad (2\text{-}105)$$

或：

$$\nabla^2\psi + \frac{2m}{\hbar^2}(E - E_{\text{势}}) \cdot \psi = 0 \quad (2\text{-}106)$$

若 $E_{\text{势}} = 0$，则：

$$\nabla^2\psi = -\frac{2m}{\hbar^2} \cdot E \cdot \psi \quad (2\text{-}107)$$

其次，探讨波函数 $\psi(x,y,z)$ 可分解为三个维度方向上波函数乘积的附加条件。

仍然采用反推法。假设下式的分解成立：

$$\psi(x,y,z) = X(x) \cdot Y(y) \cdot Z(z) \quad (2\text{-}108)$$

因为式（2-107）可写成：

$$\frac{\partial^2\psi}{\partial x^2} + \frac{\partial^2\psi}{\partial y^2} + \frac{\partial^2\psi}{\partial z^2} = -\frac{2m}{\hbar^2} \cdot E \cdot \psi \quad (2\text{-}109)$$

将式（2-108）代入上式，得：

$$Y(y) \cdot Z(z) \frac{\partial^2 X}{\partial x^2} + X(x) \cdot Z(z) \frac{\partial^2 Y}{\partial y^2} + X(x) \cdot Y(y) \frac{\partial^2 Z}{\partial z^2}$$

$$= -\frac{2m}{\hbar^2} \cdot E \cdot X(x) \cdot Y(y) \cdot Z(z) \tag{2-110}$$

对于上式，两边同时除以 $X(x) \cdot Y(y) \cdot Z(z)$，得：

$$\frac{1}{X} \cdot \frac{\partial^2 X}{\partial x^2} + \frac{1}{Y} \cdot \frac{\partial^2 Y}{\partial y^2} + \frac{1}{Z} \cdot \frac{\partial^2 Z}{\partial z^2} = -\frac{2m}{\hbar^2} \cdot E \tag{2-111}$$

同理可知，式（2-111）成立的条件是方程两边必须同时等于常数。又因为式（2-111）对于所有的 x，y，z 均成立，因此方程式左边的每一项也必须为常数，设：

$$\frac{1}{X} \cdot \frac{\partial^2 X}{\partial x^2} = -k_x^2 \tag{2-112}$$

$$\frac{1}{Y} \cdot \frac{\partial^2 Y}{\partial y^2} = -k_y^2 \tag{2-113}$$

$$\frac{1}{Z} \cdot \frac{\partial^2 Z}{\partial z^2} = -k_z^2 \tag{2-114}$$

式中，k_x、k_y、k_z 均为常数，所以有：

$$k_x^2 + k_y^2 + k_z^2 = \frac{2m}{\hbar^2} \cdot E \tag{2-115}$$

因此，能进行 $\psi(x, y, z) = X(x) \cdot Y(y) \cdot Z(z)$ 分解的附加条件必须是式（2-111）等于常数。

2.4.3.4 波函数的确定方法例

如何确定具体的波函数呢？以下以一维势阱为例介绍波函数的确定方法。

考虑最简单的定态（即：势能 E 只是位置 (x, y, z) 的函数，不随时间 t 发生变化）条件下如图 2-6 所示的一维势阱（也称一维壁垒）的情况。设势阱宽为 a，对于一维空间，式（2-111）可简化为：

$$\frac{1}{X} \frac{\mathrm{d}^2 X}{\mathrm{d}x^2} = -\frac{2m}{\hbar^2} E \tag{2-116}$$

令：

$$\lambda = \frac{2m}{\hbar^2} E \tag{2-117}$$

则式（2-116）可改写为：

$$X''(x) + \lambda X = 0 \tag{2-118}$$

对二阶微分方程式（2-118）求解，得到通解为：

$$X(x) = A\mathrm{e}^{\sqrt{\lambda}x} + B\mathrm{e}^{-\sqrt{\lambda}x} \tag{2-119}$$

式中，A、B 分别为积分常数。

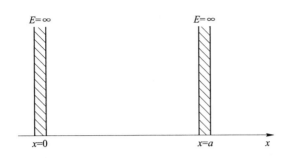

图 2-6　一维势阱示意图

以下在 $x = -\infty$ 到 $+\infty$ 范围内，分段讨论通解式（2-119）的积分常数 A 和 B 的值。

参照图 2-6，对于一维势阱，波函数的边界条件为：

$$x > a, \ \lambda \to \infty$$
$$x < 0, \ \lambda \to \infty$$

（1）当 $x > a$ 时，有：

$$\mathrm{e}^{\sqrt{\lambda} x}\bigg|_{\substack{x > a \\ \lambda \to \infty}} \to \infty \qquad (2\text{-}120)$$

依据波函数是有限的标准条件，此时必然有：

$$A\bigg|_{x > a} = 0 \qquad (2\text{-}121)$$

所以此时波函数为：

$$X(x) = B\mathrm{e}^{-\sqrt{\lambda} x}\bigg|_{\substack{x > a \\ \lambda \to \infty}} = 0 \qquad (2\text{-}122)$$

（2）当 $x < 0$ 时，同理，由边界条件知，若 $x < 0$，$\lambda \to \infty$，必然有：

$$B\bigg|_{x < 0} = 0 \qquad (2\text{-}123)$$

此时波函数为：

$$X(x) = A\mathrm{e}^{\sqrt{\lambda} x}\bigg|_{\substack{x < 0 \\ \lambda \to \infty}} = 0 \qquad (2\text{-}124)$$

（3）再依据波函数光滑连续的性质，当 $x = 0$ 及 $x = a$ 时，必然有：

$$X(0) = X(x)\bigg|_{x \to 0} = 0 \qquad (2\text{-}125)$$

$$X(a) = X(x)\bigg|_{x \to a} = 0 \qquad (2\text{-}126)$$

（4）当 $0 < x < a$ 时，

因为波函数形式为：

$$X(x) = A\sin(kx) + B\cos(kx) \qquad (2\text{-}127)$$

式中，$k = \sqrt{\lambda}$。

以下确定在 $0<x<a$ 区间里式（2-127）中的积分常数 A、B 和 k 的值。

因为 $X(0)=0$，代入式（2-127），得：

$$X(0) = A\sin(k \times 0) + B\cos(k \times 0) = 0 \qquad (2\text{-}128)$$

所以，由此可确定积分常数 B：

$$B = 0 \qquad (2\text{-}129)$$

进而再确定积分常数 A 和常数 k。因为积分常数 B 已经为 0，则积分常数 A 就不能再等于 0，那么常数 A 和 k 的具体数值为多少呢？

首先确定常数 k 的值。

把 $X(a)=0$ 代入式（2-127），得：

$$X(x)\bigg|_{x=a} = A\sin(ka) = 0 \qquad (2\text{-}130)$$

刚刚提及，因为 B 已经为 0，则积分常数 A 就一定不能为 0，因为 $A \neq 0$，就必有：

$$\sin(ka) = 0 \qquad (2\text{-}131)$$

因此，一定有：

$$ka = n\pi \qquad (2\text{-}132)$$

式中，n 为整数，$n=0$，1，2，3，$\cdots$，称为量子数。

结合式（2-117），得：

$$\sqrt{\lambda} = k = \frac{n\pi}{a} = \sqrt{\frac{2m}{\hbar^2}E} \qquad (2\text{-}133)$$

注意：从上式可知，能量必须量子化。若 n 为非整数，则薛定谔方程无解。

因此，波函数的表达式为：

$$X(x) = A\sin\left(\frac{n\pi}{a}x\right) \qquad (2\text{-}134)$$

以下确定积分常数 A 的值。

既然 $A \neq 0$，那么 A 应该等于多少呢？

由波函数的归一化性质，参照式（2-78）必然有：

$$\int_{-\infty}^{+\infty} |X(x)|^2 dx = 1 \qquad (2\text{-}135)$$

所以有：

$$\int_0^a A^2\sin^2\left(\frac{n\pi}{a}x\right) dx = 1 \qquad (2\text{-}136)$$

利用数学公式：

$$\sin^2\alpha = \frac{1 - \cos2\alpha}{2}$$

由式（2-136）可推导出：

$$A = \sqrt{\frac{2}{a}} \qquad (2\text{-}137)$$

因此最终得出 x 方向上的波函数表达式为：

$$X(x) = \sqrt{\frac{2}{a}} \sin \frac{n_1 \pi}{a} x \qquad (2\text{-}138)$$

式中，n_1 代表 x 方向上的量子数。

同理，得到势阱宽度为 b 的 y 方向和势阱宽度为 c 的 z 方向上的波函数：

$$Y(y) = \sqrt{\frac{2}{b}} \sin \frac{n_2 \pi}{b} y \qquad (2\text{-}139)$$

$$Z(z) = \sqrt{\frac{2}{c}} \sin \frac{n_3 \pi}{c} z \qquad (2\text{-}140)$$

又因为 $\psi(x, y, z) = X(x) \cdot Y(y) \cdot Z(z)$，因此：

$$\psi(x, y, z) = \sqrt{\frac{8}{abc}} \sin \frac{n_1 \pi x}{a} \sin \frac{n_2 \pi y}{b} \sin \frac{n_3 \pi z}{c} \qquad (2\text{-}141)$$

式（2-141）就是定态三维空间波函数表达式。

2.4.3.5 微观粒子的能量

以下讨论微观粒子拥有的能量问题。

对于一维空间，联立式（2-117）和式（2-133），即：

$$\begin{cases} \lambda = \dfrac{2mE_x}{\hbar^2} \\[3mm] \sqrt{\lambda} = k_x = \dfrac{n_1 \pi}{a} \end{cases} \qquad (2\text{-}142)$$

可得：

$$k_x^2 = \frac{2mE_x}{\hbar^2} = \left(\frac{n_1 \pi}{a} \right)^2 \qquad (2\text{-}143)$$

所以，x 方向上的能量 E_x 为：

$$E_x = \frac{\pi^2 \hbar^2}{2ma^2} \cdot n_1^2 \bigg|_{\hbar = \frac{h}{2\pi}} \qquad (2\text{-}144)$$

即：

$$E_x = \frac{h^2}{8ma^2} \cdot n_1^2 \qquad (2\text{-}145)$$

同理：

$$E_y = \frac{h^2}{8mb^2} \cdot n_2^2 \qquad (2\text{-}146)$$

$$E_z = \frac{h^2}{8mc^2} \cdot n_3^2 \qquad (2\text{-}147)$$

因为：

$$k_x^2 + k_y^2 + k_z^2 = k^2 = \lambda \qquad (2\text{-}148)$$

所以：

$$E = E_x + E_y + E_z \qquad (2\text{-}149)$$

即：

$$E = \frac{h^2}{8m} \cdot \left(\frac{n_1^2}{a^2} + \frac{n_2^2}{b^2} + \frac{n_3^2}{c^2} \right) \qquad (2\text{-}150)$$

式（2-150）就是微观粒子的能量表达式。将式（2-150）简化为一维空间粒子能量表达式为：

$$E = \frac{n^2 h^2}{8ma^2} \qquad (2\text{-}151)$$

可见，由波函数得到的能量表达式（式（2-151））与前述的微观粒子在势阱中做一维运动、且能量仅有平动能时得到的微观粒子能量表达式（式（2-43））完全一致。

同样，三维的能量表达式（式（2-150））也与 2.4.1 节给出的三维势阱内微观粒子平动能表达式（式（2-44））完全一致。

2.4.3.6 氢原子的薛定谔方程解

以氢原子外层电子的能级分布为例介绍薛定谔方程的应用。

由于氢原子核外电子仅受到来自原子核的静电**库仑**力作用，使其围绕原子核运动。假设电子围绕相对静止的原子核做圆周运动。设圆周半径为 r，因为势场 $E(r)$ 只是距离矢量 r 的函数，与时间无关，因此属于求解定态薛定谔方程问题。关于氢原子核外电子所处的静电库仑力势场（图 2-7）的表达式为：

$$E(r) = - \frac{e^2}{4\pi\varepsilon_0 r} \qquad (2\text{-}152)$$

式中，e 为电子电量，1.602×10^{-19} C；ε_0 为真空介电常数，8.85×10^{-12} F/m（$C^2/(N \cdot m^2)$）；r 为核外电子到原子核的距离，m。

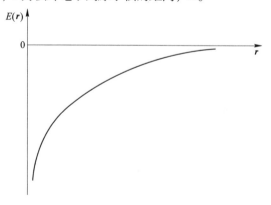

图 2-7　氢原子核外电子的静电库仑力势场示意图

因此，薛定谔方程可写为：

$$\nabla^2 \psi + \frac{2m}{\hbar^2}\left[E - \left(-\frac{e^2}{4\pi\varepsilon_0 r}\right)\right] \cdot \psi = 0 \tag{2-153}$$

讨论：

（1）若 $\left(E + \dfrac{e^2}{4\pi\varepsilon_0 r}\right) > 0$，表明氢原子核外电子具有足够大的运动速度脱离原子核静电吸引的束缚成为自由电子，即氢原子处于电离态。由于此情况下不能反映氢原子电子结构的真实状态，不属于本讨论范围。

（2）若 $\left(E + \dfrac{e^2}{4\pi\varepsilon_0 r}\right) < 0$，电子处于被束缚的状态，属于定态束缚问题，可以由薛定谔方程确定能量的本征值 E_n 和本征函数 $\psi_n(\boldsymbol{r})$（关于本征值和本征函数参见附录1）。

因为势能只与 r 有关，而且球对称，为了便于求解，对于薛定谔方程采用球坐标表述。将薛定谔方程进行球坐标变换：

如图 2-8 所示，由于：

$$\begin{cases} x = r\sin\theta\cos\varphi \\ y = r\sin\theta\sin\varphi \\ z = r\cos\theta \end{cases} \tag{2-154}$$

得：

$$\begin{cases} r = \sqrt{x^2 + y^2 + z^2} \\ \theta = \arccos\left(\dfrac{z}{\sqrt{x^2 + y^2 + z^2}}\right) \\ \varphi = \arctan\left(\dfrac{y}{x}\right) \end{cases} \tag{2-155}$$

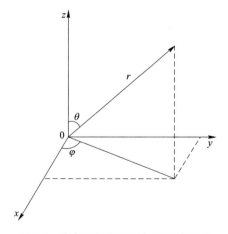

图 2-8　直角坐标与球坐标的对应关系

另外，由数学知识可知，球坐标下的拉普拉斯算子∇^2的表达式为：

$$\nabla^2 = \frac{1}{r^2}\frac{\partial}{\partial r}\left(r^2\frac{\partial}{\partial r}\right) + \frac{1}{r^2\sin\theta}\frac{\partial}{\partial\theta}\left(\sin\theta\frac{\partial}{\partial\theta}\right) + \frac{1}{r^2\sin^2\theta}\frac{\partial^2}{\partial\varphi^2} \quad (2\text{-}156)$$

因此球坐标下描述氢原子核外电子的薛定谔方程为：

$$\frac{1}{r^2}\frac{\partial}{\partial r}\left(r^2\frac{\partial\psi}{\partial r}\right) + \frac{1}{r^2\sin\theta}\frac{\partial}{\partial\theta}\left(\sin\theta\frac{\partial\psi}{\partial\theta}\right) + \frac{1}{r^2\sin^2\theta}\frac{\partial^2\psi}{\partial\varphi^2} + \frac{2m}{\hbar^2}\left(E + \frac{e^2}{4\pi\varepsilon_0 r}\right)\psi = 0$$

$$(2\text{-}157)$$

式（2-157）虽然比较复杂，但通过变量分离方法把波函数进行分解，就可以比较容易地求解。波函数分解如下：

$$\psi(\boldsymbol{r},\theta,\varphi) = R(\boldsymbol{r}) \cdot \Theta(\theta) \cdot \Phi(\varphi) \quad (2\text{-}158)$$

同时考虑到，E 仅依存于函数 $R(\boldsymbol{r})$，与 $\Theta(\theta)$ 和 $\Phi(\varphi)$ 无关，所以得到如下的本征方程：

$$\begin{cases} \dfrac{1}{r^2}\dfrac{\mathrm{d}}{\mathrm{d}r}\left(r^2\dfrac{\mathrm{d}R}{\partial r}\right) + \dfrac{2m}{\hbar^2}\left[E + \dfrac{e^2}{4\pi\varepsilon_0 r} - \dfrac{\hbar^2}{2m}\cdot\dfrac{l(l+1)}{r^2}\right]R = 0 \\[3mm] \dfrac{1}{\sin\theta}\dfrac{\mathrm{d}}{\mathrm{d}\theta}\left(\sin\theta\dfrac{\partial\Theta}{\partial\theta}\right) + \left[l(l+1) - \dfrac{m_l^2}{\sin^2\theta}\right]\Theta = 0 \\[3mm] \dfrac{\partial^2\Phi}{\partial\varphi^2} + m_l^2\Phi = 0 \end{cases} \quad (2\text{-}159)$$

式中，E、l、m_l 均为待定常数，可由方程性质和波函数的标准条件决定。

根据上述本征方程对应的本征值，得到如下 3 种决定氢原子核外电子状态的量子数，分别为：

（1）能量本征值 E_n。

$$E_n = -\frac{me^4}{32\pi^2\varepsilon_0^2\hbar^2}\cdot\frac{1}{n^2} \quad (2\text{-}160)$$

式中，n 为正整数，$n = 1$，2，3，$\cdots$，称为主量子数。

由式（2-160）可知：能量在原子内部是量子化的，主量子数对能级能量值有决定性的作用。习惯上将 $n = 1$ 的能级称为基态能级，对于氢原子的基态能级能量值为：

$$E_1 = -\frac{me^4}{32\pi^2\varepsilon_0^2\hbar^2}\cdot\frac{1}{n^2}\bigg|_{n=1} = -\frac{me^4}{8\varepsilon_0^2 h^2} = -2.18\times10^{-18}\mathrm{J} = -13.6\mathrm{eV}$$

$$(2\text{-}161)$$

对于氢原子 $n>1$ 的能级称为激发态能级，其激发态能级能量值为：

$$E_n = -\frac{2.18\times10^{-18}}{n^2}\bigg|_{n>1}\mathrm{J} = -\frac{13.6}{n^2}\bigg|_{n>1}\mathrm{eV} \quad n = 2,3,\cdots \quad (2\text{-}162)$$

（2）角动量本征值 L。

$$L = \sqrt{l(l+1)}\,\hbar \quad (2\text{-}163)$$

式中，l 称为角量子数（也称副量子数），$l = 0$，1，2，$\cdots$，$n-1$。

副量子数决定了部分能级能量的差异，表明电子在核静电势能场条件下运动的角动量是量子化的。

（3）角动量 z 分量本征值 L_z。

$$L_z = m_l \hbar \tag{2-164}$$

式中，m_l 称为磁量子数，$m_l = 0$，± 1，± 2，$\cdots$，$\pm l$。

空间外磁场（磁场强度 B）环境下，磁量子数决定了原子内的电子角动量在 z 方向分量的量子化。

（4）自旋量子数 m_s。描述电子运动状态的量子数除了由薛定谔方程求得上述的主量子数 n，角量子数（副量子数）l 和磁量子数 m_l 共 3 个量子数以外，还有一个为了描述电子的自旋运动而提出的自旋量子数 m_s。

在外磁场作用下电子自旋角动量在 z 方向上有两个分量，也是量子化的。

$$S_z = m_s \hbar \qquad m_s = \pm \frac{1}{2} \tag{2-165}$$

因此，若量子数 n，l，m_l，m_s 一经确定，共同的本征函数就随之被确定，而且是唯一的。

$$\Psi_{nlm_lm_s}(r,\theta,\varphi,S_z) = R_{nl}(r) \cdot \Theta_{lm_l}(\theta) \cdot \Phi_{m_l}(\varphi) \cdot X_{m_s}(S_z) \tag{2-166}$$

则，电子在 r 处、θ 方向、φ 方位点处出现自旋为 S_z 的电子概率密度为：

$$|\Psi_{nlm_lm_s}(r,\theta,\varphi,S_z)|^2 = |R_{nl}(r)|^2 \cdot |\Theta_{lm_l}(\theta)|^2 \cdot |\Phi_{m_l}(\varphi)|^2 \cdot |X_{m_s}(S_z)|^2 \tag{2-167}$$

2.4.4 粒子转动能

在 2.4.1 节已对微观粒子的平动能进行了量子理论的讨论，本节将对微观粒子的转动能进行量子力学分析。

根据量子理论，由薛定谔方程得到转动能量表达式为：

$$\varepsilon_r = J(J+1) \frac{h^2}{8\pi^2 I} \tag{2-168}$$

式中，J 为转动量子数，$J = 0$，1，2，$\cdots$。

以下举例说明有关微观粒子转动能量的计算。

例 1：对于双原子分子 O_2，试计算 $J=0$ 与 $J=1$ 之间的能量差 $\Delta \varepsilon_r$。

解：首先计算 O_2 的折合质量 μ_{O_2}。

因为氧原子的质量为：

$$m_O = \frac{16 \times 10^{-3}}{N_A} = 2.66 \times 10^{-26} \text{kg} \tag{2-169}$$

式中，数值 16 是氧的摩尔质量，g/mol；N_A 是阿伏伽德罗常数，6.022×10^{23}，mol^{-1}。

所以，O_2 的折合质量 μ_{O_2}：

$$\mu_{O_2} = \frac{m_O \cdot m_O}{m_O + m_O} = 1.33 \times 10^{-26} \text{kg} \tag{2-170}$$

又因为，O_2 的转动惯量 I：

$$I = \mu \cdot r_e^2 \tag{2-171}$$

式中，r_e 为两个质点（氧原子）之间距离（也称为 O—O 键长），m。

已知氧分子内两原子间的间距 $r_e = 120.8 \text{pm} = 1.208 \times 10^{-10} \text{m}$，所以：

$$I = 1.94 \times 10^{-46} \text{kg} \cdot \text{m}^2 \tag{2-172}$$

因为，转动量子数 $J=0$ 时的转动能量：

$$\varepsilon_r \big|_{J=0} = J(J+1) \left. \frac{h^2}{8\pi^2 I} \right|_{J=0} = 0$$

而当转动量子数 $J=1$ 时的转动能量：

$$\varepsilon_r \big|_{J=1} = 1 \times (1+1) \times \left. \frac{h^2}{8\pi^2 I} \right|_{\substack{J=1 \\ I=1.94 \times 10^{-46}}} = 5.75 \times 10^{-23} \text{J}$$

所以，$J=1$ 与 $J=0$ 之间的转动能量差 $\Delta\varepsilon_r$ 为：

$$\Delta\varepsilon_r = \varepsilon_r \big|_{J=1} - \varepsilon_r \big|_{J=0} = 5.75 \times 10^{-23} \text{J} \tag{2-173}$$

从氧分子的例子可见，微观粒子的转动最低能级能量差约为 $\Delta\varepsilon_r \approx 10^{-23}$ J，远大于平动能最低能级能量差（参见 2.4.2 节关于 300K、101325Pa、1L 立方体空间中氧分子的最低能量差计算，$\Delta\varepsilon_t \approx 10^{-40}$ J），也大于 300K 温度条件下每能级平均平动能（300K 温度条件下氧分子每能级平均平动能为 $\Delta\varepsilon_t \approx 10^{-30}$ J）。

2.4.5 粒子振动能

简谐振子振动能及对应的振动能量 ε_v 表达式为：

$$\varepsilon_v = \left(v + \frac{1}{2}\right) h\nu \tag{2-174}$$

式中，v 为振动量子数，$v = 0, 1, 2, 3, \cdots$；ν 为振动频率，Hz。

注意：在描述振动能量时经常使用波数 $\tilde{\nu}$，m^{-1}。频率 ν 与波数 $\tilde{\nu}$ 之间的换算关系为：

$$\nu = c \cdot \tilde{\nu} \tag{2-175}$$

式中，c 为光速，$c = 3.00 \times 10^8 \text{m/s}$。

与微观粒子的平动能和转动能相比，作为振动能量的分布特点是振动能量的能级能量差 $\Delta\varepsilon_v$ 不随振动量子数 v 发生变化。

当振动量子数 $v=0$ 时对应的振动能量值为：

$$\varepsilon_v \big|_{v=0} = \frac{1}{2} h\nu \tag{2-176}$$

一般称 $\varepsilon_v \big|_{v=0}$ 为基态振动能。

例2：计算 $T = 300K$ 温度条件下对应的振动能级能量差和基态下的振动能。

解：由经典力学观点可知一个振动自由度上的振动能量为：

$$\varepsilon_v = \frac{2}{2}kT \Big|_{\substack{k = 1.38 \times 10^{-23} J/K \\ T = 300K}} = 4.14 \times 10^{-21} J \tag{2-177}$$

又因为振动能量也可用下式表示：

$$\varepsilon_v = h\nu \tag{2-178}$$

由于式（2-177）与式（2-178）相等，所以常见的振动频率 ν 数量级约为 10^{13} Hz。

当振动量子数 $v = 0$ 时，对应的基态振动频率（$\nu = 1 \times 10^{13}$ Hz）的能量为：

$$\varepsilon_v \big|_{v=0} = \frac{1}{2}h\nu \Big|_{\substack{k = 6.63 \times 10^{-34} J \cdot s \\ \nu = 1 \times 10^{13} s^{-1}}} = 3.3 \times 10^{-21} J \tag{2-179}$$

当振动量子数 $v = 1$，对应的振动能量为：

$$\varepsilon_v \big|_{v=1} = \left(v + \frac{1}{2}\right)h\nu \Big|_{\substack{v = 1 \\ \nu = 1 \times 10^{13} s^{-1}}} = 9.9 \times 10^{-21} J \tag{2-180}$$

对于振动频率 $\nu = 1 \times 10^{13} s^{-1}$ 的粒子，其振动能量差为：

$$\Delta\varepsilon_v = h\nu \Big|_{\substack{h = 6.63 \times 10^{-34} J \cdot s \\ \nu = 1 \times 10^{13} s^{-1}}} = 6.6 \times 10^{-21} J \tag{2-181}$$

可见由量子理论得到的振动能量数值（$\varepsilon_v \big|_{v=0} = 3.3 \times 10^{-21} J$）远大于平动能，也大于转动能约两个数量级。由此可推断常温尤其是低温体系的微观粒子难以配分振动能量，即此时振动自由度上是"空"的状态。

2.4.6 电子能量

在经典力学中，赋存于微观粒子的能量形式只考虑微观粒子的平动能、转动能和振动能，实际上微观粒子中还可能存在其他的能量赋存方式。前已述及，Cl_2 在 1500K 温度条件下具有的总能量值（$C_V/R = 3.571$）（表2-3）不仅远大于一般假设刚性结构 Cl_2 分子的能量值（$C_V/R = 2.5$），也大于非刚性结构 Cl_2 分子内部存在振动的能量值（$C_V/R = 3.5$）。该结果显示了微观粒子赋存的能量形式除了微观粒子的平动、转动、振动还应该有电子跃迁形式，微观粒子将以电子跃迁形式赋存一定的能量。

电子跃迁可能发生在主量子数不同的电子层（K、L、M、N、O、P层等）之间，也可能发生在主量子数相同但副量子数不同的轨道（s、p、d、f轨道等）之间。一般情况下，当电子从主量子数 $n = 1$ 对应的 K 层跃

迁至主量子数 $n=2$ 对应的 L 层时，其能级的能量差约为 $100kT$，远远大于经典力学中的平动、转动和振动任何一种形式赋存的能量。如此大的能量，只有在微观粒子处于超高温或接受很大的外来能量时才能出现。

由上述分析可知，原子量较小且低温条件下，分子或原子内的电子基本处于最低的电子能级上，不会发生电子跃迁现象，因此热力学中一般不考虑电子跃迁能量的配分，或说在经典力学中给出的物质热容 C_p 或 C_V 均未考虑来自电子跃迁的贡献，前述的 Cl_2 在高温条件下 C_V/R 值大于经典力学的数值，可以推断是 Cl_2 在高温条件下发生了少量的电子跃迁。

2.4.7　量子力学理论能量分布小结

综上分析，微观粒子的能量赋存是量子化的，能量赋存形式一般有以下 4 种：

（1）平动能，可能赋存的能量为：

$$\varepsilon_t = \frac{n^2 h^2}{8ma^2}$$，n 为平动量子数（$n=1$，2，3，$\cdots$），平均能量值约为 10^{-30}

J 数量级，简并度 ω_t 依量子数不同而异：如前所述，对于平动能量为 $\varepsilon_t = \frac{3h^2}{8ma^2}$ 的能级是非简并的，其简并度 $\omega_t=1$，而对于平动能量为 $\varepsilon_t = \frac{6h^2}{8ma^2}$ 的能级则是简并的，其简并度 $\omega_t=3$。

（2）转动能，可能赋存的能量为：

$$\varepsilon_r = J(J+1)\frac{h^2}{8\pi^2 I}$$，J 为转动量子数（$J=0$，1，2，3，$\cdots$），能量值约为 10^{-23}J 数量级，简并度 $\omega_r=2J+1$。

（3）振动能，对于一维简谐振子振动可能赋存的能量为：

$$\varepsilon_v = \left(v + \frac{1}{2}\right)h\nu$$，v 为振动量子数（$v=0$，1，2，3，$\cdots$），简并度 $\omega_v=1$，能量值约为 10^{-21}J 数量级。

注意：三维简谐振子与一维振动赋存能量的表达式不同，对于三维简谐振子的第 v 级（或说第 n 级）振动能为 $\varepsilon_v = \left(v + \frac{3}{2}\right)h\nu$，相应的简并度 $\omega_v = \frac{1}{2}(v+1)(v+2)$。

（4）电子跃迁能，对于氢原子核外电子在每个能级可能赋存的能量为：

$$\varepsilon_e = -\frac{me^4}{8\varepsilon_0^2 h^2} \cdot \frac{1}{n^2}$$，n 是主量子数（$n=1$，2，3，$\cdots$），能量值约为 10^{-18}J 数量级，相应的简并度依粒子种类而异。

习 题

1. 已知质量为 m 的微观粒子在边长为 a 的立方体容器中的平动能为 $\dfrac{h^2}{8ma^2}(n_1^2+n_2^2+n_3^2)$，式中 n_i 为量子数 $n_i = 1$，2，3，$\cdots$，试求对应能量为 $\dfrac{14h^2}{8ma^2}$ 能级的简并度。

（参考答案：$\omega = 6$）

2. 试把函数 $f(x) = \exp\left(-\dfrac{\alpha^2 x^2}{2}\right)$ 写成归一化波函数形式。

（参考答案：$\psi(x) = \sqrt{\dfrac{\alpha}{\sqrt{\pi}}}\exp\left(-\dfrac{\alpha^2 x^2}{2}\right)$）

3. 已知电子和中子的德布罗意波长都等于 1Å，求各自的速率和动能。

（参考答案：电子 $v = 7.27 \times 10^6\,\text{m/s}$，$E = 2.41 \times 10^{-17}\,\text{J}$；中子 $v = 3.97 \times 10^3\,\text{m/s}$，$E = 1.31 \times 10^{-20}\,\text{J}$）

4. 设微观粒子在一维空间运动，其状态描述如下：

当 $x < 0$，$\psi(x, t) = 0$；当 $x \geq 0$，$\psi(x, t) = Ax\exp(-\lambda x)$（$A$ 为任意常数），求：（1）归一化的波函数。（2）概率密度。（3）何处粒子存在的概率最大。

（参考答案：（1）归一化波函数：$\psi(x, t) = 2\lambda\sqrt{\lambda}\,x\exp(-\lambda x)$。（2）概率密度：$x < 0$ 时，$|\psi(x, t)|^2 = 0$；$x \geq 0$ 时，$|\psi(x, t)|^2 = 4\lambda^3 x^2\exp(-2\lambda x)$。（3）概率最大处：$x = \dfrac{1}{\lambda}$）

5. 设粒子在一维势阱（势阱宽为 b）空间运动，其状态可用波函数描述：

$$\psi(x, t) = 0 \quad \left(x \leq -\frac{b}{2},\ x \geq \frac{b}{2}\right)$$

$$\psi(x, t) = A\exp\left(-\frac{iE}{\hbar}t\right)\cos\left(\frac{\pi x}{b}\right) \quad \left(-\frac{b}{2} \leq x \leq \frac{b}{2}\right)$$

式中，A 为任意常数；E 为确定常数。求归一化函数和概率密度 W 随 x 的变化规律。

（参考答案：

归一化函数：$\psi(x, t) = \sqrt{\dfrac{2}{b}}\exp\left(-\dfrac{iE}{\hbar}t\right)\cos\left(\dfrac{\pi x}{b}\right) \quad \left(-\dfrac{b}{2} \leq x \leq \dfrac{b}{2}\right)$

概率密度 W 随 x 变化（图 2-9）：

$$W(x, t) = |\psi(x, t)|^2 = \psi^2(x, t) = 0 \left(x \leq -\frac{b}{2},\ x \geq \frac{b}{2}\right)$$

$$W(x, t) = |\psi(x, t)|^2 = \psi^2(x, t) = \frac{2}{b}\cos^2\left(\frac{\pi x}{b}\right) \left(-\frac{b}{2} \leq x \leq \frac{b}{2}\right)$$ ）

6. 若某粒子在一维势阱内的状态函数为 $\psi(x) = \sqrt{\dfrac{2}{a}}\sin\left(\dfrac{\pi}{a}x\right)$（$0 < x < a$），试求出该粒子出现在 $0.25a < x < 0.75a$ 区间的概率。

（参考答案：0.818）

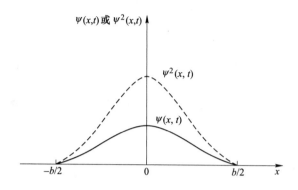

图 2-9　概率密度 W 与 x 之间的关系

7. 已知粒子在宽度 L 的一维势阱中归一化定态波函数为：

$$\psi_n(x) = \sqrt{\frac{2}{L}}\sin\left(\frac{n\pi x}{L}\right) \quad (0 \le x \le L)$$

式中，n 为量子数，$n = 1$，2，3，…。

问：（1）粒子当 $n=1$ 及 $n=\infty$ 时，在 $\left(0 \le x \le \dfrac{L}{4}\right)$ 区间出现的概率是多少？

（2）粒子在 $x = \dfrac{L}{4}$ 处出现概率为最大时对应的量子数 n 为多少？

（参考答案：$W_n = \dfrac{1}{4} - \dfrac{1}{2\pi n}\sin\left(\dfrac{n\pi}{2}\right)$，$n = 2(2k+1)(k = 0，1，2，…)$）

8. 试证明函数 $f(x) = x\exp\left(-\dfrac{x^2}{2}\right)$ 是算符 $\left(-\dfrac{\mathrm{d}^2}{\mathrm{d}x^2} + x^2\right)$ 的本征函数，并给出本征值。

（参考答案：本征值 = 1）

9. 边长为 a 的立方体箱中质量为 m 的粒子，当其能量分别为 $\dfrac{9h^2}{8ma^2}$ 和 $\dfrac{27h^2}{8ma^2}$ 时，求两个能量对应的简并度。

（参考答案：3 和 4）

10. 试计算 NNO（线型分子）的转动惯量，已知 N—N 键长 113pm，N—O 键长 119pm，原子量 $M_N = 14.0$，$M_O = 16.0$。

（参考答案：$6.69\times10^{-46}\mathrm{kg}\cdot\mathrm{m}^2$）。

11. 已知三维振子能级计算式为 $\varepsilon(s) = \left(s + \dfrac{3}{2}\right)h\nu$，$s = v_x + v_y + v_z = 0$，1，2，…，试证明能级 $\varepsilon(s)$ 的简并度 $\omega(s) = \dfrac{1}{2}(s+1)(s+2)$。

12. 定性绘制乙炔分子可能存在的振动模式？并指出哪些是简并的。

（参考答案：7 种，其中有两种振动模式是 2 重简并，图 2-10）

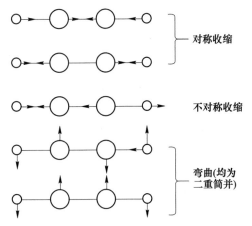

对称收缩

不对称收缩

弯曲(均为
二重简并)

图 2-10　乙炔分子的振动模式示意图

3 微观粒子的分布及配分函数

—— • 3.1 概　述 • ——

3.1.1　常用术语

（1）宏观状态：由多个微观粒子组成的体系称为宏观体系，该体系的状态由体系中的微观粒子数 N、能量 E、体积 V 等参数所决定。

（2）微观状态：对于给定的由 N 个微观粒子构成的宏观状态，N 个微观粒子可以有多种排列方式，每一种特定的排列方式就称为是一种微观状态。对于一个宏观状态可以拥有 Ω 个微观状态，$\Omega=1，2，3，\cdots$。

（3）等概率原理：在拥有 N 个微观粒子、E 能量和 V 体积的宏观体系中，任何一种微观状态出现的概率 P 均是相同的。即对于拥有 Ω 个微观状态体系，任何一种微观状态出现的概率 P 均为 $\dfrac{1}{\Omega}$。

（4）独立子体系：对于拥有 N 个微观粒子、E 能量、V 体积的宏观体系，如果体系内微观粒子间的相互作用非常微弱可以忽略，称为独立子体系。该体系的特点在于：无外场作用时，体系的总能量等于各微观粒子所携带的能量之和，即：

$$E = \sum_i n_i \varepsilon_i \tag{3-1}$$

$$N = \sum_i n_i \tag{3-2}$$

式中，ε_i 为微观粒子处于第 i 能级所携带的能量，J；n_i 为处于第 i 能级具有 ε_i 能量的微观粒子数量。

注意：等概率原理和独立子体系是统计热力学中两个最基本的假设，以下讨论的体系均自动满足这两个基本假设。

3.1.2　定域子体系与离域子体系

宏观体系的微观状态数量与体系内微观粒子能否分辨的属性有关，根据微观粒子的可分辨性的属性分为"定域子体系"和"离域子体系"。

3.1.2.1 定域子体系

在拥有 N 个微观粒子的宏观体系中，若每一个微观粒子都是可分辨的，或说每一个微观粒子都具有自身的标识，这样的宏观体系称为定域子体系。因为微观粒子可分辨，所以在发生两个微观粒子位置交换时，必然伴随微观状态的改变。

3.1.2.2 离域子体系

在拥有 N 个微观粒子的宏观体系中，若微观粒子是不可分辨的全同粒子，或说每一个微观粒子没有特定的自身标识，这样的宏观体系称为离域子体系。因为微观粒子是不可分辨的，所以同能级上不同的微观粒子之间发生位置交换时，微观状态维持不变。

关于全同粒子（不可分辨粒子）的数学描述如下。设 q_i 为 i 粒子的坐标，若：

$$|\psi(q_1,q_2,\cdots,q_i,\cdots,q_j,\cdots)|^2 = |\psi(q_1,q_2,\cdots,q_j,\cdots,q_i,\cdots)|^2 \quad (3\text{-}3)$$

则粒子 i 与 j 全同，若所有的粒子均满足式（3-3），则所有粒子均为全同。

应当指出的是：在统计离域子体系的微观状态数 $P_{离域子}$ 时，离域子体系的微观状态数还与微观粒子自身的性质，即离域子体系的微观粒子是**玻色**子（Boson）还是**费米**子（Fermion）有关。

关于玻色子和费米子区别，可根据粒子是否遵循泡利不相容原理判别。若微观粒子不遵循**泡利**不相容原理，认定为玻色子，其特点：（1）多个相同量子态的粒子可以共存；（2）微观粒子的量子特征表现为自旋量子数为整数（$m_s = 1, 2, 3, \cdots$）。反之，若微观粒子遵循泡利不相容原理，则可认定为费米子，其特点：（1）一种量子态最多只能有 1 个粒子存在，即不能有两个或两个以上的粒子处于同一量子态；（2）属于费米子的微观粒子自旋量子数 $m_s = \pm\dfrac{n}{2}(n = 1, 3, 5, \cdots)$。

另外，也可以使用如下方法区别离域玻色子和费米子。

因为微观粒子不可分辨，则粒子存在状态的波函数 $\psi(x, y, z)$ 自动满足式（3-3），即：

$$|\psi(1,2)|^2 = |\psi(2,1)|^2 \quad (3\text{-}4)$$

对于式（3-4），如果微观粒子波函数是"对称的"，即：

$$\psi(1,2) = \psi(2,1) \quad (3\text{-}5)$$

此时微观粒子的自旋量子数一定是零或整数，即 $m_s = 0, 1, 2, \cdots$，是玻色子，如光子（$m_s = 1$）、π 介子（$m_s = 0$）等。

如果微观粒子的波函数是反对称的，即：

$$\psi(1,2) = -\psi(2,1) \quad (3\text{-}6)$$

▶ **人物录 18.**

玻色

　　萨特延德拉·纳特·玻色（Satyendra Nath Bose），印度物理学家。1894 年 1 月出生。1944 年被选为印度科学代表大会主席，1958 年获选为英国皇家学会会员。玻色最著名的研究是 1920 年代早期的量子物理研究，该研究为玻色-爱因斯坦统计及玻色-爱因斯坦凝聚理论提供了基础。玻色著名的成就有玻色-爱因斯坦凝聚、玻色-爱因斯坦统计、玻色气体等。

此时微观粒子的自旋量子数一定是半奇数，即 $m_s = \pm\dfrac{1}{2},\ \pm\dfrac{3}{2},\ \cdots,$ 是费米子，如电子（$m_s = \pm\dfrac{1}{2}$）、质子、中子、μ 介子、超子等。

注意：若某较大的微观粒子是由多个具有费米子性质的微粒子组成，该大粒子是玻色子还是费米子可根据大粒子包含的费米子性质微粒的个数之和所决定。如果费米子个数之和为偶数，则大粒子是玻色子；反之，如果费米子个数之和为奇数，则大粒子是费米子。

例如：对于 α 粒子，因为 α 粒子是由 2 个质子和 2 个中子构成，质子和中子都是具有费米子性质的微粒子，由于质子和中子的个数之和等于 4，是偶数，所以 α 粒子为玻色子。再如，金属锂粒子 $^6\mathrm{Li}^+$ 和 $^7\mathrm{Li}^+$，前者 $^6\mathrm{Li}^+$ 是由 3 个质子、3 个中子、2 个电子构成，因为质子、中子和电子的个数之和等于 8，为偶数，所以 $^6\mathrm{Li}^+$ 属于玻色子；而后者 $^7\mathrm{Li}^+$ 是由 3 个质子和 4 个中子以及 2 个电子构成，因为质子、中子和电子的个数之和等于 9，为奇数，所以 $^7\mathrm{Li}^+$ 属于费米子。

3.1.3 微观状态数

针对前述的定域子体系与离域子体系的微观状态数计算方法讨论如下。

3.1.3.1 定域子体系

（1）情况 1：设有 N 个可分辨粒子和 i 个盒子，若每个盒子里放置的粒子数不限，此种情况的"不同盒子"相当于不同能级或同能级的不同简并微观态。因为"每个盒子里放置的粒子数不限"，所以每个粒子都有 i 种选择机会，故微观状态数为：

$$P_{定域子}\big|_{情况1} = i^N \tag{3-7}$$

（2）情况 2：设有 N 个可分辨的粒子，放置到 $i(i > N)$ 个盒子里，若要求每个盒子里最多放一个粒子（相当于定域子附加每个盒子只能放一个粒子的条件），则可能的放置方式为：第 1 个粒子有 i 种选择，第二个粒子有 $i-1$ 种选择，类推至最后第 N 个粒子有 $i-N+1$ 种选择，所以总的放置方式数 P 相当于从 i 元素取 N 元素排列：

$$P = i(i-1)\cdots(i-N+1) = \dfrac{i!}{(i-N)!} = A_i^N \tag{3-8}$$

（3）情况 3：设有 N 个可分辨粒子，放入 i 个盒子里，若按照放置顺序排列的话，第一次放置的粒子有 N 种选择，第二次放置的粒子有 $N-1$ 种选择，以此类推，总的放置方式数为 $N!$。

但如果规定第 i 个盒子里必须放置 n_i 个（$n_i \leqslant N$）粒子，从能量的角

人物录 19.

费米

恩里科·费米（Enrico Fermi），美籍意大利物理学家。1901 年 9 月出生于意大利罗马，1922 年获得比萨大学博士学位。1938 年获诺贝尔物理学奖。费米对理论物理学和实验物理学方面均有重大贡献，首创了 β 衰变的定量理论，发展了量子理论。1942 年费米领导的小组在芝加哥大学建立了人类第一台可控核反应堆、为第一颗原子弹的成功爆炸奠定了基础，人类从此迈入原子能时代，而费米也被誉为"原子能之父"。

度出发，指定了第 i 个盒子里放置的粒子数 n_i 的同时也就明确了该盒子拥有的能量值，因此，即使改变第 i 个盒子里的粒子排列次序，也不会改变其能量值，换言之，第 i 个盒内的能量与 n_i 个粒子放置顺序无关。因为 n_i 个粒子有 $n_i!$ 种放置方式，所以实际的放置方式数应从总的 $N!$ 种放置方式数中扣除第 i 个盒内粒子放置顺序的影响，总的放置方式数即微观状态数为：

$$P = \frac{N!}{\prod_i n_i!} \tag{3-9}$$

上式是在各能级的简并度均为 1 或说各能级为非简并情况下微观粒子的放置方式数。若考虑到每一个能级上都存在 ω_i 个简并的量子态（或说简并度为 ω_i），因为 n_i 个微观粒子在 ω_i 上排列方式为 $\omega_i^{n_i}$ 种，所以，定域子体系总的微观状态数：

$$P_{\text{总,定域子}} = P\prod_i \omega_i^{n_i} = N! \ \prod_i \frac{\omega_i^{n_i}}{n_i!} \tag{3-10}$$

显然，在所有能级均为非简并（$\omega_i = 1$）的情况下，式（3-10）将退化为式（3-9）。

3.1.3.2 离域子体系中的玻色子

若第 i 个能级拥有 n_i 个玻色子且该能级的简并度为 ω_i，相当于取 n_i 个白球和（$\omega_i - 1$）个红球任意排列的情况（参见附录 2），则第 i 能级上的微观粒子配分方式数（微观状态数）P_i 为：

$$P_i = C_{n_i+\omega_i-1}^{n_i} = \frac{n_i + \omega_i - 1}{n_i!\ (\omega_i - 1)!} \tag{3-11}$$

所以玻色子总的微观状态数：

$$P_{\text{总,Bose}} = \prod_i P_i = \prod_i \frac{(n_i + \omega_i - 1)!}{n_i!\ (\omega_i - 1)!} \tag{3-12}$$

3.1.3.3 离域子体系中的费米子

设第 i 个能级拥有 n_i 个费米子，简并度为 $\omega_i(\omega_i \geq n_i)$，因为在每个量子态上最多只能存在 1 个费米子，所以在该能级上的微观粒子状态可分为两大类：一类是有微观粒子占据的 n_i 个量子态，另一类是无微观粒子占据的（$\omega_i - n_i$）个空闲量子态，相当于 ω_i 个球中任取 n_i 个球组合的情况（参见附录 2），此情况下的微观粒子配分方式数（微观状态数）P_i 为：

$$P_i = C_{\omega_i}^{n_i} = \frac{\omega_i!}{n_i!\ (\omega_i - n_i)!} \tag{3-13}$$

因此，费米子总的微观状态数：

$$P_{\text{总,Fermi}} = \prod_i P_i = \prod_i \frac{\omega_i!}{n_i!\,(\omega_i - n_i)!} \qquad (3\text{-}14)$$

3.1.3.4 离域子体系中的经典子

无论玻色子还是费米子，若任一能级上的微观粒子数远小于该能级的简并度 ω_i，即 $n_i \ll \omega_i$，则称这种不可分辨的微观粒子为离域经典子。

因为 $n_i \ll \omega_i$，所以玻色子的总微观状态数式（3-12）和费米子的总微观状态数式（3-14）可改写为：

$$P_{\text{总,Bose}} = \prod_i P_i = \prod_i \frac{(n_i + \omega_i - 1)!}{n_i!\,(\omega_i - 1)!}$$

$$= \prod_i \frac{\overbrace{(n_i + \omega_i - 1)(n_i + \omega_i - 2)\cdots\omega_i}^{n_i\text{个}}(\omega_i - 1)!}{n_i!\,(\omega_i - 1)!}$$

$$\approx \prod_i \frac{\omega_i^{n_i}}{n_i!} \qquad (3\text{-}15)$$

$$P_{\text{总,Fermi}} = \prod_i P_i = \prod_i \frac{\omega_i!}{n_i!\,(\omega_i - n_i)!}$$

$$= \prod_i \frac{\overbrace{\omega_i(\omega_i - 1)(\omega_i - 2)\cdots(\omega_i - n_i + 1)}^{n_i\text{个}}(\omega_i - n_i)!}{n_i!\,(\omega_i - n_i)!}$$

$$\approx \prod_i \frac{\omega_i^{n_i}}{n_i!} \qquad (3\text{-}16)$$

比较式（3-15）和式（3-16），可见当 ε_i 能级上的量子态数（简并度的值）远大于存在的微观粒子数时，这时无论是玻色子还是费米子，总的微观状态数趋于相等，因此对于离域经典子不必区分玻色子和费米子。

由上述分析可知，离域经典子在第 i 能级上的微观状态数 $P_{\text{经典子}}$ 的计算式为：

$$P_{\text{经典子}} = \frac{\omega_i^{n_i}}{n_i!} \qquad (3\text{-}17)$$

上式中的分子部分 $\omega_i^{n_i}$ 相当于定域子体系的微观状态数，分母部分是为了扣除离域经典子不可分辨产生的影响。所以，总的微观状态数 $P_{\text{总,经典子}}$ 的计算式为：

$$P_{\text{总,经典子}} = \prod_i \frac{\omega_i^{n_i}}{n_i!} \qquad (3\text{-}18)$$

以下举例说明不同条件下的微观状态数的计算。

例如：对于 a，b，c，d 4 个字母（相当于 4 个可分辨的定域子，$N = 4$），分为两组（相当于两个能级，$i = 2$），每组各分有两个字母（相当于规定每能级的粒子数：$n_1 = 2$、$n_2 = 2$），若每组内字母不计排列次序（相当于同一能级中的两粒子放置次序交换时，该能级的能量值不变），其组合方式（相当于总的微观状态数）数分析如下。

上述情况相当于定域子体系情况 3，对于 4 个可分辨的字母，第一次有 4 种取法，第二次有 3 种取法，第三次有 2 种取法，第四次有 1 种取法，所以共有 $N!$ 种取法；考虑到体系中存在不同的能级，且因为第 i 能级上有 n_i 个粒子（字母），所以第 i 能级上有 $n_i!$ 种放置方法，由于同一能级的粒子放置顺序不会产生新的微观态，所以应从总的 $N!$ 种取法中扣除能级内粒子放置顺序的影响，因此总的组合方式数，即微观状态数为：

$$P_{\text{定域子}} = \left.\frac{N!}{\prod\limits_{i=1}^{2} n_i!}\right|_{\substack{N=4 \\ n_1=2 \\ n_2=2}} = 6 \tag{3-19}$$

若采用枚举分析法罗列所有的组合方式，可写出：ab+cd、ac+bd、ad+bc、bc+ad、bd+ac、cd+ab 共 6 种方式。

注意：这里的 ab+cd 和 cd+ab 属于不同的微观态，因为"+"号前后的排列各分属于不同的能级。

因此，上述例子印证了如下定域子体系中 N 个可分辨的微观粒子分布在 i 个能级上方式数（即微观状态数）的计算通式的正确性。

$$P_{\text{定域子}}\big|_{\text{情况3}} = \frac{N!}{\prod\limits_{i} n_i!} \tag{3-20}$$

再例如：将有标记 a、b、c 的 3 个可分辨球（相当于 3 个定域子体系微观粒子，$N=3$），随机放置到 4 个箱中（$i=4$），确定以下两种条件下的放置方式数。

（1）箱子可分辨。若箱子可分辨（相当于 4 个不同的能级）且每箱放置球的个数不限，则第一个球有 4 种可能，第二球也有 4 种可能，所以 3 个球共有 $4^3=64$ 种放置方式。这相当于"定域子情况 1"的结果。

（2）箱子不可分辨。若 4 个箱子处于同一能级（例如第 i 能级），则箱子是简并的，如果要求某一个箱里放置 2 个球、另一个箱里放置 1 个球、其他两个箱为空时，采用枚举分析法可知放置的方式有如下 3 种：

第 1 种：放置 2 个球的箱中的球是 a、b，放置 1 个球的箱中的球是 c；

第 2 种：放置 2 个球的箱中的球是 a、c，放置 1 个球的箱中的球是 b；

第 3 种：放置 2 个球的箱中的球是 b、c，放置 1 个球的箱中的球是 a。

对于上述三种枚举的方法，应用式（3-9）计算：

$$放置方式数 = \frac{3!}{2! \cdot 1! \cdot 0! \cdot 0!} = 3$$

即，相当于"定域子情况 3"的结果。

以下结合定域子体系和离域子体系并同时考虑玻色子和费米子的特性，再次举例说明微观状态数的计算方法。

例1：设有 2 只鸟（$N=2$）和 3 个有标号的鸟笼（$i=3$），计算下列不同条件下的排列方式数。

（1）鸟可分辨，每笼子中鸟数不限；

（2）鸟不可分辨，每笼子中鸟数不限；

（3）鸟可分辨，每笼子中最多放 1 只鸟；

（4）鸟不可分辨，每笼子中最多放 1 只鸟。

解：（1）因为鸟（微观粒子）可分辨，且每笼鸟数不限，相当于定域子体系情况 1，所以应采用式（3-7）计算排列方式数 P：

$$P = i^N \Big|_{\substack{N=2 \\ i=3}} = 9 \qquad (3-21)$$

（2）因为鸟（微观粒子）不可分辨，且每笼鸟数不限，相当于离域子体系中的玻色子，所以应采用式（3-11）计算排列方式数 P：

$$P = \frac{(N+i-1)!}{N!\ (i-1)!} \Big|_{\substack{N=2 \\ i=3}} = 6 \qquad (3-22)$$

（3）因为微观粒子（鸟）可分辨，且每笼最多只能放一只鸟，相当于定域子附加每个盒子只能放一个粒子的条件，即定域子情况 2，所以应采用式（3-8）计算排列方式数 P：

$$P = A_i^N = \frac{i!}{(i-N)!} \Big|_{\substack{N=2 \\ i=3}} = 6 \qquad (3-23)$$

（4）因为微观粒子（鸟）不可分辨，且每笼最多只能放一只鸟，相当于离域子体系中的费米子，所以应采用式（3-13）计算排列方式数 P：

$$P = C_i^N = \frac{i!}{N!\ (i-N)!} \Big|_{\substack{N=2 \\ i=3}} = 3 \qquad (3-24)$$

例2：将 10 个有标记的球，放在 5 个箱子中，有多少种放法？若 10 个球是不可分辨的，放在 5 个箱子中，又有多少种放法？

解：（1）把 10 个可分辨的球放入 5 个箱子里，即 $N=10$，$i=5$，属于定域子情况 1：

$$P = i^N \Big|_{\substack{N=10 \\ i=5}} = 5^{10} = 9765625$$

（2）若把 10 个不可分辨的球放入 5 个箱子里，即 $N=10$，$i=5$，属于离域玻色子：

$$P = C_{N+i-1}^{i-1} = \frac{[N+(i-1)]!}{(i-1)!\ N!} \Big|_{\substack{N=10 \\ i=5}} = \frac{14!}{4!\ 10!} = 1001$$

可见，球有标记时共有 9765625 种放法，而球不可分辨时仅有 1001 种放法。

例 3：将 12 个有标记的球，放入 3 个箱中且要求分别放入 7 个、4 个、1 个球，此种放法占随意放法的百分比是多少？

解：依题意，将 12 个有标记的球，放入 3 个箱中，相当于定域子情况 3，3 种不同颜色微观粒子的分布情况，因为 $N=12$，$n_1=7$，$n_2=4$，$n_3=1$，所以：

$$P_{7,4,1} = \frac{N!}{\prod n_i!}\bigg|_{\substack{N=12\\n_1=7\\n_2=4\\n_3=1}} = \frac{12!}{7!\ 4!\ 1!} = 3960$$

由于任意放法的总数 $P_{任意}$ 为：

$$P_{任意} = i^N\bigg|_{\substack{N=12\\i=3}} = 3^{12} = 521441$$

所以 3 个箱中分别放入 7 个，4 个，1 个的放法占随意放法的百分比是：

$$\frac{P_{7,4,1}}{P_{任意}} = \frac{3960}{521441} \times 100\% = 0.745\%$$

例 4：把 4 个微观粒子分布在简并度为 3 的能级上，求算下列情况下的分布方式数 P（微观状态数）。

（1）微观粒子可分辨；

（2）微观粒子不可分辨；

（3）限制每个简并量子态上的微观粒子数或为 2 或为空。

解：（1）当微观粒子可分辨时（相当于定域子情况 1），因为 $N=4$，$i=3$，因此分布方式数 P 为：

$$P = i^N\bigg|_{\substack{N=4\\i=3}} = 3^4 = 81$$

实际上，这种情况可分为 ABCD 共 4 种类型（图 3-1），讨论如下。

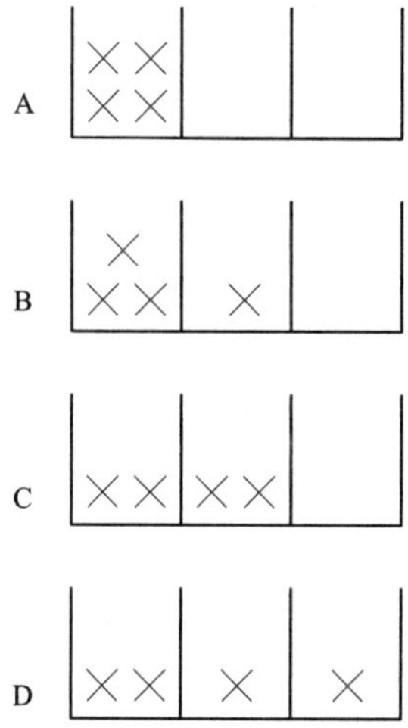

图 3-1　4 个微观粒子在 3 个简并量子态上的分布示意图

1）对于类型 A 有 3 种分布方式。

因为 4 个微观粒子（$N=4$）在 3 个量子态上配分情况为：$n_1=4$，$n_2=0$，$n_3=0$，相当定域子情况 3，其配分方式数为：$\left.\dfrac{N!}{n_1!\ n_2!\ n_3!}\right|_{\substack{N=4\\n_1=4\\n_2=0\\n_3=0}}=1$

又因为共有 3 种选择形式，所以类型 A 的方式数 P_A 为：

$$P_A = 3 \times \left.\frac{N!}{n_1!\ n_2!\ n_3!}\right|_{\substack{N=4\\n_1=4\\n_2=0\\n_3=0}} = 3$$

2）对于类型 B 有 24 种分布方式。

同理，因为 4 个微观粒子在 3 个量子态配分情况为：$n_1=3$，$n_2=1$，$n_3=0$，其配分方式数为：

$$\left.\frac{N!}{n_1!\ n_2!\ n_3!}\right|_{\substack{N=4\\n_1=4\\n_2=0\\n_3=0}} = 4$$

又由于 3 个微观粒子为一组的群每次有 3 个量子态可以选择，然后剩余的单个微观粒子，每次有 2 个量子态可以选择，所以类型 B 的方式数 P_B 为：

$$P_B = 3 \times 2 \times \left.\frac{N!}{n_1!\ n_2!\ n_3!}\right|_{\substack{N=4\\n_1=3\\n_2=1\\n_3=0}} = 24$$

3）对于类型 C 有 18 种分布方式。

因为 4 个微观粒子在 3 个量子态配分情况为：$n_1=2$，$n_2=2$，$n_3=0$，其配分方式数为：

$$\left.\frac{N!}{n_1!\ n_2!\ n_3!}\right|_{\substack{N=4\\n_1=2\\n_2=2\\n_3=0}} = 6$$

又由于先为 2 个微观粒子为一组的群每次有 3 个量子态可以选择，然后剩余的两个微观粒子，虽然每次有 2 个量子态可以选择，但因每次选择的结果都与第一组 2 个微观粒子的群排列重复，所以总数要除以 2，所以类型 C 的方式数 P_C 为：

$$P_C = 3 \times 2 \div 2 \times \left.\frac{N!}{n_1!\ n_2!\ n_3!}\right|_{\substack{N=4\\n_1=2\\n_2=2\\n_3=0}} = 18$$

4）对于类型 D 有 36 种分布方式。

因为 4 个微观粒子在 3 个量子态配分情况为：$n_1=2$，$n_2=1$，$n_3=1$，其配分方式数为：

$$\left.\frac{N!}{n_1!\ n_2!\ n_3!}\right|_{\substack{N=4\\n_1=2\\n_2=1\\n_3=1}} = 12$$

又由于 2 个微观粒子的群每次有 3 个量子态可以选择，剩余的两个单微观粒子无论如何调整放置顺序，均不会产生新的状态，所以类型 D 的方式数 P_D 为：

$$P_D = 3 \times \frac{N!}{n_1! \ n_2! \ n_3!} \bigg|_{\substack{N=4 \\ n_1=2 \\ n_2=1 \\ n_3=1}} = 36$$

（2）当微观粒子不可分辨（玻色子），则 $N=4$，$i=3$ 的分布方式数 P 为：

$$P = \frac{[N+(i-1)]!}{(i-1)! \ N!} \bigg|_{\substack{N=4 \\ i=3}} = 15$$

分别为 $P_A=3$、$P_B=6$、$P_C=3$（因为微观粒子不可分辨，所有 2 个微观粒子的群都是一样的，对于量子态来说相当于在 3 个量子态中任取 2 个为一组的排列组合 $P_C = C_3^2 = 3$）、$P_D=3$。

（3）因为限制每个量子态上的微观粒子数或为 2 或为空，即只有类型 C 满足，此时：

1）若微观粒子可分辨，分布的方式数 P 为 18，即：

$$P_{C,\text{可分辨}} = 18$$

2）若微观粒子不可分辨，同第（2）问的类型 C，即：

$$P_{C,\text{不可分辨}} = 3$$

以上是没有考虑体系总能量守恒条件下可能存在的微观状态数计算，实际上对于独立子体系，除了总粒子数的条件约束外还应考虑总能量的条件约束，以下举例说明。

例 5：设某定域子体系，$N=6$，$E=3\varepsilon$（ε 为某一单位能量），粒子的许可能级为 0ε、1ε、2ε、3ε，且都是非简并的。计算体系的各种分布的微观状态数和所占的百分比。

解：因为粒子的许可能级为 0ε、1ε、2ε、3ε，设对应的粒子个数分别为 n_0、n_1、n_2、n_3，则满足体系的总能量为 3ε 的粒子分布可能存在以下 3 种情况（考虑能量守恒条件约束，相当于指定某一能级上粒子的个数）：

（1）$n_0=5$，$n_1=0$，$n_2=0$，$m_3=1$，则对应的微观状态数 P_A：

$$P_A = \frac{N!}{n_0! \ n_1! \ n_2! \ n_3!} \bigg|_{\substack{N=6 \\ n_0=5 \\ n_1=0 \\ n_2=0 \\ n_3=1}} = \frac{6!}{5! \ 0! \ 0! \ 1!} = 6$$

（2）$n_0=4$，$n_1=1$，$n_2=1$，$n_3=0$，则对应的微观状态数 P_B：

$$P_B = \frac{N!}{n_0! \ n_1! \ n_2! \ n_3!} \bigg|_{\substack{N=6 \\ n_0=4 \\ n_1=1 \\ n_2=1 \\ n_3=0}} = \frac{6!}{4! \ 1! \ 1! \ 0!} = 30$$

（3）$n_0=3$，$n_1=3$，$n_2=0$，$n_3=0$，则对应的微观状态数 P_C：

$$P_{\mathrm{C}} = \frac{N!}{n_0!\ n_1!\ n_2!\ n_3!} \left.\right|_{\substack{N=6\\n_0=3\\n_1=3\\n_2=0\\n_3=0}} = \frac{6!}{3!\ 3!\ 0!\ 0!} = 20$$

将 $P_{\mathrm{A}}+P_{\mathrm{B}}+P_{\mathrm{C}}$ 进行加和，就是在考虑总粒子数约束条件的同时还考虑能量约束条件时，可能存在的总微观状态数 $P_{总}$：

$$P_{总} = P_{\mathrm{A}}+P_{\mathrm{B}}+P_{\mathrm{C}} = 56$$

所以（1）种分布占总微观状态数的百分比为 $\dfrac{P_{\mathrm{A}}}{P_{总}} \times 100 \left.\right|_{\substack{P_{\mathrm{A}}=6\\P_{总}=56}} = 10.7\%$。

同理，（2）和（3）各占 53.6% 和 35.7%。

—— 3.2　微观粒子的分布规律 ——

根据微观粒子所具有的不同性质（定域子、离域玻色子、离域费米子、离域经典子），其分布规律是不同的。

3.2.1　Maxwell-Boltzmann 分布

如果微观粒子是定域子或离域经典子，其分布将服从 Maxwell-Boltzmann 分布定律，简称 Boltzmann 分布或 M-B 分布，此时在具有 ε_i 能量的 i 能级上配分的微观粒子数 n_i 可由下式计算：

$$n_i = \omega_i \mathrm{e}^{-\alpha-\beta\varepsilon_i} \tag{3-25}$$

式中，α、β 为非零常数（其中 $\beta>0$），可根据微观粒子总数 N 和体系总能量 E 的守恒条件确定；ω_i 为 i 能级所拥有的简并度。

从式（3-25）可知，i 能级的能量越高，所配分的微观粒子数就越少。

以下推导 Maxwell-Boltzmann 分布计算式。

由于体系属于独立子体系，所以微观粒子总数 N 和能量 E 一定满足：

$$\sum_i n_i - N = 0 \tag{3-26}$$

$$\sum_i n_i\varepsilon_i - E = 0 \tag{3-27}$$

针对 i 能级拥有一定简并度的定域子或离域经典子，依据式（3-10）及式（3-18），分别令：

$$f = \ln\left(N!\ \prod_i \frac{\omega_i^{n_i}}{n_i!}\right) \quad （定域子） \tag{3-28}$$

及：

$$f = \ln\left(\prod_i \frac{\omega_i^{n_i}}{n_i!}\right) \quad （离域经典子） \tag{3-29}$$

因为上述函数是微观状态数的对数，相当于体系的熵（详见后述有关熵的介绍），微观状态数取得最大值就等价于体系的熵值最大，根据熵增原理，体系将趋于稳定。因此，为了使式（3-28）和式（3-29）给出的函数取得最大值，经数学推导，极值所对应的 n_i^*（$i=1$，2，3，…，i）值必然是：

$$n_i^* = \omega_i \mathrm{e}^{-\alpha-\beta\varepsilon_i} \quad (i=1,2,3,\cdots) \tag{3-30}$$

注意：为简单计，以下的论述均将 n_i^* 记为 n_i，省略上角标 $*$ 号，请读者留意。

关于常数 α 和 β，由 $\sum\limits_i n_i - N = 0$ 和 $\sum\limits_i n_i\varepsilon_i - E = 0$ 两个约束条件确定：

$$\alpha = -\ln\left(\frac{N}{\sum\limits_i \omega_i \mathrm{e}^{-\beta\varepsilon_i}}\right) \tag{3-31}$$

即，

$$\mathrm{e}^{-\alpha} = \frac{N}{\sum\limits_i \omega_i \mathrm{e}^{-\beta\varepsilon_i}} \tag{3-32}$$

$$\beta = \frac{1}{kT} \tag{3-33}$$

式中，k 为玻耳兹曼常数，$1.38\times10^{-23}\mathrm{J/K}$。关于式（3-30）~式（3-33）的详细推导参见后述章节。

把式（3-32）和式（3-33）代入式（3-30），得到 i 能级上微观粒子数 n_i（注意：把 n_i^* 标记为 n_i）：

$$n_i = N\frac{\omega_i \mathrm{e}^{-\frac{\varepsilon_i}{kT}}}{\sum\limits_i \omega_i \mathrm{e}^{-\frac{\varepsilon_i}{kT}}} \tag{3-34}$$

式（3-34）就是微观粒子按玻耳兹曼分布定律在第 i 能级（ε_i）上的粒子数量 n_i 的计算式。

例如，对于 $i=1$ 能级（即第 1 能级）上的微观粒子数 n_1 为：

$$n_1 = N\frac{\omega_i \mathrm{e}^{-\frac{\varepsilon_1}{kT}}}{\sum\limits_i \omega_i \mathrm{e}^{-\frac{\varepsilon_i}{kT}}} = \mathrm{e}^{-\alpha} \cdot \omega_1 \mathrm{e}^{-\frac{\varepsilon_1}{kT}} \tag{3-35}$$

同理，对于 $i=2$ 能级上的微观粒子数 n_2 为：

$$n_2 = N\frac{\omega_2 \mathrm{e}^{-\frac{\varepsilon_2}{kT}}}{\sum\limits_i \omega_i \mathrm{e}^{-\frac{\varepsilon_i}{kT}}} = \mathrm{e}^{-\alpha} \cdot \omega_2 \mathrm{e}^{-\frac{\varepsilon_2}{kT}} \tag{3-36}$$

类推，对于 $i=i$ 能级上的微观粒子数：

$$n_i = N \frac{\omega_i e^{-\frac{\varepsilon_1}{kT}}}{\sum_i \omega_i e^{-\frac{\varepsilon_i}{kT}}} = e^{-\alpha} \cdot \omega_i e^{-\frac{\varepsilon_i}{kT}} \quad (3\text{-}37)$$

因为所有的 n_i 计算式中均存在相同的因子：$\sum_i \omega_i e^{-\frac{\varepsilon_i}{kT}}$，令：

$$z = \sum_i \omega_i e^{-\frac{\varepsilon_i}{kT}} \quad (3\text{-}38)$$

式中，z 为粒子的配分函数，简称配分函数。

注意：配分函数在统计力学范畴里是一个非常重要的物理量，若已知配分函数，同时已知某能级允许的最大能量值，就可以确定该能级上存在的微观粒子数量。

关于 Boltzmann 分布的讨论：

（1）可确定任意两个不同能级上存在的微观粒子数比。

例如，利用式（3-35）和式（3-36）的值就可以计算出在 $i=1$ 和 $i=2$ 能级上的微观粒子数量之比：

$$\frac{n_1}{n_2} = \frac{e^{-\alpha} \cdot \omega_1 e^{-\frac{\varepsilon_1}{kT}}}{e^{-\alpha} \cdot \omega_2 e^{-\frac{\varepsilon_2}{kT}}} = \frac{\omega_1}{\omega_2} e^{-\frac{\varepsilon_1-\varepsilon_2}{kT}} \quad (3\text{-}39)$$

可见两个能级上的微观粒子数量之比，除了与体系的温度 T 有关以外，还与简并度之比 $\dfrac{\omega_1}{\omega_2}$ 和两个能级的能量差 $\varepsilon_1-\varepsilon_2$ 有关。

（2）微观粒子在某能级上的数量多少分析。

从玻耳兹曼分布定律可见，由于能级能量值 ε_i、玻耳兹曼常数 k 以及温度 T 均为正值，若假设体系所有的能级都是非简并的，则在任意温度条件下，随着第 i 能级能量值 ε_i 的增加，配分在该能级上的微观粒子数量就要相应地减少。这一推论暗示在 $i=1$（基态能级，注意：也有时规定 $i=0$ 对应的能级为基态能级，但不影响计算结果）上存在的微观粒子数量是最多的。但是如果体系的某些能级是简并的，则随着第 i 能级能量值 ε_i 的增加，配分在该能级上的微观粒子数量未必一定会减少。

以上讨论均是在最大概率条件下，理论上的微观粒子配分结果。一般情况下，在计算体系存在可能的微观态时，还要考虑不应出现"分布逆转"现象。所谓"分布逆转"是指高能量能级存在的微观粒子数大于低能级存在的微观粒子数。

例如，设体系有 50 个属性为定域子的微观粒子，体系的总能量为 5 个能量单位，设体系拥有 6 个能级，6 个能级分别对应 0、1、2、3、4、5 个能量单位，且每个能级均为非简并的，则可能的微观粒子配分形式，采用枚举分析法，共有 7 种形式列于表 3-1。同时，为了讨论方便，将每种分布的微观状态数 P（量子数）和占总的微观状态 $P_{总}$ 之比（$P/P_{总}$）也列于表中。

表 3-1 拥有 50 个定域子、总能量为 5 单位能量、能级数为 6 的

体系可能存在的微观粒子配分方式

分布形式编号	n_0	n_1	n_2	n_3	n_4	n_5	P	$P/P_{总}$
1	49	0	0	0	0	1	50	0
2	48	1	0	0	1	0	2450	0
3	48	0	1	1	0	0	2450	0
4	47	2	0	1	0	0	58800	0.02
5	47	1	2	0	0	0	58800	0.02
6	46	3	1	0	0	0	921200	0.29
7	45	5	0	0	0	0	2118760	0.67
小计							3162510	1.00

从表可见，第 1 种分布虽然理论上存在可能性，但实际上不会发生。原因有两个：第一，从表的数据可知该种分布发生的概率非常小，只有 $50/3162510 \approx 0.00$，第二，第 6 能级（也称第 5 激发态，第 1 能级称为基态）上被配分 1 个粒子，而第 1 到第 4 激发态均没有被配分粒子，出现了"分布逆转"的不合理状态，因此这种分布是不应该出现的。同理，第 2、第 3、第 4、第 5 种的粒子分布也因出现了"分布逆转"，所以也不应该出现。关于第 6、第 7 两种分布，虽然均没有违背"分布逆转"但从概率的视角审视，第 7 种分布出现的概率更大一些，因此该体系只能呈现第 7 种分布。

注意：根据上述的例子分析，尽管结果显示第 7 种分布是合理的，但 $n_0 = 45$、$n_1 = 5$、$n_2 = 0$ 的数据并不遵循呈指数减少的玻耳兹曼分布定律，这是否暗示玻耳兹曼分布定律存在不完整性？答案是否定的，因为玻耳兹曼分布定律的前提是"大量的"微观粒子（例如 1mol 物质，拥有 10^{23} 数量级的粒子数量），而 50 个粒子不能满足粒子数是"大量的"的前提条件。

（3）可确定非简并条件下微观粒子数在不同能级上增减速率的变化。

非简并条件下，根据能级能量值的变化率，可以判定随能级能量增加，配分到不同能级上微观粒子数量递减速度。图 3-2 是两种不同能级能量增加间隔对能级粒子数量递减的变化趋势影响示意图。可见，如果 ε_i 增加的间隔较大，对应的粒子数量就会快速递减（图 3-2（a）），反之，如果 ε_i 增加的间隔较小，则粒子数量递减速度就会平坦一些（图 3-2（b））。

以下证明玻耳兹曼分布定律的正确性，即证明定域子或离域经典子在第 i 能级上所配分的粒子数由式（3-34）来确定的。

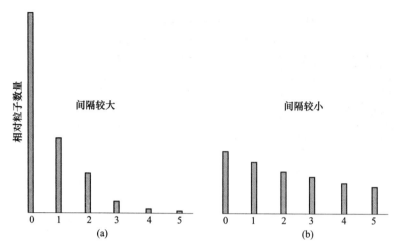

图 3-2　能级能量增加间隔对能级粒子数量递减变化趋势影响的示意图

$$n_i = N \frac{\omega_i e^{-\frac{\varepsilon_i}{kT}}}{\sum_i \omega_i e^{-\frac{\varepsilon_i}{kT}}}$$

证明如下。

因为是独立子体系，所以有：

$$N = \sum_i n_i = 定值 \qquad (3-40)$$

$$E = \sum_i n_i \varepsilon_i = 定值 \qquad (3-41)$$

同时考虑到前已述及的定域子体系总微观状态数 $P_{总}$ 表达式——式（3-10）：

$$P_{总,定域子} = N! \prod_i \frac{\omega_i^{n_i}}{n_i!}$$

为了求得定域子体系微观状态数 $P_{总}$ 为最大时对应的第 i 能级存在的微观粒子数 n_i，对式（3-10）求导数，并令其得零，此时对应的微观粒子数分布就是微观状态数为最大时的粒子分布。由于指定的体系条件下 $P_{总}$ 和 n_i 是变量，而 N、E、ε_i 和 ω_i 是定数，因此，对式（3-40）和式（3-41）全微分：

$$dN = d\sum_i n_i = \sum_i dn_i = 0 \qquad (3-42)$$

$$dE = d\sum_i n_i \varepsilon_i = \sum_i \varepsilon_i dn_i = 0 \qquad (3-43)$$

进而，对式（3-10）取对数，然后进行全微分，得：

$$d\ln P_{总,定域子} = d\left(\ln N! + \sum_i \ln \frac{\omega_i^{n_i}}{n_i!} \right)$$

$$= d(\ln N!) + \sum_i \left[d(n_i \ln \omega_i) - d(\ln n_i!) \right] \qquad (3-44)$$

因为体系中微观粒子的数量较大，上式中的 N 和 n_i 的数值均属于超大数据。对于超大数据的阶乘，应用**斯特林**近似公式（Stirling's eq.，参见附录3）：

$$N! \approx \left(\frac{N}{e}\right)^N \quad \text{或} \quad \ln N! = N\ln N - N \quad （N 较大） \tag{3-45}$$

将斯特林近似公式（式（3-45））应用于式（3-44），并注意到 N 和 ω_i 均为定数，得：

$$\begin{aligned}
\mathrm{d}\ln P_{\text{总，定域子}} &= \mathrm{d}(N\ln N - N) + \sum_i \left[(\mathrm{d}n_i \cdot \ln\omega_i) - \mathrm{d}(n_i\ln n_i - n_i)\right] \\
&= 0 + \sum_i \left\{(\mathrm{d}n_i \cdot \ln\omega_i) - \left[\left(\mathrm{d}n_i \cdot \ln n_i + \frac{n_i}{n_i}\mathrm{d}n_i\right) - \mathrm{d}n_i\right]\right\} \\
&= \sum_i \left(\ln\frac{\omega_i}{n_i}\mathrm{d}n_i\right)
\end{aligned} \tag{3-46}$$

前已述及，为了使 $P_{\text{总，定域子}}$ 为最大（等同于使 $\ln P_{\text{总，定域子}}$ 最大），必须有：

$$\mathrm{d}\ln P_{\text{总，定域子}} = 0 \tag{3-47}$$

即：

$$\sum_i \left(\ln\frac{\omega_i}{n_i}\mathrm{d}n_i\right) = 0 \tag{3-48}$$

以下采用待定常数法，再次应用式（3-42）和式（3-43），令式（3-42）两边同乘不为零的常数 α：

$$\alpha\sum_i \mathrm{d}n_i = 0 \tag{3-49}$$

再令式（3-43）两边同乘不为零的常数 β：

$$\beta\sum_i \varepsilon_i\mathrm{d}n_i = 0 \tag{3-50}$$

为方便计，将式（3-48）两边同乘-1（注意：同乘-1，是为了使 $\beta = \frac{1}{kT} > 0$，否则 $\beta = -\frac{1}{kT} < 0$，应该说无论是否同乘$-1$，都不影响最终结果），再与式（3-49）和式（3-50）相加，得：

$$\sum_i \left(-\ln\frac{\omega_i}{n_i} + \alpha + \beta\varepsilon_i\right)\mathrm{d}n_i = 0 \tag{3-51}$$

因为式（3-51）中的 $\ln\frac{\omega_i}{n_i}$ 是无因次量，所以常数 α 也必然是无因次量，而常数 β 则应该是具有能量负一次幂的量（J^{-1}）。

假设体系拥有能级数只有两个，则式（3-51）可写成：

$$\left(\ln\frac{n_1}{\omega_1} + \alpha + \beta\varepsilon_1\right)\mathrm{d}n_1 + \left(\ln\frac{n_2}{\omega_2} + \alpha + \beta\varepsilon_2\right)\mathrm{d}n_2 = 0 \tag{3-52}$$

因为上式中 $\mathrm{d}n_i$ 一定不为零，所以必然要求括号中的项为零。进而根

▶ **人物录 21.**

斯特林

斯特林(James Stirling)，1692 年 5 月出生于苏格兰，数学家。1730 年发表重要作品《Methodus Differentialis》。该书是关于无限级数、求和、插值和正交的著作，如何加快数列的收敛速度是该书的主要内容之一。

据括号项为零确定 α 和 β。具体步骤如下：

因为对于所有 i 能级，均要求括号内的项为零，即：

$$\ln\frac{n_i}{\omega_i} + \alpha + \beta\varepsilon_i = 0 \quad i = 1, 2, 3, \cdots \tag{3-53}$$

所以：

$$n_i = \omega_i e^{-\alpha} e^{-\beta\varepsilon_i} \tag{3-54}$$

又因为 $N = \sum\limits_i n_i$，所以有：

$$N = \sum_i n_i = \sum_i \omega_i e^{-\alpha} e^{-\beta\varepsilon_i}$$
$$= e^{-\alpha} \sum_i \omega_i e^{-\beta\varepsilon_i} \tag{3-55}$$

因此，得到关于常数 α 的表达式：

$$e^{-\alpha} = \frac{N}{\sum\limits_i \omega_i e^{-\beta\varepsilon_i}} \tag{3-56}$$

将式（3-56）代入式（3-54），就得到前述的式（3-34）：

$$n_i = N\frac{\omega_i e^{-\beta\varepsilon_i}}{\sum\limits_i \omega_i e^{-\beta\varepsilon_i}}$$

注意：如果微观粒子是离域经典子，经类似处理：将离域经典子的总

微观状态数式（3-18）$P_{总,经典子} = \prod\limits_i \dfrac{\omega_i^{n_i}}{n_i!}$ 取对数并进行微分，再令其得

零，就会得到微观状态数 $P_总$ 为最大时对应的第 i 能级存在微观粒子数 n_i 的数学表达式。注意：该表达式与定域子的表达式相同，说明定域子和离域经典子都服从 M-B 分布。

为什么数值上 $\beta = \dfrac{1}{kT}$？以下用反推法证明 $\beta = \dfrac{1}{kT}$ 的合理性。

设体积为 V 的容器内存在 N 个属于可分辨定域子的微观粒子（分子），因为体系的微观粒子数和体积 V 一定，则体系的熵 S 作为配分函数 z 和能量 E 的函数形式如下：

$$S = kN\ln z + k\beta E \tag{3-57}$$

式中，S 为体系的熵，$J/(mol \cdot K)$；k 为玻耳兹曼常数，$1.38 \times 10^{-23}\,J/K$；$\beta$ 为待定常数，J^{-1}。

注意：式（3-57）的来由将在后续的第 4.2 节详细介绍，这里暂且认为是正确的。

若用 β 替代 $\dfrac{1}{kT}$，代入式（3-38）的配分函数 z 定义表达式：

$$z = \sum_i \omega_i e^{-\beta\varepsilon_i} \tag{3-58}$$

因为体系能量 E 与配分函数 z 之间的关系为：

人物录 21.

棣莫弗

棣莫弗(Abraham De Moivre)，法国裔英国藉数学家。1667 年出生于法国维特里勒弗朗索瓦他。1697 年当选为英国皇家学会会员，后又成为柏林科学院和巴黎科学院院士。其主要贡献是概率论，1711 年《抽签的计量》（后修改扩充为《机会论》）是概率论较早的专著之一。1730 年出版专著《分析杂论》，是最早使用概率积分并得到 n 阶乘的级数表达式，但被后人误称为「斯特林公式」。

$$E = \frac{N}{z} \sum_i \varepsilon_i \omega_i e^{-\beta \varepsilon_i} \tag{3-59}$$

为方便起见，以下推导均假设体系的所有能级都是非简并的，即 $\omega_i = 1$。

恒容条件下对式（3-57）做能量 E 的微分，得：

$$\left(\frac{\partial S}{\partial E}\right)_V = \frac{kN}{z}\left(\frac{\partial z}{\partial E}\right)_V + k\beta + kE\left(\frac{\partial \beta}{\partial E}\right)_V \tag{3-60}$$

对式（3-60）进行整理，得：

$$\left(\frac{\partial S}{\partial E}\right)_V = \frac{kN}{z}\left(\frac{\partial z}{\partial \beta}\right)_V\left(\frac{\partial \beta}{\partial E}\right)_V + k\beta + kE\left(\frac{\partial \beta}{\partial E}\right)_V \tag{3-61}$$

进而，对式（3-58）做 β 的微分，并令 $\omega_i = 1$，得：

$$\begin{aligned}\frac{\partial z}{\partial \beta} &= - \sum_i \varepsilon_i \omega_i e^{-\beta \varepsilon_i} \Big|_{\omega_i = 1} \\ &= - \sum_i \varepsilon_i e^{-\beta \varepsilon_i}\end{aligned} \tag{3-62}$$

将式（3-62）和式（3-59）代入式（3-61），得：

$$\begin{aligned}\left(\frac{\partial S}{\partial E}\right)_V &= \frac{kN}{z}\left(\frac{\partial z}{\partial \beta}\right)_V\left(\frac{\partial \beta}{\partial E}\right)_V + k\beta + kE\left(\frac{\partial \beta}{\partial E}\right)_V \\ &= \left(\frac{kN}{z}\right)\left(- \sum_i \varepsilon_i e^{-\beta \varepsilon_i}\right)\left(\frac{\partial \beta}{\partial E}\right)_V + k\beta + k\left(\frac{N}{z} \sum_i \varepsilon_i \omega_i e^{-\beta \varepsilon_i}\right)\left(\frac{\partial \beta}{\partial E}\right)_V \Big|_{\omega_i = 1} \\ &= k\beta\end{aligned} \tag{3-63}$$

由经典热力学可知，对于与体系之外有能量交换，但无物质交换的宏观封闭体系：

$$dU = TdS - pdV \tag{3-64}$$

对于封闭体系的能量就是内能，即 $U = E$，所以有：

$$TdS = dE + pdV \tag{3-65}$$

对上式在恒容条件下（$dV = 0$）做能量 E 的微分，得：

$$\left(\frac{\partial S}{\partial E}\right)_V = \frac{1}{T} \tag{3-66}$$

因为式（3-66）与式（3-63）相等，所以必然有：

$$\beta = \frac{1}{kT} \tag{3-67}$$

证毕。

3.2.2 其他分布

3.2.2.1 Bose-Einstein 分布

如果微观粒子是离域子体系的玻色子，则其分布服从 Bose-Einstein 分布，简称 Einstein 分布或 B-E 分布，此时在具有 ε_i 能量能级上配分的微观

粒子数 n_i 为：

$$n_i = \frac{\omega_i}{e^{\alpha+\beta\varepsilon_i} - 1} \tag{3-68}$$

应该说明的是，通过与前述定域子类似的推导可获得式（3-68）。即对离域玻色子的微观状态数式（3-12）：

$$P_{总,Bose} = \prod_i \frac{(n_i + \omega_i - 1)!}{n_i! \, (\omega_i - 1)!}$$

取最大值，即可得到第 i 能级存在微观粒子数 n_i 的数学表达式(3-68)。

3.2.2.2 Fermi-Dirac 分布

如果微观粒子是离域子体系的费米子，则其分布服从 Fermi-Dirac 分布，简称 Dirac 分布或 F-D 分布，此时在具有 ε_i 能量能级上配分的微观粒子数 n_i 为：

$$n_i = \frac{\omega_i}{e^{\alpha+\beta\varepsilon_i} + 1} \tag{3-69}$$

同理，对离域费米子的微观状态数式（3-14）：

$$P_{总,Fermi} = \prod_i \frac{\omega_i!}{n_i! \, (\omega_i - n_i)!}$$

取最大值，即可得到式（3-69），不赘述。

式（3-68）与式（3-69）中的 α，β 均为常数，也可由 N 和 E 的守恒条件确定。

若 $e^{\alpha+\beta\varepsilon_i} \gg 1$，则式（3-68）和式（3-69）的 B-E 分布和 F-D 分布将趋近于 M-B 分布。因此本教材主要讨论 M-B 分布。

以下以酒店为例，说明 M-B 分布的具体算法及不同属性的微观粒子对应的微观状态数。

例 6：设旅店共有 8 层，每层有门牌号房间 1000 间，住宿总人数 80 人，每层住宿人数 10 人。试计算以下 4 种情况的住宿方式数。

（1）若不记姓名，且每房间住宿人数不限，问一共有多少种住法？

（2）若不记姓名，但限制每房间最多只能住宿 1 人，问一共有多少种住法？

（3）若记姓名，且每房间住宿人数不限，问有多少种住法？

（4）若记姓名，且每房间最多只能住宿 1 人，问有多少种住法？

解：（1）依题意知：旅客不记姓名（相当于微观粒子不可分辨），由于每房间住宿人数不限（相当于每一个盒子同时可容纳多个粒子），相当于计算离域玻色子的微观状态数。

因为每层旅客人数 $n_i = 10$，房间数 $\omega_i = 1000$（ω_i 相当于同能级上的简

并度），应用式（3-11），则每层的旅客住法 P_i 有：

$$P_i = \frac{(n_i + \omega_i - 1)!}{n_i! \ (\omega_i - 1)!} \bigg|_{\substack{n_i = 10 \\ \omega_i = 1000}} = \frac{1009!}{10! \ 999!} \tag{3-70}$$

由于所有 8 层的住法均类似，应用式（3-12），所以总住宿方式（相当于离域玻色子的微观状态总数）为：

$$P_{总,Bose} = \prod_{i=1}^{8} P_i = \prod_{i=1}^{8} \frac{(n_i + \omega_i - 1)!}{n_i! \ (\omega_i - 1)!} \bigg|_{\substack{n_i = 10 \\ \omega_i = 1000}} = \left(\frac{1009!}{10! \ 999!} \right)^8 \tag{3-71}$$

（2）依题意知：旅客不记姓名（相当于微观粒子不可分辨），由于每房间住宿人数最多限 1 人，相当于求算离域费米子的微观状态数，应用式（3-13），则每层住法 P_i：

$$P_i = \frac{\omega_i!}{n_i! \ (\omega_i - n_i)!} \bigg|_{\substack{\omega_i = 1000 \\ n_i = 10}} = \frac{1000!}{10! \ 990!} \tag{3-72}$$

所以，应用式（3-14），8 层总住宿方式（相当于离域费米子的微观状态总数）为：

$$P_{总,Fermi} = \prod_{i=1}^{8} P_i = \prod_{i=1}^{8} \frac{\omega_i!}{n_i! \ (\omega_i - n_i)!} \bigg|_{\substack{\omega_i = 1000 \\ n_i = 10}} = \left(\frac{1000!}{10! \ 990!} \right)^8 \tag{3-73}$$

（3）依题意，旅客记姓名（相当于微观粒子可分辨），因为每房间住宿人数不限（相当于每一个盒子可同时容纳多个粒子），相当于求算定域子情况 1（式（3-7））的微观状态数。

因为每层旅客人数 $n_i = 10$，$\omega_i = 1000$，应用式（3-7），因此每层的旅客住法 P_i 有：

$$P_i = \omega_i^{n_i} \bigg|_{\substack{n_i = 10 \\ \omega_i = 1000}} = 1000^{10} \tag{3-74}$$

则 8 层的住宿方式为 $(1000^{10})^8$，但又由于记名的 80 名旅客需分成每 10 人一组共 8 组，80 人分 10 组的分法有：

$$C_{80}^{10} C_{70}^{10} C_{60}^{10} \cdots C_{10}^{10} = \frac{80!}{10! \ (80 - 10)!} \cdot \frac{70!}{10! \ (70 - 10)!} \cdots \frac{10!}{10! \ (10 - 10)!}$$

$$= \frac{80!}{(10! \ )^8} \tag{3-75}$$

所以 8 层总的住宿方式（相当于定域子体系的微观状态总数）为：

$$P_{总,定域子} = (1000^{10})^8 \cdot \frac{80!}{(10!)^8}$$

$$= 80! \cdot \left(\frac{1000^{10}}{10!}\right)^8$$

$$= N! \prod_{i=1}^{8} \frac{\omega_i^{n_i}}{n_i!} \Bigg|_{\substack{n_i = 10 \\ \omega_i = 1000 \\ N = 80 = \sum_{i=1}^{8} n_i}} \tag{3-76}$$

注意：第（3）种情况相当于定域子情况 3，结果可由式（3-10）获得，此时总人数（粒子数）$N = 80$、每层人数（粒子数）$n_1 = n_2 = \cdots = n_8 = 10$、每层房间数（简并度）$\omega_1 = \omega_2 = \cdots = \omega_8 = 1000$。

（4）依题意，因为记姓名，且每房间最多只能住宿 1 人，每层的住宿方式数相当于比第（2）种情况扩大了 10! 倍，再考虑到 80 人分成 8 个 10 人小组的方式有 $\frac{80!}{(10!)^8}$，则 8 层的总的住宿方式数为：

$$P_{总,定域子,限1人} = \frac{80!}{(10!)^8} \times (P_{总,Fermi} \times 10!)^8$$

$$= 80! \times \left(\frac{1000!}{10! \ 990!}\right)^8 \tag{3-77}$$

注意：第（4）种情况相当于定域子情况 2，即定域子附加每个盒子里只能放一个粒子的条件，再考虑到 80 人分成 8 个 10 人小组时有 $\frac{80!}{(10!)^8}$ 种方式，上述结果也可由式（3-8）获得，这时每层人（粒子）数 $N = 10$（注意此时 N 的记号只是为了与式（3-8）表述一致，不同于第（3）情况的 N）、每层房间（盒子）数 $i = 1000$。

比较上述结果，可见小于第（3）情况的结果，因为限制每房间最多只能住宿 1 人的住宿方式数一定小于每房间住宿人数不限的情况。

讨论：

比较玻色子的（1）状况式（3-71）和费米子的（2）状况式（3-73），取两者的比值：

$$\frac{P_{总,Fermi}}{P_{总,Bose}} = \frac{\left[\left(\frac{1000!}{10! \ 990!}\right)^8\right]\Big|_{Fermi}}{\left[\left(\frac{1009!}{10! \ 999!}\right)^8\right]\Big|_{Bose}} = \left(\frac{1000! \times 999!}{990! \times 1009!}\right)^8$$

$$= \left(\frac{1000! \times \overbrace{999 \times 998 \times \cdots \times 991}^{9个} \times 990!}{990! \times \underbrace{1009 \times 1008 \times \cdots \times 1001}_{9个} \times 1000!}\right)^8$$

$$\approx \left[\left(\frac{990}{1000}\right)^9\right]^8$$

$$= 0.485 \tag{3-78}$$

可见，限制每房间最多住宿 1 人的住宿方式数占房间无限制住宿人数时的 48.5%，约占一半，但如果增加总房间数的话，例如每层房间数增加 10 倍，即每层增至 10000 间，则限制每房间最多住宿 1 人住宿方式数的占比将增至 93.0%$\left(\left[\left(\dfrac{9990}{10000}\right)^9\right]^8 = 0.930\right)$。如果每层房间数再增加 10 倍，即每层 100000 间，则占比增至 99.3%。这一趋势说明，若每一能级上的量子态数（简并度）远远大于在该能级存在的微观粒子数（即 $\omega_i \gg n_i$）时，费米子的微观状态数趋近于玻色子的状况。

再次比较第（1）种式（3-71）（相当于 Bose 子）、第（2）种式（3-73）（相当于 Fermi 子）、和第（3）种式（3-76）（相当于定域子情况 1）3 种状况，可见 3 个结果按数值大小排列顺序为：

$$\left[80!\left(\dfrac{1000^{10}}{10!}\right)^8\right]\Bigg|_{\text{定域子}} > \left[\left(\dfrac{1009!}{10!\ 999!}\right)^8\right]\Bigg|_{\text{Bose}} > \left[\left(\dfrac{1000!}{10!\ 990!}\right)^8\right]\Bigg|_{\text{Fermi}}$$

$$(3\text{-}79)$$

从上式可见，虽然三者的数值存在从大到小的排序，但近似相等，尤其在 $\omega_i \gg n_i$ 条件下，三者将趋于一致。前已述及：若 $\omega_i \gg n_i$，则离域微观粒子无论是玻色子还是费米子均可视为离域经典子。因此由上述式 (3-79) 结果可知：不论是定域子体系还是离域子体系的玻色子或费米子，其微观状态总数均趋近于离域子体系的经典子微观状态数 $t_{\text{总,经典子}}$，即：

$$P_{\text{总,经典子}} = \prod_{i=1}^{8} \dfrac{\omega_i^{n_i}}{n_i!}\ \Bigg|_{\substack{n_i = 10 \\ \omega_i = 1000 \\ N = 80 = \sum\limits_{i=1}^{8} n_i}} = \left(\dfrac{1000^{10}}{10!}\right)^8 \qquad (3\text{-}80)$$

即，若 $\omega_i \gg n_i$ 所有的微观粒子（无论定域子还是离域玻色子、费米子或经典子）的粒子分布均可按 B-M 分布计算。

以下举例进一步说明定域子、离域玻色子、离域费米子和离域经典子之间的异同。

例 7：设体系有 2 个全同粒子，当总能量 E 分别为 $2\varepsilon_0$、$4\varepsilon_0$、$6\varepsilon_0$（ε_0 为单位能量）时，设体系拥有 2 个能级，且能级允许的能量为 $\varepsilon_1 = \varepsilon_0$、$\varepsilon_2 = 3\varepsilon_0$，已知 2 个能级对应的简并度分别为 $\omega_1 = 4$ 和 $\omega_2 = 8$，分别按定域子、离域 Bose 子、离域 Fermi 子以及离域经典子计算在不同总能量体系内的总微观状态数 $P_{\text{总}}$ 并比较之。

解：（1）因为体系自动满足独立子体系，所以无论哪一种分布均满足以下两个约束条件：

$$N = \sum_i n_i \quad \text{和} \quad E = \sum_i n_i \varepsilon_i$$

分别将微观粒子视为定域子、离域玻色子、离域费米子以及离域经典子情况下的总微观状态数 $P_{\text{总}}$，列于表 3-2。

表 3-2 不同属性的微观粒子在能级上分布的总微观状态数 $P_{总}$

体系总能量	配分的微观粒子数		$P_{总,定域子} = N!\prod\limits_{i=1}^{2}\dfrac{\omega_i^{n_i}}{n_i!}$	$P_{总,Bose} = \prod\limits_{i=1}^{2}\dfrac{(n_i+\omega_i-1)!}{n_i!\,(\omega_i-1)!}$	$P_{总,Fermi} = \prod\limits_{i=1}^{2}\dfrac{\omega_i!}{n_i!\,(\omega_i-n_i)!}$	$P_{总,经典子} = \prod\limits_{i=1}^{2}\dfrac{\omega_i^{n_i}}{n_i!}$
	n_1	n_2				
	$\varepsilon_1=\varepsilon_0$	$\varepsilon_2=3\varepsilon_0$				
$E=2\varepsilon_0$	2	0	$(n_1=2,\ n_2=0,$ $\omega_1=4,$ $\omega_2=8)$ $P_{总,定域子}=16$	$(n_1=2,\ n_2=0,$ $\omega_1=4,$ $\omega_2=8)$ $P_{总,Bose}=10$	$(n_1=2,\ n_2=0,$ $\omega_1=4,$ $\omega_2=8)$ $P_{总,Fermi}=6$	$(n_1=2,\ n_2=0,$ $\omega_1=4,$ $\omega_2=8)$ $P_{总,经典子}=8$
$E=4\varepsilon_0$	1	1	$(n_1=1,\ n_2=1,$ $\omega_1=4,$ $\omega_2=8)$ $P_{总,定域子}=64$	$(n_1=1,\ n_2=1,$ $\omega_1=4,$ $\omega_2=8)$ $P_{总,Bose}=32$	$(n_1=1,\ n_2=1,$ $\omega_1=4,$ $\omega_2=8)$ $P_{总,Fermi}=32$	$(n_1=1,\ n_2=1,$ $\omega_1=4,$ $\omega_2=8)$ $P_{总,经典子}=32$
$E=6\varepsilon_0$	0	2	$(n_1=0,\ n_2=2,$ $\omega_1=4,$ $\omega_2=8)$ $P_{总,定域子}=64$	$(n_1=0,\ n_2=2,$ $\omega_1=4,$ $\omega_2=8)$ $P_{总,Bose}=36$	$(n_1=0,\ n_2=2,$ $\omega_1=4,$ $\omega_2=8)$ $P_{总,Fermi}=28$	$(n_1=0,\ n_2=2,$ $\omega_1=4,$ $\omega_2=8)$ $P_{总,经典子}=32$

（2）从表 3-2 可知，对于 4 种不同属性的微观粒子在总能量相同条件下可能存在的总微观状态数，其中定域子对应的总微观状态数最多，离域玻色子次之，离域经典子再次之，离域费米子对应的总微观状态数最少。

注意：上述的排序是在简并度 ω_i 和每能级上的粒子数 n_i 较小时的结果，当两者均较大且 $\omega_i \gg n_i$ 时，因为无论是离域玻色子还是离域费米子均可视为离域经典子，所以其微观状态数均为 $P_{离域子} = \prod\limits_{i}\dfrac{\omega_i^{n_i}}{n_i!}$，而定域子微观状态数为 $P_{定域子} = N!\prod\limits_{i}\dfrac{\omega_i^{n_i}}{n_i!}$，比离域子大 $N!$ 倍。

3.3 玻耳兹曼分布定律的验证

当体系处于：恒温、恒容、热平衡（体系内温度 T 处处相等）的条件下，体系内各微观粒子在不同的能级上将如何分布呢？设存在于最低能级（能量为 ε_0）上的粒子数为 n_0，存在于 i 能级 ε_i 的粒子数为 n_i，则根据 Boltzmann 定律可知，任意 i 能级（$i=i$）上的粒子数 n_i 与最低能级（$i=0$）上的粒子数 n_0 之比为：

$$\frac{n_i}{n_0} = \frac{\omega_i}{\omega_0}\exp\left(-\frac{\varepsilon_i-\varepsilon_0}{kT}\right) \tag{3-81}$$

式中，ω_0 和 ω_i 分别是最低能级和第 i 能级上的简并度。

进而将上式进行拓展，可获得具有普遍意义的任意 i、j 两个能级上的微观粒子数量之比为：

$$\frac{n_i}{n_j} = \frac{\omega_i}{\omega_j}\exp\left(-\frac{\varepsilon_i - \varepsilon_j}{kT}\right) \tag{3-82}$$

讨论：

（1）若 i、j 两能级的能量差 $\varepsilon_i - \varepsilon_j = kT$，则两个能级上的微观粒子数量之比为：

$$\frac{n_i}{n_j} = 0.368\frac{\omega_i}{\omega_j} \tag{3-83}$$

尤其在体系内 i、j 两能级简并度相等的特殊情况下，两个能级上的微观粒子数量之比为：

$$\frac{n_i}{n_j} = 0.368 \tag{3-84}$$

（2）若体系内相邻两能级上的能量之差为常数（$\varepsilon_{i+1} - \varepsilon_i = m$），则相邻两能级上配分的微观粒子数之比：

$$\frac{n_{i+1}}{n_i} = \frac{\omega_{i+1}}{\omega_i}\exp\left(-\frac{\varepsilon_{i+1} - \varepsilon_i}{kT}\right)\Bigg|_{\varepsilon_{i+1} - \varepsilon_i = m}$$

$$= C\frac{\omega_{i+1}}{\omega_i} \tag{3-85}$$

式中，C 为常数。

式（3-85）显示在一定温度及 $\varepsilon_{i+1} - \varepsilon_i = m$ 条件下，两个相邻能级上的微观粒子数量之比 $\dfrac{n_{i+1}}{n_i}$ 正比于相邻两能级的简并度之比 $\dfrac{\omega_{i+1}}{\omega_i}$。若体系内所有的能级简并度相等，则相邻能级上的粒子数量之比为定值 C。

（3）关于配分函数。

因为任一能级上的微观粒子数为：

$$n_i = n_0\frac{\omega_i}{\omega_0}\exp\left(-\frac{\varepsilon_i - \varepsilon_0}{kT}\right) \tag{3-86}$$

体系内粒子的总数 N 可写为：

$$N = \sum_i n_i = \frac{n_0}{\omega_0}\sum_i \omega_i\exp\left(-\frac{\varepsilon_i - \varepsilon_0}{kT}\right) \tag{3-87}$$

所以，有：

$$\frac{n_i}{N} = \frac{\dfrac{n_0}{\omega_0}\omega_i\exp\left(-\dfrac{\varepsilon_i - \varepsilon_0}{kT}\right)}{\dfrac{n_0}{\omega_0}\sum_i \omega_i\exp\left(-\dfrac{\varepsilon_i - \varepsilon_0}{kT}\right)} = \frac{\omega_i\exp\left(-\dfrac{\varepsilon_i - \varepsilon_0}{kT}\right)}{\sum_i \omega_i\exp\left(-\dfrac{\varepsilon_i - \varepsilon_0}{kT}\right)} \tag{3-88}$$

令：

$$z = \sum_i \omega_i \exp\left(-\frac{\varepsilon_i - \varepsilon_0}{kT}\right) \tag{3-89}$$

式中，z 为配分函数。

配分函数 z 对于统计力学具有非常重要的作用，通过配分函数 z 能够把体系微观状态的量与宏观状态的量紧密地联系在一起。后续章节将详细介绍使用配分函数计算宏观热力学参数的方法，即由配分函数 z 计算微观粒子（分子）能量以及体系的摩尔能量 E、摩尔熵 S、恒容热容 C_V、反应平衡常数 K、摩尔焓 H、Gibbs 自由能 G 等宏观物理量。

上述可见，根据玻耳兹曼分布定律可以定量地计算微观粒子在不同能级上配分数量及比例，进而可以计算物质的宏观热力学性质。那么，玻耳兹曼分布定律给出的结果是否合理？需要对玻耳兹曼分布定律的合理性进行评价。

尽管玻耳兹曼分布定律不能直接被证明，但可以通过一系列的验证实验说明其合理性。以下介绍两个具有代表性的验证实验。

3.3.1　Pascal 实验

通过著名的 Pascal 实验佐证玻耳兹曼分布定律的合理性。

1648 年，法国物理学家和数学家**帕斯卡**（Pascal）测定了大气压强 p 随距地面高度变化的规律 $p = f(h)$。如图 3-3 所示，在空间选择一个垂直于地面、截面为 A 的空气圆柱体，设空气密度为 $\rho\,kg/m^3$，并设在海平面处的压强为 p_0（即：$h = 0$ 时，$p = p_0$），在高度 h 处的压强为 $p(h = h,\ p = p)$，则高度 $h + dh$ 处的压强为 $p + dp$。

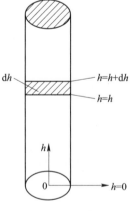

图 3-3　大气压强 p 随距地面高度 h 变化的示意图

假定大气层内的温度恒定，则在高度 h 到 $h+dh$ 区间的压强变化量 dp 与高度微小变化 dh 之间关系为：

$$dp = -\frac{g\,dm}{A} = -g\frac{\rho A\,dh}{A} = -g\rho\,dh \tag{3-90}$$

式中，m 为空气质量，kg；dm 为 $h \sim (h+dh)$ 微小层内的空气质量，kg；g 为重力加速度常数，$9.8\mathrm{m/s^2}$；ρ 为空气密度，$\mathrm{kg/m^3}$。

假设空气为理想气体，则空气密度 $\rho(\mathrm{kg/m^3})$ 为：

$$\rho = \frac{pM}{RT} \tag{3-91}$$

式中，M 为 1mol 空气的质量，kg/mol。

将式（3-91）代入式（3-90），并进行整理，得：

$$\frac{dp}{p} = -\frac{gM}{RT}dh \tag{3-92}$$

积分式（3-92），得：

$$\int_{p_0}^{p} \frac{dp}{p} = -\int_{0}^{h} \frac{gM}{RT}dh \tag{3-93}$$

因此：

$$p = p_0 = \exp\left(-\frac{gM}{RT}h\right) \tag{3-94}$$

又因为玻耳兹曼常数 $k = \dfrac{R}{N_A}$，$M = N_A m$（m 为一个空气分子（微观粒子）的质量，kg），代入上式，得：

$$\begin{aligned} p &= p_0\exp\left(-\frac{gN_A m}{kN_A T}h\right) \\ &= p_0\exp\left(-\frac{gmh}{kT}\right) \\ &= p_0\exp\left(-\frac{\varepsilon_{势}}{kT}\right) \end{aligned} \tag{3-95}$$

设海平面处（$h=0$）的势能为 ε_0，所以式（3-95）可改写为：

$$p = p_0\exp\left(-\frac{\varepsilon_{势} - \varepsilon_0\big|_{h=0}}{kT}\right) \tag{3-96}$$

从式（3-95）可知，随着高度的增加，$\varepsilon_{势} = gmh$ 不断增大，大气压强呈指数形式下降。

另一方面，对于体积为 V 的 $n'\,\mathrm{mol}$ 量气体，由理想气体状态方程：

$$p = \frac{n'RT}{V} = \frac{(n' \times N_A)\left(\dfrac{R}{N_A}\right)T}{V} = \frac{nkT}{V} \tag{3-97}$$

注意：式中 $n = n'N_A$ 为 $h=h$ 处微观粒子的个数，将式（3-96）代入式（3-97），得 $h=h$ 处的微观粒子个数 n 为：

$$n = p\frac{V}{kT}$$

$$= \left[p_0 \exp\left(-\frac{\varepsilon_{\text{势}} - \varepsilon_0 \big|_{h=0}}{kT} \right) \right] \cdot \frac{V}{kT} \Bigg|_{V,T,\varepsilon_{\text{势}}\text{均为定值}}$$

$$= \text{定值 1} \tag{3-98}$$

同理，在 $h = h_0 = 0$ 处的微观粒子个数 n_0 为：

$$n_0 = \left[p_0 \exp\left(-\frac{\varepsilon_{\text{势}} - \varepsilon_0 \big|_{h=0}}{kT} \right) \right] \cdot \frac{V}{kT} \Bigg|_{\varepsilon_{\text{势}} = \varepsilon_0}$$

$$= p_0 \cdot \frac{V}{kT}$$

$$= \text{定值 2} \tag{3-99}$$

将式（3-98）与式（3-99）两式相除，得：

$$\frac{n}{n_0} = \frac{p}{p_0} = \exp\left(-\frac{\varepsilon_{\text{势}} - \varepsilon_0 \big|_{h=0}}{kT} \right) \tag{3-100}$$

可见式（3-100）与 Boltzmann 定律的数学表达式完全一致，只不过此时的能级是势能（重力场）。因此，通过 Pascal 实验可以验证玻耳兹曼分布定律的合理性。从另一个角度讲，该例也显示出玻耳兹曼分布定律适用于诸如势能的能量形式，具有很好的普适性。

例 8：试求 $T = 300K$ 温度条件下，1700m 高空处的压强 p。设海平面处的压强 $p_0 = 101325Pa$，并设空气组成为 $21\%O_2 + 79\%N_2$。

解：因为空气组成为 $21\%O_2 + 79\%N_2$，所以空气的平均分子量为：

$$M = M_{O_2} \times 21\% + M_{N_2} \times 79\%$$

$$= (32 \times 10^{-3}) \times 21\% + (28 \times 10^{-3}) \times 79\%$$

$$= 28.8 \times 10^{-3} \text{kg/mol} \tag{3-101}$$

应用玻耳兹曼分布定律，将空气平均分子量 M 代入式（3-95），得到高度 $h = 1700m$ 处的压强为：

$$p = p_0 \exp\left(-\frac{mgh}{kT} \right)$$

$$= p_0 \exp\left(-\frac{Mgh}{RT} \right) \Bigg|_{\substack{p_0 = 101325Pa \\ T = 300K \\ h = 1700m \\ M = 28.8 \times 10^{-3} \text{kg/mol} \\ R = 8.314 J/(K \cdot mol) \\ g = 9.8 m/s^2}}$$

$$\approx 83593 Pa \tag{3-102}$$

3.3.2　阿伏伽德罗常数 N_A 的测定实验

阿伏伽德罗常数是化学领域中经常使用的常数之一，其物理意义是指 1mol 物质量中含有的分子个数，其数值约为 $6.022 \times 10^{23} \text{mol}^{-1}$。如此超大的数据是如何测定的呢？实际上测定方法阿伏伽德罗常数有多种形式：如电化学当量法、**布朗**运动法、油滴法、X 射线衍射法、黑体辐射法、光散射法等。

这里介绍的是另外一种实验测定方法——小球法。实验设计如下：选择直径微小的小球（例如直径为 0.424μm）若干，设 20℃温度条件下小球密度为 $1.207 \times 10^3 \mathrm{kg/m^3}$。在测定阿伏伽德罗常数时，把小球倒入盛满水的圆柱形试管中，水中的小球在重力和浮力的双重作用下缓慢沉降。由于重力场内小球沿高度方向的数量分布服从 Boltzmann 定律，所以测定过程中，选择试管有效测定高度（如 100μm），自上而下计量某 h 高度处 1μm 厚区域内小球数量 n_i（图 3-4），进而根据测定的小球沿高度方向上的数量分布就可以求出阿伏伽德罗常数 N_A。设沿高度方向上的小球数量分布如表 3-3 所示。

人物录 23.

布朗

罗伯特·布朗（Robert Brown），1773 年 12 月出生于苏格兰东海岸的芒特罗兹，在爱丁堡大学学习医学，19 世纪英国植物学家。1827 年在研究花粉和孢子在水中悬浮状态的微观行为时，发现花粉有不规则的运动，后来证实其他微细颗粒如灰尘也有同样的现象。虽然布朗本人并没有能从理论解释该现象，但后来的科学家用其名字命名为布朗运动。

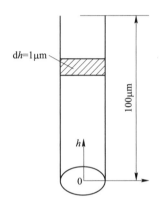

图 3-4　小球法测定阿伏伽德罗常数 N_A 实验示意图

表 3-3　沿高度方向小球数量的分布

$h/\mu m$	5	35	65	95	…
n_i/个	100	47	23	12	…

以下介绍根据实验测定结果求算阿伏伽德罗常数 N_A 的具体过程。

首先确定小球在水中沉降过程中受到重力与浮力的合力 F：

$$F = \left(\frac{1}{6}\pi d^3 \rho_{小球} - \frac{1}{6}\pi d^3 \rho_{H_2O} \right) g \tag{3-103}$$

式中，d 为小球直径，m；$\rho_{小球}$ 和 ρ_{H_2O} 分别为小球和水的密度 $\mathrm{kg/m^3}$；g 为重力加速度，$9.8\mathrm{m/s^2}$。

因为小球在高度方向的数量分布服从 Boltzmann 定律，所以有：

$$\frac{n}{n_0} = \exp\left[-\frac{\frac{1}{6}\pi d^3 (\rho_{小球} - \rho_{H_2O}) gh}{kT} \right] \tag{3-104}$$

对上式两边取对数，得：

$$\ln \frac{n}{n_0} = -\frac{1}{6}\pi d^3 (\rho_{小球} - \rho_{H_2O}) gh \frac{1}{kT} \tag{3-105}$$

进而，计算不同高度 h 对应的 $\ln\dfrac{n}{n_0}$ 值，列于表 3-4。

表 3-4　不同高度 h 对应的 $\ln\dfrac{n}{n_0}$

i	0	1	2	3	$\cdots$
$h/\mu m$	5	35	65	95	$\cdots$
n_i	100	47	23	12	$\cdots$
$\ln n_i$	4.61	3.85	3.14	2.48	$\cdots$
$\ln\dfrac{n_i}{n_0}$	0	-0.755	-1.470	-2.12	$\cdots$

将 $\ln\dfrac{n}{n_0}$ 对 h 作图（图 3-5），经回归处理得直线的斜率 $q=-2.3\times 10^4\mathrm{m}^{-1}$。

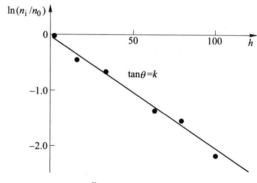

图 3-5　$\ln\dfrac{n}{n_0}$ 与高度 h 之间的数学关系

考虑到 $k=\dfrac{R}{N_A}$，式（3-105）的直线斜率 q 可写为：

$$q=-\frac{1}{6}\pi d^3(\rho_{小球}-\rho_{H_2O})g\frac{1}{kT}\bigg|_{k=\frac{R}{N_A}}$$

$$=-\left[\frac{1}{6}\pi d^3(\rho_{小球}-\rho_{H_2O})g\frac{1}{RT}\begin{vmatrix}d=0.424\times10^{-6}\mathrm{m}\\\rho_{小球}=1.207\times10^3\mathrm{kg/m^3}\\\rho_{H_2O}=1.000\times10^3\mathrm{kg/m^3}\\g=9.8\mathrm{m/s^2}\\R=8.314\mathrm{J/(K\cdot mol)}\\T=293\mathrm{K}\end{vmatrix}\right]\cdot N_A$$

$$=-3.32\times10^{-20}\cdot N_A \tag{3-106}$$

将回归处理得到的 $q=-2.3\times10^4\mathrm{m}^{-1}$ 代入式（3-106），得阿伏伽德罗常数 N_A 的数值为：

$$N_A=6.93\times10^{23}\mathrm{mol}^{-1} \tag{3-107}$$

上述结果与 $6.022×10^{23}$ 较为接近，存在少量偏差是测试精度不够高的缘故，如果选用更小的球体或计量小球数量的厚度再薄一些（如 $0.1\mu m$），均可提高测试精度。由于测定结果符合预期，也再次说明小球在高度方向上的数量分布是服从玻耳兹曼分布定律的，同时也印证了玻耳兹曼分布定律的正确性。

3.3.3 关于 Boltzmann 分布的数学推导

在 3.2.1 节中，在微观层面对玻耳兹曼分布定律进行了推导，本节将从数学原理的角度出发，推导玻耳兹曼分布定律。

设所考察的宏观体系有 N 个粒子、体积为 V、温度为 T。

对于能量分布，采取如下两种考察方式：

（1）设在体系中任取一个携带 ε_a 能量粒子的概率为 $P_a(\varepsilon_a)$，再任取携带 ε_b 能量的粒子概率为 $P_b(\varepsilon_b)$，则在体系中取走两个能量分别为 ε_a 和 ε_b 粒子的概率为：

$$P_b(\varepsilon_b)P_a(\varepsilon_a) \tag{3-108}$$

（2）同时在体系中任取两个粒子，设这两个粒子的能量和恰好为 $\varepsilon_{ab}=\varepsilon_a+\varepsilon_b$ 的概率为：

$$P_{ab}(\varepsilon_{ab}) = P_{ab}(\varepsilon_a + \varepsilon_b) \tag{3-109}$$

若要实现两种取法的概率值相等，即使下式成立：

$$P_{ab}(\varepsilon_{ab}) = P_a(\varepsilon_a)P_b(\varepsilon_b) \tag{3-110}$$

或：

$$P_{ab}(\varepsilon_a + \varepsilon_b) = P_a(\varepsilon_a)P_b(\varepsilon_b) \tag{3-111}$$

则要求概率函数 $P_j(\varepsilon_j)$ 必须满足某种特殊的形式。那么使得式（3-111）成立的概率函数 $P_j(\varepsilon_j)$ 应该满足什么样的形式呢？答案是：为了使式（3-111）成立，概率函数必须是指数形式，即：

$$P_j(\varepsilon_j) = A\exp(-\beta\varepsilon_j) \tag{3-112}$$

式中，A、β 为常数。

以下证明：为什么概率函数为指数形式才能使得式（3-111）成立？

将式（3-111）视为连续函数形式，可写为：

$$f(\omega) = g(x)h(y) \tag{3-113}$$

式中，$\omega = x+y$。

对式（3-113）求导数，得：

$$\frac{df}{dx} = \frac{dg(x)}{dx}h(y) \tag{3-114}$$

因为 $\omega = x+y$，所以：

$$d\omega = dx \tag{3-115}$$

则式（3-114）改写为：

$$\frac{\mathrm{d}f}{\mathrm{d}\omega} = \frac{\mathrm{d}g(x)}{\mathrm{d}x}h(y) \tag{3-116}$$

式（3-116）左右同除以 $f(\omega) = g(x)h(y)$，则：

$$\frac{1}{f} \cdot \frac{\mathrm{d}f}{\mathrm{d}\omega} = \frac{1}{g} \cdot \frac{\mathrm{d}g(x)}{\mathrm{d}x} \tag{3-117}$$

因为式（3-117）左边是对 ω 求导数，而右边是对 x 求导数，为了满足等式成立，所以式（3-117）必须等于常数，令常数为 $-\beta$。则：

$$\frac{1}{f} \cdot \frac{\mathrm{d}f}{\mathrm{d}\omega} = \frac{1}{g} \cdot \frac{\mathrm{d}g(x)}{\mathrm{d}x} = -\beta \tag{3-118}$$

或写为：

$$\frac{\mathrm{d}\ln f}{\mathrm{d}\omega} = -\beta \quad \text{和} \quad \frac{\mathrm{d}\ln g(x)}{\mathrm{d}x} = -\beta \tag{3-119}$$

积分式（3-119），可得：

$$\ln f(\omega) = -\beta\omega + C \tag{3-120}$$

式中，C 为积分常数。

进一步得到：

$$f(\omega) = \exp(-\beta\omega) \cdot \exp(C) \tag{3-121}$$

令 $\exp(C) = A$，则式（3-121）可改写为：

$$f(\omega) = A\exp(-\beta\omega) \tag{3-122}$$

同理，对于 $g(x)$ 函数也有 $g(x) = A\exp(-\beta x)$ 的形式。因此证明了概率函数是指数形式的前提下，式（3-111）才能成立。

以下确定指数函数 $P_j(\varepsilon_j) = A\exp(-\beta\varepsilon_j)$ 中指前因子 A 的数值：

因为：

$$\sum_j P_j \equiv 1 = A\sum_j \exp(-\beta\varepsilon_j) \tag{3-123}$$

所以，指前因子 A 等于：

$$A = \frac{1}{\sum_j \exp(-\beta\varepsilon_j)} \tag{3-124}$$

将式（3-124）的指前因子 A 代入指数形式的概率函数式（3-112），得：

$$P_j(\varepsilon_j) = \frac{\exp(-\beta\varepsilon_j)}{\sum_j \exp(-\beta\varepsilon_j)} \tag{3-125}$$

另外，体系中具有 ε_j 能量粒子数 n_j 的比例等价于式（3-125）的概率值，即：

$$P_j(\varepsilon_j) = \frac{n_j}{\sum_j n_j} = \frac{n_j}{N} = \frac{\exp(-\beta\varepsilon_i)}{\sum_j \exp(-\beta\varepsilon_j)} \tag{3-126}$$

从式（3-126）可见，除了简并度以外（此处暂不考虑简并度的影响），若

能推导出 $\beta = \dfrac{1}{kT}$ 的形式，即可导出玻耳兹曼分布定律的数学表达式。

以下确定 β 的值。因为每个粒子的平均能量 $\bar{\varepsilon}$ 为：

$$\bar{\varepsilon} = \frac{E}{N} = \frac{\sum\limits_j n_j \varepsilon_j}{N} = \sum_j \frac{n_j}{N} \varepsilon_j = \sum_j P_j(\varepsilon_j) \varepsilon_j \tag{3-127}$$

所以：

$$\bar{\varepsilon} = \frac{\sum\limits_j \varepsilon_j \exp(-\beta \varepsilon_j)}{\sum\limits_j \exp(-\beta \varepsilon_j)} \tag{3-128}$$

前已述及对于一维平动，当量子数为 n 时的平动能为：

$$\varepsilon_t = \frac{h^2}{8ma^2} \cdot n^2 = Cn^2 \tag{3-129}$$

式中，C 为常数，$C = \dfrac{h^2}{8ma^2}$。

因为当 $n = 1$ 时的平动能约 10^{-40}J 数量级，而且相邻能级的能量差也很小，所以可以近似将量子化的平动能视为连续变化，将式（3-129）代入式（3-128），进行积分运算，求得粒子的平均平动能：

$$\bar{\varepsilon_t} = \frac{\displaystyle\int_0^\infty (Cn^2) \exp[-\beta(Cn^2)] \mathrm{d}n}{\displaystyle\int_0^\infty \exp[-\beta(Cn^2)] \mathrm{d}n} \tag{3-130}$$

依据数学公式：

$$\int_0^\infty x^2 \mathrm{e}^{-bx^2} \mathrm{d}x = \frac{1}{4}\sqrt{\frac{\pi}{b^3}} \tag{3-131}$$

及：

$$\int_0^\infty \mathrm{e}^{-bx^2} \mathrm{d}x = \frac{1}{2}\sqrt{\frac{\pi}{b}} \tag{3-132}$$

则式（3-130）的积分结果即微观粒子的平均平动能为：

$$\bar{\varepsilon} = \frac{C\dfrac{1}{4}\sqrt{\dfrac{\pi}{(\beta C)^3}}}{\dfrac{1}{2}\sqrt{\dfrac{\pi}{\beta C}}} = \frac{1}{2\beta} \tag{3-133}$$

按经典力学计算可知，微观粒子的平均平动能为：

$$\bar{\varepsilon_t} = \frac{1}{2}kT \tag{3-134}$$

因为式（3-133）与式（3-134）是从不同角度考察微观粒子的平均平动能，因此两者必然相等，即：

$$\frac{1}{2}kT = \frac{1}{2\beta} \tag{3-135}$$

整理得：

$$\beta = \frac{1}{kT} \tag{3-136}$$

再将式（3-136）β 值代入式（3-126）就得到了标准的玻耳兹曼分布定律表达式：

$$\frac{n_j}{N} = \frac{n_j}{\sum_j n_j} = \frac{\exp\left(-\dfrac{\varepsilon_j}{kT}\right)}{\sum_j \exp\left(-\dfrac{\varepsilon_j}{kT}\right)} \tag{3-137}$$

式中，分母相当于配分函数 z。

注意：上述分析中未考虑简并度 ω_i 的影响。

可见，应用数学概率论的逻辑推导也可获得玻耳兹曼分布定律数学表达式。

—— 3.4 任意能级的相对粒子数 ——

根据玻耳兹曼分布定律，任意 i、j 两个能级的相对微观粒子数量之比 $\dfrac{n_i}{n_j}$ 为：

$$\frac{n_i}{n_j} = \frac{\omega_i}{\omega_j}\exp\left(-\frac{\Delta\varepsilon}{kT}\right) \qquad \Delta\varepsilon = \varepsilon_i - \varepsilon_j \tag{3-138}$$

注意：由于在统计热力学中经常出现 $\exp\left(-\dfrac{\Delta\varepsilon}{kT}\right)$，因此习惯上将 e^{-x} 称为玻耳兹曼因子，另外 $kT|_{T=300\text{K}} = 4.14\times10^{-21}\text{J}$（相当于波数 $\tilde{\nu} = 208\text{cm}^{-1}$，即频率为 $6.24\times10^{12}\text{s}^{-1}$ 光子携带的能量[●]），也是经常使用的值。关于玻耳兹曼因子数值与自变量 x 值的对应关系示于表 3-5。

表 3-5 玻耳兹曼因子数值与自变量 x 值的对应关系

x	e^{-x}
0	1.000
1	0.368
2	0.135
3	0.050

[●] 波数 $\tilde{\nu}$ 与频率 ν 的换算关系：$\nu = c\tilde{\nu}$（c 为光速），$1\nu(\text{s}^{-1}) = 100c(\text{m/s})\tilde{\nu}(\text{cm}^{-1})$。

x	e^{-x}
4	0.018
5	0.007
6	0.002
7	9.12×10^{-4}
8	3.36×10^{-4}

从表 3-5 可见，当 x 值大于 7 时，玻耳兹曼因子的变化量就会小于 0.1%。通常情况下，只比较 i 和 j 能级（设 i 能级高于 j 能级）的能量差 $\Delta\varepsilon$ 与 kT 的大小即可。例如：

（1）若 $\Delta\varepsilon \ll kT$，则玻耳兹曼因子约等于 1，则 $\dfrac{n_i}{n_j} \to \dfrac{\omega_i}{\omega_j}$，进而，若任意两个能级的简并度相等，则 $n_i = n_j$，可以忽略能级间的能量差别。

（2）若 $\Delta\varepsilon \approx kT$，则玻耳兹曼因子约等于 0.368，$\dfrac{n_i}{n_j} = 0.368 \dfrac{\omega_i}{\omega_j}$。

（3）若 $\Delta\varepsilon \gg kT$，则玻耳兹曼因子趋近于 0，则 $\dfrac{n_i}{n_j} \to 0$，说明在高能量能级上的粒子存在概率极低。

以下应用玻耳兹曼分布定律讨论微观粒子在不同能量能级上的分布情况。

3.4.1 平动能对微观粒子分布的影响

在第 2 章里曾介绍过 V 体积中 O_2 分子的平动能量表达式为：

$$\varepsilon_t = \frac{h^2}{8mV^{2/3}}(n_1^2 + n_2^2 + n_3^2) \tag{3-139}$$

因为：

$$m_{O_2} = \frac{M_{O_2}}{N_A} \Bigg|_{\substack{M_{O_2} = 32 \times 10^{-3}\text{kg/mol} \\ N_A = 6.022 \times 10^{23}\text{mol}^{-1}}} = 5.3 \times 10^{-26}\text{kg} \tag{3-140}$$

所以在温度为 298K、体积为 1L（$1 \times 10^{-3}\text{m}^3$）立方体空箱条件下，$O_2$ 的最低和次低能级的平动能分别为：

$$\varepsilon_t(111) = 3.1 \times 10^{-40}\text{J} \tag{3-141}$$

$$\varepsilon_t(211) = 6.2 \times 10^{-40}\text{J} \tag{3-142}$$

最低和次低能级的能量差为：

$$\Delta\varepsilon = 3.1 \times 10^{-40}\text{J} \tag{3-143}$$

考虑到最低能级的简并度为 1（$\omega_{1,1,1} = 1$）、次低能级的简并度为 3（$\omega_{2,1,1} = 3$），因此两个能级上的分子（微观粒子）数量之比为：

$$\frac{n_{2,1,1}}{n_{1,1,1}} = \frac{\omega_{2,1,1}}{\omega_{1,1,1}} \exp\left(-\frac{\Delta\varepsilon}{kT}\right) \Bigg|_{\substack{\Delta\varepsilon \ll kT \\ \omega_{1,1,1}=1 \\ \omega_{2,1,1}=3}} = \frac{3}{1} \tag{3-144}$$

另外上述计算显示：平动能不但能级之差很小，而且平动能量自身的绝对值也很小，因此大量的氧分子（粒子）将被配分在平动量子数较大的能级上。

3.4.2 转动能对微观粒子分布的影响

前已述及诸如氧分子的微观粒子转动能，其最低和次低能级的能量差为：

$$\Delta\varepsilon_r \Bigg|_{\substack{J \to J+1 \\ J=0}} = 5.75 \times 10^{-23} \text{J} \tag{3-145}$$

虽然式（3-145）给出的转动能能级差远大于平动能的能级差，但与 $kT \Big|_{T=300K}$（10^{-21}J 数量级）相比，仍属于数值较小的范畴。因此关于转动能的影响，仍有相当一部分的分子分布在量子数较大的能级上。例如，温度 300K 时，转动能级的量子数 J 约为 10～100。

3.4.3 振动能的分布

与平动能和转动能的数值相比，振动能量值较大，相邻能级的能量差是 kT 的数倍，一般：

$$\Delta\varepsilon_v = (2 \sim 10)kT \tag{3-146}$$

例如，由 2.2 节介绍知，CO_2 气体的对称伸缩振动频率为 4.16×10^{13}Hz 数量级，根据振动能量计算式 $\varepsilon_v = \left(v + \frac{1}{2}\right)h\nu$，计算 CO_2 气体最低振动能级（$v=0$）和次低振动能级（$v=1$）的能量差为：

$$\Delta\varepsilon_v \Bigg|_{CO_2(\text{对称伸缩})} = h\nu \Bigg|_{\substack{\nu=4.16 \times 10^{13}\text{Hz} \\ h=6.63 \times 10^{-34}\text{J·s}}} = 2.758 \times 10^{-20} \text{J} \tag{3-147}$$

约是 300K 时 kT 值的 6.7 倍。

因此，计算 CO_2 气体对称伸缩振动的最低和次低振动能级（即最低和次低振动量子数）上的分子数量（微观粒子个数）之比为：

$$\frac{n_1}{n_0} = \exp\left(-\frac{\Delta\varepsilon}{kT}\right) \Bigg|_{\Delta\varepsilon=6.7kT} = 1.23 \times 10^{-3} \tag{3-148}$$

同理，计算可得 300K 下的 O_2 分子（基频 $\nu = 4.738 \times 10^{13}$Hz）的最低和次低振动能级的能量差为：

$$\Delta\varepsilon_v \Bigg|_{O_2} = h\nu \Bigg|_{\substack{\nu=4.738 \times 10^{13}\text{Hz} \\ h=6.63 \times 10^{-34}\text{J·s}}} = 3.141 \times 10^{-20} \text{J}$$

约是 300K 时 kT 值的 7.6 倍。

$$\frac{n_1}{n_0} = \exp\left(-\frac{\Delta\varepsilon}{kT}\right)\bigg|_{\Delta\varepsilon = 7.6kT} = 5.00 \times 10^{-4}$$

可见，无论是 CO_2 还是 O_2 气体分布在振动次低能级上的分子（微观粒子）几乎为零，因此可以推断：一般情况下分子基本都在基态上振动，仅有极少数的分子被配分到量子数较大的能级上振动。

例 9：对于氧气分子 O_2，计算 1000K 温度条件下氧气分子中具有振动量子数为 2 的粒子比例，已知氧气的振动频率 $\nu = 4.738 \times 10^{13}$ Hz。

解：依题意，因为氧气分子携带的振动能量为：

$$\varepsilon_v = \left(v + \frac{1}{2}\right)h\nu\bigg|_{\nu = 4.738 \times 10^{13}} \tag{3-149}$$

又因为：

$$\frac{h\nu}{kT}\bigg|_{\substack{\nu = 4.738 \times 10^{13}\text{s}^{-1} \\ T = 1000\text{K}}} = 2.276 \tag{3-150}$$

依据玻耳兹曼分布定律：

$$\frac{n_2}{N} = \frac{\omega_2 \exp\left(-\dfrac{\varepsilon_2}{kT}\right)}{\sum_i \omega_i \exp\left(-\dfrac{\varepsilon_i}{kT}\right)} \tag{3-151}$$

又因为振动能级的能量为：

$$\varepsilon_v = h\nu\left(v + \frac{1}{2}\right) \quad v = 0, 1, 2, \cdots \tag{3-152}$$

将式（3-152）代入式（3-151），当 $\omega_i = 1$ 时有：

$$\frac{n_2}{N} = \frac{\omega_2 \exp\left(-\dfrac{\left(v + \dfrac{1}{2}\right)h\nu}{kT}\right)\bigg|_{\substack{v = 2 \\ \nu = 4.738 \times 10^{13}\text{s}^{-1} \\ \omega_2 = 1}}}{\sum_{v_i = 0}^{\infty} \omega_i \exp\left[-\dfrac{h\nu}{kT}\left(v_i + \dfrac{1}{2}\right)\right]\bigg|_{\omega_i = 1}}$$

$$= \frac{e^{-\frac{1}{2} \times 2.276} \cdot e^{-2 \times 2.276}}{e^{-\frac{1}{2} \times 2.276}\left(1 + e^{-1 \times 2.276} + e^{-2 \times 2.276} + e^{-3 \times 2.276} + \cdots\right)}$$

$$= \frac{e^{-2 \times 2.276}}{1 + e^{-1 \times 2.276} + e^{-2 \times 2.276} + e^{-3 \times 2.276} + \cdots}$$

$$= \frac{e^{-2 \times 2.276}}{\sum_{n=0}^{\infty} e^{-n \times 2.276}}$$

将数学公式 $\sum_{n=0}^{\infty} e^{-np} = \dfrac{1}{1 - e^{-p}}$ 应用于上式，得：

$$\frac{n_2}{N} = \frac{e^{-2 \times 2.276}}{\displaystyle\sum_{n=0}^{\infty} e^{-np}} = \frac{e^{-2 \times 2.276}}{\left.\dfrac{1}{1-e^{-p}}\right|_{p=2.276}} = 0.0095$$

可见振动量子数 $v=2$ 能级上的粒子数很少，仅占总粒子数的 0.95%。实际上，采用同样的测算方法亦可得到振动量子数 $v=1$ 能级上的粒子数占总粒子数不足 10%（9.21%），与存在于基态 $v=0$ 的粒子数 n_0 之比为 0.103。因此，对于振动来说绝大部分的分子（微观粒子）都处于振动量子数 $v=0$ 的基态振动能级。

另外，在 $T=300K$ 和 $T=1000K$ 条件下，存在次低 $v=1$ 振动能级上的粒子数量与存在最低能级粒子数量之比分别为 5.00×10^{-4} 和 0.103，有很大的不同：温度越高，体系具有的总能量就大，分布在较高能级上的粒子就多些，反之温度越低，较高能级上存在的粒子数量就越少。

3.4.4　电子跃迁能的分布

一般电子跃迁需要较大的能量，通常大于该粒子拥有的所有能量，所以，在没有外来超高能量输入的情况下，粒子几乎不可能发生电子跃迁，体系中几乎所有的电子（微观粒子）均处于基态。

3.4.5　小结

综上，在 300K、101325Pa 条件下，在 1.0L 的立方箱体中的 O_2 分子：

（1）平动能级上分布最宽，占用能级数量约 4.5×10^9 数量级。

（2）在转动能级上，占用能级数量约 50 左右。

（3）在振动能级上，占用能级数比较少，90% 以上的分子都处于最低振动能级。

（4）对于电子跃迁，占用高能级的电子几乎不存在，电子基本均处于基态。

—— 3.5　温度的微观解释 ——

由物理化学知识可知，温度是决定体系热力学状态的重要参数之一，实际上温度也是玻耳兹曼分布定律中的重要参数之一，是建立 N 个粒子体系平衡时所必须明确的因子，其作用在于：

（1）影响体系第 i 能级所允许最大能量值；

（2）影响相对粒子（分子）的数量比。

例 10：设有 1mol Cl_2 分子，已知 Cl_2 分子振动频率为 1.395×10^{13} s^{-1}，试计算 $T=300 \sim 1000K$ 温度范围内 Cl_2 分子在不同振动量子数（能级）上的相对分子（粒子）数 $\left(\dfrac{n_i}{N}\right)$ 以及体系总的振动能量 E。

解：首先应用玻耳兹曼分布定律计算不同振动量子数所对应的能级上粒子数量。

根据玻耳兹曼分布定律：

$$n_i = \frac{\exp\left(-\dfrac{\varepsilon_i}{kT}\right)}{\sum_i \exp\left(-\dfrac{\varepsilon_i}{kT}\right)} = \frac{\exp\left(-\dfrac{\varepsilon_i}{kT}\right)}{z} \tag{3-153}$$

为了求解式（3-153），必须确认 Cl_2 分子在各振动量子数（能级）上允许的能量值 ε_i。因为已知 Cl_2 的振动频率 $1.395 \times 10^{13} s^{-1}$（振动波数 $\tilde{\nu} = 465 cm^{-1}$），所以可求得 Cl_2 分子平均振动能量：

$$\varepsilon = h\nu \Big|_{\nu = 1.395 \times 10^{13} s^{-1}} = 9.25 \times 10^{-21} J$$

那么，对于不同振动量子数对应的能量 ε_t 是多少？根据振动能量与量子数的对应关系：

$$\varepsilon_i = h\nu\left(v + \frac{1}{2}\right) \qquad v = 0, 1, 2, \cdots \tag{3-154}$$

又因为式（3-153）中配分函数 z 的表达式为：

$$\begin{aligned}
z &= \sum_{i=0}^{\infty} \exp\left(-\frac{\varepsilon_i}{kT}\right) \Bigg|_{\varepsilon_i = h\nu\left(v+\frac{1}{2}\right)} \Bigg|_{v=i} \\
&= \exp\left[-\frac{h\nu\left(0+\frac{1}{2}\right)}{kT}\right] + \exp\left[-\frac{h\nu\left(1+\frac{1}{2}\right)}{kT}\right] + \exp\left[-\frac{h\nu\left(2+\frac{1}{2}\right)}{kT}\right] + \cdots \\
&= \exp\left(-\frac{h\nu}{2kT}\right)\left[1 + \exp\left(-\frac{h\nu}{kT}\right) + \exp\left(-\frac{2h\nu}{kT}\right) + \cdots\right] \\
&= \exp\left(-\frac{h\nu}{2kT}\right)\left(\frac{1}{1 - \exp\left(-\frac{h\nu}{kT}\right)}\right)
\end{aligned} \tag{3-155}$$

将式（3-155）代入式（3-153），并注意到 $\varepsilon_i = h\nu\left(v + \dfrac{1}{2}\right)\Big|_{v=i}$，因此第 i 能级上的粒子数 n_i 为：

$$n_i = \frac{\exp\left[-\dfrac{h\nu\left(i+\dfrac{1}{2}\right)}{kT}\right]}{\exp\left(-\dfrac{h\nu}{2kT}\right)\left[\dfrac{1}{1 - \exp\left(-\dfrac{h\nu}{kT}\right)}\right]} \tag{3-156}$$

由于 $\dfrac{h\nu}{k}\Big|_{\nu = 1.395 \times 10^{13} s^{-1}} = 670$，所以式（3-156）改写为：

$$n_i = \frac{\exp\left(-\dfrac{h\nu}{2kT}\right)\exp\left(-\dfrac{ih\nu}{kT}\right)}{\exp\left(-\dfrac{h\nu}{2kT}\right)\left[\dfrac{1}{1-\exp\left(-\dfrac{h\nu}{kT}\right)}\right]}\Bigg|_{\frac{h\nu}{k}=670}$$

$$= \frac{\exp\left(-\dfrac{670}{T}i\right)}{\dfrac{1}{1-\exp\left(-\dfrac{670}{T}\right)}}$$

$$= \exp\left(-\frac{670}{T}i\right)\left[1-\exp\left(-\frac{670}{T}\right)\right] \qquad (3\text{-}157)$$

因此将温度 T 和 i（即振动量子数 v）数值代入式（3-157）即可确定 n_i。计算得到的数值列于表 3-6。

表 3-6 $300\sim1000K$ 温度范围内 Cl_2 分子在不同振动能级上的

相对分子数 $\dfrac{n_i}{N}$ 及总能量 E

T/K	总振动能量 $E/\text{J}\cdot\text{mol}^{-1}$	不同振动量子数对应能级上的相对分子数 $\left(\dfrac{n_i}{N}\right)$				
		$v=0$	$v=1$	$v=2$	$v=3$	$v=4$
300	3454	0.893	0.096	0.010	0.001	0.000
500	4722	0.738	0.193	0.051	0.013	0.003
1000	7344	0.488	0.250	0.128	0.065	0.033

从表 3-6 可见当 i 大于 4（即振动量子数 $v>4$）时，$\dfrac{n_i}{N}$ 很小，即 n_i 数量很少，所以一般计算时可以忽略振动量子数大于 4 的粒子分布。

又因为 1mol Cl_2 分子体系具有总的振动能量：

$$E = N_A \cdot \sum_{i=0}^{\infty} n_i \cdot \varepsilon_i \qquad (3\text{-}158)$$

再将式（3-154）和式（3-157）代入式（3-158），得：

$$E = N_A \sum_{i=0}^{\infty}\left\{\exp\left(-\frac{670}{T}i\right)\left[1-\exp\left(-\frac{670}{T}\right)\right]\right\}\cdot\left[h\nu\left(i+\frac{1}{2}\right)\right]$$

$$(3\text{-}159)$$

若忽略存在能级 4 以上（即 i 大于 4）的粒子携带能量，则由式（3-159）近似算得 1mol Cl_2 分子体系具有总的振动能量为：

$$E \approx N_A \sum_{i=0}^{4}\left\{\exp\left(-\frac{670}{T}i\right)\left[1-\exp\left(-\frac{670}{T}\right)\right]\right\}\cdot\left[h\nu\left(i+\frac{1}{2}\right)\right]$$

$$(3\text{-}160)$$

所以利用式（3-160）可获得各温度下体系总振动能量数值，该数据也列于表 3-6。

进而，计算不同温度下 Cl_2 分子的平均振动能量为：

$T = 300K$ 时，$\qquad \bar{\varepsilon}\Big|_{T=300K} = \dfrac{E}{N_A}\Big|_{E=3454J} = 5.73 \times 10^{-21}J$

$T = 500K$ 时，$\qquad \bar{\varepsilon}\Big|_{T=500K} = \dfrac{E}{N_A}\Big|_{E=4722J} = 7.84 \times 10^{-21}J$

$T = 1000K$ 时，$\qquad \bar{\varepsilon}\Big|_{T=1000K} = \dfrac{E}{N_A}\Big|_{E=7344J} = 12.2 \times 10^{-21}J$

依据表 3-6 的数据，将相对分子数与能级（振动量子数）之间的关系作图，示于图 3-6。

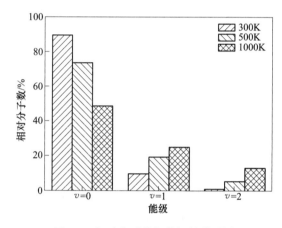

图 3-6　相对分子数与能级的关系图

由图 3-6 可知，相对分子数是温度的函数。因此，若测得相对分子数，就可以确定对应的温度，实际上这就是分子温度计的工作原理，分子温度计一般用于测量火焰或废气等热气体温度。

例 11：N_2 分子在电弧中加热，用光谱测量振动态上的相对分子数（表 3-7），试确定气体的温度（已知 N_2 在基态振动波数为 $\tilde{\nu} = 2331cm^{-1}$）。

表 3-7　采用光谱测量加热状态 N_2 分子在不同振动态上的相对分子数

υ	0	1	2	3
$\dfrac{n_i}{n_0}$	1.000	0.260	0.068	0.018

解：首先验证该测定结果是否服从 Boltzmann 分布定律，因为振动能量与振动量子数 υ 之间的关系为：

$$\varepsilon_\upsilon = h\nu\left(\upsilon + \frac{1}{2}\right) \qquad \upsilon = 0,\ 1,\ 2,\ 3,\ \cdots$$

若此体系粒子分布服从 Boltzmann 分布，应有：

$$\frac{n_i}{n_0} = \exp\left(-\frac{\varepsilon_i - \varepsilon_0}{kT}\right)\Bigg|_{i=v}$$

$$= \frac{\exp\left(-\frac{h\nu}{2kT}\right)\exp\left(-\frac{h\nu}{kT}v\right)}{\exp\left(-\frac{h\nu}{2kT}\right)}$$

$$= \left[\exp\left(-\frac{h\nu}{kT}\right)\right]^v$$

由于 N_2 在基态振动时的频率为：

$$\nu = c \cdot \tilde{\nu}\Bigg|_{\substack{c=3.0\times10^8\text{m/s} \\ \tilde{\nu}=2331\times10^2\text{m}^{-1}}} = 6.993 \times 10^{13}\,\text{s}^{-1}(\text{Hz})$$

由测定的数据（表 3-7），当 $v=1$ 时：

$$\frac{n_1}{n_0} = \exp\left(-\frac{\varepsilon_1 - \varepsilon_0}{kT}\right) = \left[\exp\left(-\frac{h\nu}{kT}\right)\right]^v\Bigg|_{\substack{\nu=6.993\times10^{13}\text{Hz} \\ v=1}} = \frac{0.260}{1.000} = 0.260$$

当 $v=2$ 时：

$$\frac{n_2}{n_0} = \exp\left(-\frac{\varepsilon_2 - \varepsilon_0}{kT}\right) = \left[\exp\left(-\frac{h\nu}{kT}\right)\right]^v\Bigg|_{\substack{\nu=6.993\times10^{13}\text{Hz} \\ v=2}} = \frac{0.068}{1.000} = 0.260^2$$

当 $v=3$ 时：

$$\frac{n_3}{n_0} = \exp\left(-\frac{\varepsilon_3 - \varepsilon_0}{kT}\right) = \left[\exp\left(-\frac{h\nu}{kT}\right)\right]^v\Bigg|_{\substack{\nu=6.993\times10^{13}\text{Hz} \\ v=3}} = \frac{0.018}{1.000} = 0.260^3$$

可见，该温度下 N_2 在振动能级上的粒子分布服从 Boltzmann 分布定律。因为：

$$\exp\left(-\frac{h\nu}{kT}\right)\Bigg|_{\nu=6.993\times10^{13}\text{s}^{-1}} = 0.260$$

所以，可以求得温度：

$$T = 2494\text{K}$$

注意，温度对于单个分子（微观粒子）没有任何物理意义，必须是针对大量微观粒子的体系才有效。

—— • 3.6　粒子的速度分布 • ——

众所周知，体系中的微观粒子速度不尽相同，那么在一定温度、体积条件下，如何确定每个微观粒子的运动速度呢？早在 1860 年，Maxwell 就提出了微观粒子速度分布的概念并给出了微观粒子速度分布的表达式。

3.6.1　一维 Maxwell 方程

以下应用玻耳兹曼分布定律推导理想气体分子（粒子）的速度分布公式。

某一特定的宏观气体体系中存在大量的气体分子（粒子），随机取一个粒子，设该粒子恰好具有的速度分量为 $v \sim v+\mathrm{d}v$ 概率为 $P(v)$。考虑到运动粒子的动能：

$$\varepsilon = \frac{1}{2}mv^2 \tag{3-161}$$

再根据 Boltzmann 分布，必有：

$$P(v) \propto \exp\left(-\frac{\varepsilon}{kT}\right) = \exp\left(-\frac{mv^2}{2} \cdot \frac{1}{kT}\right) \tag{3-162}$$

式（3-162）两边同乘 $\mathrm{d}v$，且引入比例常数 A，得：

$$P(v)\mathrm{d}v = A \cdot \exp\left(-\frac{mv^2}{2kT}\right)\mathrm{d}v \tag{3-163}$$

以下确定常数 A 值。考虑到粒子速度从 $-\infty \sim +\infty$ 出现的概率累加和应等于 1，因此对式（3-163）进行积分，有：

$$\int_{-\infty}^{+\infty} P(v)\mathrm{d}v = 1 = \int_{-\infty}^{+\infty} A \cdot \exp\left(-\frac{mv^2}{2kT}\right)\mathrm{d}v \tag{3-164}$$

依据数学公式，误差函数的积分值为：

$$\int_{-\infty}^{+\infty} \exp(-bx^2)\mathrm{d}x = \sqrt{\frac{\pi}{b}} \tag{3-165}$$

因此，常数 A 的值为：

$$A = \frac{1}{\displaystyle\int_{-\infty}^{+\infty} \exp\left(-\frac{mv^2}{2kT}\right)\mathrm{d}v} = \sqrt{\frac{m}{2\pi kT}} \tag{3-166}$$

将 A 代入式（3-163）：

$$P(v)\mathrm{d}v = \sqrt{\frac{m}{2\pi kT}} \cdot \exp\left(-\frac{mv^2}{2kT}\right)\mathrm{d}v \tag{3-167}$$

式（3-167）就是气体分子（粒子）一维运动速度分布的表达式，因为：

$$P(v)\mathrm{d}v = \frac{\Delta n}{N} \tag{3-168}$$

所以式（3-167）也是计算速度为 v 的粒子概率 $\left(\dfrac{\Delta n}{N}\right)$ 计算式，一般称为一维 Maxwell 方程。

例 12：计算 300K 温度条件下，N_2 分子速度分量为 $900.5 \sim 1000.5 \text{m/s}$ 的概率。

解：对于一维麦克斯韦方程，因为 N_2 在 $900.5 \sim 1000.5 \text{m/s}$ 的速度范围内其平均速度 $v = 1000 \text{m/s}$，所以可令 $\mathrm{d}v = 1 \text{m/s}$（因为与 1000 相比，1 的数值较小，所以可近似认为 $\mathrm{d}v = 1$）。因此有：

$$\frac{\Delta n}{N} = P(v)\mathrm{d}v = \sqrt{\frac{m}{2\pi kT}} \cdot \exp\left(-\frac{mv^2}{2kT}\right)\mathrm{d}v \Bigg|_{\substack{m = \frac{28 \times 10^{-3}}{N_A} = 4.65 \times 10^{-26}\text{kg} \\ v = \bar{v} = 1000\text{m/s} \\ T = 300\text{K} \\ \mathrm{d}v = 1\text{m/s}}}$$

$$= 4.87 \times 10^{-6}$$

可见，300K 下 N_2 分子速度分量为 $900.5 \sim 1000.5 \text{m/s}$ 的概率值约为 4.87×10^{-6}，比例很小，约为百万分之 5。

另外，在讨论有关物理化学动力学问题时，经常要求计算携带能量大于某一数值（如某一活化能数值）的粒子比例数，实际上，上述问题就等价于计算大于某一速度 $v \geqslant v_0$ 粒子的概率值。

例 13：试求 1000K 温度条件下，CO_2 分子中 $v \geqslant 2.236\sqrt{\dfrac{kT}{m}}$ 的比例。

解：考虑到速度的方向性，包含正方向和反方向运动且 $v \geqslant v_0$ 粒子的概率为：

$$P(v > v_0) = \int_{-\infty}^{-v_0} P(v)\mathrm{d}v + \int_{v_0}^{+\infty} P(v)\mathrm{d}v \tag{3-169}$$

由于粒子速度分布概率函数 $P(v)$ 为偶函数，所以式（3-169）可改写为：

$$P(v > v_0) = 2\int_{v_0}^{+\infty} P(v)\mathrm{d}v = 2\left(1 - \int_{-\infty}^{v_0} P(v)\mathrm{d}v\right) \tag{3-170}$$

又因为：

$$P(v) = \sqrt{\frac{m}{2\pi kT}} \cdot \exp\left(-\frac{mv^2}{2kT}\right) \tag{3-171}$$

依题意，$v \geqslant 2.236\sqrt{\dfrac{kT}{m}} \Bigg|_{\substack{T = 1000\text{K} \\ m = \frac{44 \times 10^{-3}\text{kg/mol}}{N_A} = 7.31 \times 10^{-26}\text{kg}}} = 972 \text{m/s}$。

令，$v_0 = 972 \text{m/s}$，所以 $v \geqslant v_0$ 的 CO_2 分子比例为：

$$P(v > v_0) = 2\left(1 - \int_{-\infty}^{v_0} P(v)\mathrm{d}v\right)$$

$$= 2\left[1 - \int_{-\infty}^{v_0} \sqrt{\frac{m}{2\pi kT}} \cdot \exp\left(-\frac{mv^2}{2kT}\right)\mathrm{d}v\right]$$

$$= 2\left\{1 - \int_{-\infty}^{v_0} \sqrt{\frac{1}{2\pi}} \cdot \exp\left[-\frac{1}{2}\left(\sqrt{\frac{m}{kT}} \cdot v\right)^2\right]\mathrm{d}\left[\sqrt{\frac{m}{kT}} \cdot v\right]\right\}$$

$$\tag{3-172}$$

若令 $S = \sqrt{\dfrac{m}{kT}} \cdot v$，当 $v_0 = 972\mathrm{m/s}$ 时，$S_0 = 2.236$，积分的上下限变换如下：

对于 $v = -\infty \rightarrow v_0$，变换后 $S = -\infty \rightarrow S_0 \Big|_{\sqrt{\frac{m}{kT}} \cdot v_0} \Big|_{v_0 = 972\mathrm{m/s}}$，

代入式（3-172），得：

$$P(v > v_0) = 2\left[1 - \int_{-\infty}^{S_0} \sqrt{\frac{1}{2\pi}} \exp\left(-\frac{S^2}{2}\right) \mathrm{d}S\right] \tag{3-173}$$

因为 $\int_{-\infty}^{S_0} \sqrt{\dfrac{1}{2\pi}} \exp\left(-\dfrac{S^2}{2}\right) \mathrm{d}S$ 属于标准正态分布的积分形式，通过查表[❶]可知：

$$\int_{-\infty}^{2.236} \sqrt{\frac{1}{2\pi}} \exp\left(-\frac{S^2}{2}\right) \mathrm{d}S = 0.987$$

所以，式（3-173）的值：

$$P(v > v_0 = 972\mathrm{m/s}) = 2(1 - 0.987) = 0.026$$

即，速度大于 $v_0 = 972\mathrm{m/s}$ 的 CO_2 分子占总分子数的 2.6%。

关于气体分子运动速度平均值的计算。由数学知识可知，若 $P(v)$ 是变量 v 分布的概率密度，则 $P(v)\mathrm{d}v$ 是 v 变量从 v 到 $v+\mathrm{d}v$ 之间的概率值，因此对于变量 v 的任意函数 $g(v)$ 的平均值 $\overline{g(v)}$ 的计算式为：

$$\overline{g(v)} = \int_{-\infty}^{+\infty} P(v)g(v)\mathrm{d}v \tag{3-174}$$

所以采用式（3-174）就可以计算气体分子的各种平均值，如运动速度平均值、能量平均值等。

3.6.2 三维 Maxwell 速度分布

在三维空间，设 $P(u, v, w)$ 是微观粒子的速度在 (x, y, z) 三个方向分别为 $(u \rightarrow u + \mathrm{d}u, \ v \rightarrow v + \mathrm{d}v, \ w \rightarrow w + \mathrm{d}w)$ 的微小区域 $\mathrm{d}\Omega$ 内概率密度函数，则在该区域内的分子（粒子）数占总粒子数的比例为：

$$P(u,v,w)\mathrm{d}u\mathrm{d}v\mathrm{d}w = P(u)\mathrm{d}u \cdot P(v)\mathrm{d}v \cdot P(w)\mathrm{d}w$$

$$= \left(\frac{m}{2\pi kT}\right)^{\frac{3}{2}} \cdot \exp\left[-\frac{m(u^2 + v^2 + w^2)}{2kT}\right]\mathrm{d}\Omega \tag{3-175}$$

如果不考虑特定的运动方向，则速度的模 c（相当于取微小球壳的半

---

❶ 关于正态分布函数的积分值。由数学知识：

$$F(z \leq z_0) = \int_{-\infty}^{z_0} \sqrt{\frac{1}{2\pi}} \exp\left(-\frac{S^2}{2}\right) \mathrm{d}S = \int_{-\infty}^{z_0} f(S) \mathrm{d}S$$

通过查表确定 $-\infty \sim z_0$ 区间的积分值，参见附录 4。

径，如图 3-7 所示）：

$$c^2 = u^2 + v^2 + w^2 \tag{3-176}$$

所以上述（$u \rightarrow u+du$，$v \rightarrow v+dv$，$w \rightarrow w+dw$）的微小区域 $d\Omega$ 转换为 dc 表示区间：

$$d\Omega = 4\pi c^2 dc \tag{3-177}$$

则，在 $c+dc$ 区间内的粒子数为：

$$P(c)dc = 4\pi \left(\frac{m}{2\pi kT}\right)^{\frac{3}{2}} \cdot \exp\left(-\frac{mc^2}{2kT}\right) c^2 dc \tag{3-178}$$

式（3-178）就是气体分子在三维空间内的速度分布计算式，称为三维 Maxwell 方程式。

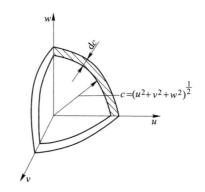

图 3-7　球面坐标系下微小单元体积 $d\Omega$ 与直角坐标的对应关系示意图

以 N_2 为例，对于 $P(c) = 4\pi \left(\frac{m}{2\pi kT}\right)^{\frac{3}{2}} \cdot \exp\left(-\frac{mc^2}{2kT}\right) c^2$，以 c 为横坐标、以 $P(c)$ 为纵坐标，并以温度为参数作图，得到 N_2 分子分布概率 $P(c)$ 随速度 c 的变化趋势图（图 3-8）。

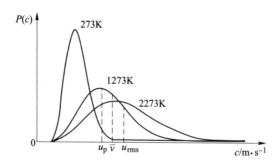

图 3-8　N_2 分子分布概率 $P(c)$ 随速度 c 的变化趋势图

从图可知：

（1）每个温度条件下都存在一个使 $P(c)$ 获得极大值的速度 c，此时的 c 对应着最可几分布的量子态，所以将其称为最可几速率（也称最概然速率，参见 1.4.1 节）u_p(m/s)。

$$u_p = \sqrt{\frac{2kT}{m}} \tag{3-179}$$

（2）随着温度的升高，$P(c)$ 曲线趋于平缓，最可几速率 u_p 的概率密度值（$P(c)$ 峰值）变小，且向 c 增加的方向移动。

（3）关于平均速度 $\bar{v}$ 的确定，可令 $\frac{m}{2kT}=a$，并代入式（3-178），根据平均值计算式：

$$\bar{v} = \int_0^{+\infty} cP(c)\,\mathrm{d}c$$

$$= \int_0^{+\infty} c \cdot \left(\frac{m}{2\pi kT}\right)^{\frac{3}{2}} \cdot \exp\left(-\frac{mc^2}{2kT}\right)(4\pi c^2\,\mathrm{d}c)\bigg|_{\frac{m}{2kT}=a}$$

$$= 4\pi\left(\frac{a}{\pi}\right)^{\frac{3}{2}} \cdot \int_0^{+\infty} \exp(-ac^2)c^3\,\mathrm{d}c \tag{3-180}$$

由数学公式知：

$$\int_0^{+\infty} \mathrm{e}^{-ax^2} \cdot x^3\,\mathrm{d}x = \frac{1}{2a^2} \tag{3-181}$$

将式（3-181）应用于式（3-180），得：

$$\bar{v} = 4\pi\left(\frac{a}{\pi}\right)^{\frac{3}{2}} \cdot \frac{1}{2a^2}$$

$$= 2\sqrt{\frac{1}{\pi a}}\bigg|_{a=\frac{m}{2kT}}$$

$$= \sqrt{\frac{8kT}{\pi m}} \tag{3-182}$$

可见式（3-182）与第 1 章论述的平均速度表达式完全一致。将平均速度以及均方根速率（$u_{rms} = \left(\frac{3RT}{M}\right)^{1/2}$）（参见第 1 章）列于表 3-8，并示于图 3-8，可见由三维麦克斯韦方程得到的最可几速率 u_p 最小、平均速度 $\bar{v}$ 次之、方均根速率 u_{rms} 最大。

注意：上述式（3-182）积分区间是从 0 到 $+\infty$，而不是从 $-\infty$ 到 $+\infty$，原因在于对于 $\mathrm{d}\Omega = 4\pi c^2\,\mathrm{d}c$，速度 c 是从 0 到 $+\infty$，而不是从 $-\infty$ 到 $+\infty$。

表 3-8　不同温度条件下 N_2 气体分子的最可几速率 u_p、
方均根速率 u_{rms} 及平均速度 $\bar{v}$

温度/K	最可几速率 u_p/m·s^{-1}	平均速度 $\bar{v}$/m·s^{-1}	方均根速率 u_{rms}/m·s^{-1}
273	403	454	493
1273	869	981	1066
2273	1162	1311	1425

习　题

1. 将 12 个可分辨的球放入 3 个箱子中，若要求 1 号箱、2 号箱，3 号箱各放 7 个、4 个、1 个球，有多少种放法？占随机放入 3 个箱中总放法（即每个箱中球数不限）的比例是多少？

（参考答案：3960；0.0075）

2. 6 本不同的书分成 3 份，两份 1 本、1 份 4 本，有几种分法？

（参考答案：30）

3. 8 个可分辨粒子构成总能量为 4 个能量单位、非简并体系。微观粒子可分布在允许能量为 0、1、2、3、4 个能量单位的能级上，有多少种分布方式？每种分布方式对应的微观状态数是多少？并试从"分布逆转"理论分析各种分布方式实际发生的可能性。

（参考答案：5 种；分别为 8、56、28、168、70；1~3 种的分布均存在分布逆转）

4. （1）由 25 个可分辨粒子构成的总能量为 5 个能量单位的非简并体系，若粒子可以携带的能量分别为 0、1、2、3、4、5 个能量单位，粒子在能级上的分布方式有几种？

（2）总微观状态有多少种？

（3）概率最大的分布方式是哪一种？

（4）概率最大分布方式的微观状态数占总微观状态的比例是多少？

（参考答案：7 种；118755；$n_0 = 20$，$n_1 = 5$，$n_2 = n_3 = n_4 = n_5 = 0$；比例 0.4474）

5. 根据 Boltzmann 分布定律，某物质的微观粒子占据的所有能级间隔均为 3.20×10^{-20} J，试求 300K 非简并时处于最低能级微观粒子的比例，若温度升高至 1000K 该比例又是多少？

（参考答案：0.9996；0.9016）

6. 设共有 4 个能级，每个能级的允许能量分别为 0、2、6、12 个能量单位，相应的简并度分别为 1、3、5、7，试计算 80K 温度条件下粒子在 4 个能级上的配分函数值（已知每个能量单位是 5.0×10^{-22} J）。并指出平衡时哪个能级上分布的粒子数最多，以及在该能级上粒子数的占比是多少。

（参考答案：$z = 2.57$；第 2 能级；占比 0.47）

7. （1）体系 1 的总能量为 3 个能量单位，由 45 个可分辨粒子构成；体系 2 的总能量为 2 个能量单位，由 30 个可分辨粒子构成，已知如下的微观粒子在各能级上分布方式是两种体系中存在概率最高的形式：

体系 1　　$n_0 = 42$，$n_1 = 3$，$n_2 = 0$

体系 2　　$n_0 = 28$，$n_1 = 2$，$n_2 = 0$

问：每个体系中平均每个微观粒子拥有的能量是多少？

（2）两个体系的粒子在各能级上的分布呈现非指数递减关系，即 $\dfrac{n_1}{n_0} \neq \dfrac{n_2}{n_1}$，为什么？

（3）把两个体系叠加在一起形成 $n = 75$，总能量为 5 个能量单位的体系，若两个体系叠加后没有能量交换，共有多少种微观状态？事实上两个体系叠加一定有能量的交换，能量交换后的总微观状态数又是多少？

（参考答案：体系 1 与 2 平均能量分别为 3/45 = 0.067 和 2/30 = 0.067 个能量单位；粒子数不是巨大；无能量交换时总微观状态数 6172650、有能量交换 17259390）

8. 设某微观粒子体系遵循 Boltzmann 分布定律，若最低的 5 个能级允许能量分别为：$\varepsilon_0 = 0$，$\varepsilon_1 = 1.106 \times 10^{-20}$，$\varepsilon_2 = 2.212 \times 10^{-20}$，$\varepsilon_3 = 3.318 \times 10^{-20}$，$\varepsilon_4 = 4.424 \times 10^{-20}$ J，试求：（1）300K 和 500K 时各能级对应的 $\sum_i \exp\left(-\dfrac{\varepsilon_i}{kT}\right)$。（2）求两温度下每个能级上微观粒子数的占比。（3）计算 300K 下体系的摩尔能量。（4）分别给出；两温度下的粒子数比：$\dfrac{n_1}{n_0}$，$\dfrac{n_2}{n_1}$，$\dfrac{n_3}{n_2}$。

（参考答案：（1）300K：$\sum_i \exp\left(-\dfrac{\varepsilon_i}{kT}\right) = 1.000 + 0.0693 + 0.0048 + 0.0003 + 0.0000 = 1.0744$；500K：1.2519。（2）占比：300K：$\dfrac{n_0}{N} = 1/1.0744 = 0.9307$，$\cdots$。（3）300K 下能量 = 496J/mol。（4）粒子数比，300K：$\dfrac{n_1}{n_0} = \dfrac{n_2}{n_1} = \dfrac{n_3}{n_2} = 0.0693$，500K：均为 0.20）

9. 对于上题，试计算第 1 能级粒子数是基态（第 0 级）的 25% 时对应温度下的 $\dfrac{n_3}{n_1}$ 比值。

（参考答案：$\dfrac{n_3}{n_1} = 0.25^2 = 0.0625$）

10. 设 3 个能级的简并度分别为 $\omega_0 = 1$，$\omega_1 = 2$，$\omega_2 = 3$，试计算 10 个可分辨粒子分布在 3 个能级上且满足分布方式为 $n_0 = 4$，$n_1 = 5$，$n_2 = 1$ 的微观状态数，若所有的能级均是非简并的，同样的分布方式又有多少种微观状态数？

（参考答案：120960；1260）

11. 某体系拥有 4 个能级，总能量为 3 个能量单位。（1）若所有能级是非简并、且允许能量分别为 $\varepsilon_0 = 0$，$\varepsilon_1 = 1$，$\varepsilon_2 = 2$，$\varepsilon_3 = 3$，7 个可分辨粒子能满足上述要求的分布方式有几种？每种分布方式对应的微观状态有多少种？（2）若每个能级对应的简并度为 $\omega_0 = 1$，$\omega_1 = 2$，$\omega_2 = 3$，$\omega_3 = 4$，此时每种分布方式的微观状态数又是多少？

（参考答案：（1）3 种，非简并时 7、42、35；（2）简并状态下 28、252、280）

12. 对于 100K 温度条件下的平衡体系，设最低 3 个能级允许能量分别为 $\varepsilon_0 = 0$，$\varepsilon_1 = 2.05 \times 10^{-22}$，$\varepsilon_2 = 4.10 \times 10^{-22}$ J，若能级简并度为 $\omega_0 = 1$，$\omega_1 = 3$，$\omega_2 = 5$，试计算各能级粒子数的分布 $n_0 : n_1 : n_2$（设 $n_0 = 1.000$）。

（参考答案：$n_0 : n_1 : n_2 = 1.000 : 2.586 : 3.716$）

13. 对于由 3 个服从费米-狄拉克统计规律的不可分辨微观粒子构成的总能量为 3 个能量单位体系。（1）若对应能级能量为 0、1、2、3 能量单位的能级简并度分别为 $\omega_0 = 1$，$\omega_1 = 3$，$\omega_2 = 4$，$\omega_3 = 6$，试给出可能的分布方式。（2）计算每种分布方式对应的微观状态数。

（参考答案：（1）2 种分布方式即 1110 和 0300，提示考虑到费米子性质，非简并时分布方式 2001 是不存在的；（2）对应的微观状态数分别为 12 和 1）

14. 8 个定域子占据非简并的 5 个允许能量分别为 0、ε、2ε、3ε、4ε 的能级，若总能量为 4ε（ε 为能量单位），试给出可能的分布方式及每种分布方式对应的微观状态数，其中最概然分布的概率是多少?

（参考答案：5 种分布方式，对应微观状态数分别为 8、56、28、168、70，最概然分布概率为 0.5091）

15. 判断以下哪些粒子是玻色子? 哪些是费米子?

$^{35}Cl_{17}$ 核、$^{2}D_{1}$ 核、$^{3}He_{2}$ 核、$^{35}Cl_{17}$ 原子、$^{2}D_{1}$ 原子、$^{19}F_{9}$ 原子、HD、$^{13}C^{16}O$、$^{12}C^{16}O$、$N^{16}O$、$^{12}CH_{4}$、$^{12}CH_{3}D$。

（参考答案：玻色子：$^{2}D_{1}$ 核、$^{35}Cl_{17}$ 原子、$^{19}F_{9}$ 原子、$^{12}C^{16}O$、$^{12}CH_{4}$；其余为费米子）

16. 假设某微观粒子构成的体系有两个能级，对应的能量和简并度分别为 $\varepsilon_1 = 6.1\times10^{21}$J、$\varepsilon_2 = 8.4\times10^{-21}$J，$\omega_1 = 3$，$\omega_2 = 5$，求该体系在 300K 和 3000K 温度下的 $\dfrac{n_1}{n_2}$。

（参考答案：1.046，0.634）

17. 20℃小球重力沉降实验测得小球沿高度的粒子数为：

高度/μm	0	25	50	75	100
粒子平均数	203	166	136	112	91

设小球体积 9.78×10^{-21}m^3，密度 1351kg/m^3，且小球沿沉降高度的粒子分布服从 Boltzmann 分布。试计算 Boltzmann 常数并与讨论实验误差。

18. 某体系由 1mol 全同离域子构成，设每个粒子只有 3 个可能能级 $\varepsilon_1 = 0$，$\varepsilon_2 = 100k$，$\varepsilon_3 = 300k$，对应的简并度分别为 $\omega_1 = 1$，$\omega_2 = 3$，$\omega_3 = 5$，试计算：（1）200K 时的配分函数；（2）200K 时每个能级的平均微观粒子数；（3）当 $T\to\infty$ 时的每一能级的平均粒子数。

（参考答案：（1）3.935；（2）1.53×10^{23}，2.78×10^{23}，1.71×10^{23}；（3）0.669×10^{23}，2.01×10^{23}，3.35×10^{23}）

19. HCl 分子的振动能级间隔为 5.94×10^{-20}J，I$_2$ 分子的振动能级间隔为 0.43×10^{-20}J。分别计算 HCl 和 I$_2$ 分子在 25℃时两相邻能级上分子数的比值。

（参考答案：5.3×10^{-7}，0.35）

20. N$_2$ 的基本振动频率 $\nu = 6.98\times10^{13}$Hz，试计算 25℃、800℃、3000℃下量子数为 $\upsilon = 1$ 与 $\upsilon = 0$ 的粒子数之比。

（参考答案：1.50×10^{-5}，0.0457，0.364）

4 统计热力学

──• 4.1 概　述 •──

统计热力学采用体系中诸如分子、原子、电子、质子等微观粒子所处的状态参数，通过一系列的统计方法获得该体系的宏观热力学性质。例如，对于标准状态（101325Pa、273K）下 1mol 氧气，拥有约 6.022×10^{23} 个分子（粒子），每一个粒子都具有独特的状态参数，因而通过统计的方法确定标准状态下 1mol 氧气体系的熵、内能等热力学性质。

对于某粒子 i 的状态参数包括：位置（x_i，y_i，z_i）、动量（p_{xi}，p_{yi}，p_{zi}）、质量 m_i、动能 E_{ki}、i，j 两粒子间的势能 $E_{pi,j}$ 等。而对于体系的宏观热力学性质，包括温度 T、压力（压强）p、质量 m、熵 S、内能 U、吉布斯自由能 G 等。这里需要说明的是，作为前提条件是假设体系的体积不发生变化。

设某体系的体积为 V，温度为 T，能量为 E，依照 Boltzmann 分布设某粒子能量是 ε_j 的概率 P_j 为：

$$P_j = \frac{\exp\left(-\dfrac{\varepsilon_j}{kT}\right)}{\sum\limits_j \exp\left(-\dfrac{\varepsilon_j}{kT}\right)} \tag{4-1}$$

前已述及，式中的分母 $z = \sum\limits_j \exp\left(-\dfrac{\varepsilon_j}{kT}\right)$ 是粒子的配分函数。

体系的能量 E 等于：

$$E = \sum_i n_i \varepsilon_i \tag{4-2}$$

式中，ε_i 是能量值；n_i 是具有 ε_i 能量的粒子数。

那么，如果已知微观粒子的配分函数，如何通过配分函数确定体系的宏观热力学性质呢？以下分别讨论之。

—— 4.2 热力学能量的统计计算 ——

体系热力学性质与配分函数密切相关，根据概率统计可知，如果已知概率密度函数 $P(u)$，则可通过下式计算某物理量 M 的平均值 $\overline{M}$：

$$\overline{M} = \int_{-\infty}^{\infty} MP(u)\,\mathrm{d}u \tag{4-3}$$

如果数据是离散的，例如对于有 n_1 个 $M(x_1)$、n_2 个 $M(x_2)$、$\cdots$、n_n 个 $M(x_n)$ 物理量，则物理量 M 的平均值 $\overline{M}$ 为：

$$\overline{M} = \frac{\sum_i n_i M(x_i)}{\sum_i n_i} = \sum_i \left(\frac{n_i}{\sum_i n_i} \right) \cdot M(x_i) \tag{4-4}$$

对于式（4-4）中的因子 $\dfrac{n_i}{\sum_i n_i}$ 就相当于概率密度函数 $P(u)$，所以仍然可得平均值表达式为：

$$\overline{M} = \int_{-\infty}^{\infty} MP(u)\,\mathrm{d}u \tag{4-5}$$

如果 $M(x)$ 代表能量，则体系内部各粒子的平均能量为：

$$\overline{E} = \frac{\sum_i n_i \varepsilon_i}{\sum_i n_i} = \sum_i \left(\frac{n_i}{\sum_i n_i} \right) \cdot \varepsilon_i \tag{4-6}$$

由于粒子分布的概率密度函数 $\dfrac{n_i}{\sum_i n_i}$ 遵循玻耳兹曼分布定律，若假设所有能级均是非简并的，有：

$$\frac{n_i}{\sum_i n_i} = P_i = \frac{\exp\left(-\dfrac{\varepsilon_i}{kT} \right)}{\sum_i \exp\left(-\dfrac{\varepsilon_i}{kT} \right)} \tag{4-7}$$

所以平均能量值为：

$$\overline{E} = \frac{\sum_i \varepsilon_i \exp\left(-\dfrac{\varepsilon_i}{kT} \right)}{\sum_i \exp\left(-\dfrac{\varepsilon_i}{kT} \right)} \tag{4-8}$$

从上式可见，分母项就是微观粒子的配分函数 $z = \sum_i \exp\left(-\dfrac{\varepsilon_i}{kT} \right)$。

以下分别推导体系的内能 U、熵值 S、功焓 A、压强 p、恒容热容 C_V 等宏观热力学性质与配分函数 z 之间的关系。

4.2.1　体系的内能 U

前已述及，对于由 N 个分子（粒子）构成的体积 V、总能量 E 的体系，其平均能量 $\overline{E}$：

$$\overline{E} = \frac{\sum_i \varepsilon_i \exp\left(-\frac{\varepsilon_i}{kT}\right)}{z}\Bigg|_{z=\sum_i \exp\left(-\frac{\varepsilon_i}{kT}\right)} \tag{4-9}$$

整理上式，可得到体系平均能量是配分函数 z 与温度 T 的函数关系式：

$$\overline{E} = f(z,T) = \frac{kT^2\left(\dfrac{\partial z}{\partial T}\right)_{V,N}}{z} \tag{4-10}$$

以下证明式（4-10）的正确性。

采用反证法。假设式（4-10）成立，体积 V 和微观粒子数量 N 恒定条件下，对配分函数求温度的偏导数：

$$\begin{aligned}\left(\frac{\partial z}{\partial T}\right)_{V,N} &= \sum \exp\left(-\frac{\varepsilon_j}{kT}\right) \cdot \left(-\frac{\varepsilon_j}{k}\right) \cdot \left(-\frac{1}{T^2}\right) \\ &= \frac{1}{kT^2}\sum \exp\left(-\frac{\varepsilon_j}{kT}\right) \cdot \varepsilon_j\end{aligned} \tag{4-11}$$

将式（4-11）代入式（4-10），得：

$$\begin{aligned}\overline{E} &= \frac{kT^2\left(\dfrac{\partial z}{\partial T}\right)_{V,N}}{z}\Bigg|_{\left(\frac{\partial z}{\partial T}\right)_{V,N}=\frac{1}{kT^2}\sum \exp\left(-\frac{\varepsilon_j}{kT}\right)\cdot\varepsilon_j} \\ &= \frac{kT^2 \dfrac{1}{kT^2}\sum \exp\left(-\dfrac{\varepsilon_j}{kT}\right) \cdot \varepsilon_j}{z} \\ &= \frac{\sum \exp\left(-\dfrac{\varepsilon_j}{kT}\right) \cdot \varepsilon_j}{z} \\ &= \text{式(4-9)}\end{aligned} \tag{4-12}$$

所以证得式（4-10）成立，证毕。

对于平均能量式（4-10），进一步推导得：

$$\begin{aligned}\overline{E} &= \frac{kT^2\left(\dfrac{\partial z}{\partial T}\right)_{V,N}}{z} \\ &= kT^2\left(\frac{\delta z}{z} \cdot \frac{1}{\partial T}\right)_{V,N} \\ &= kT^2\left(\frac{\partial \ln z}{\partial T}\right)_{V,N}\end{aligned} \tag{4-13}$$

注意：如果体系内的粒子数为 $N = N_A$ 时，则平均能量 $\overline{E}$ 就等同于 1mol 物质量体系的内能 U。

因此，将式（4-13）中的 $kT^2\left(\dfrac{\partial \ln z}{\partial T}\right)_{V,N}\bigg|_{N=N_A}$ 定义为内能 U，由此获得内能 U 与配分函数 z 之间的关系。

$$U = kT^2\left(\frac{\partial \ln z}{\partial T}\right)_{V,N_A} \tag{4-14}$$

4.2.2 体系的熵值 S

关于熵的统计力学公式，首先复习几个关于熵的概念。

4.2.2.1 混合熵

由宏观热力学给出的 n 种气体混合熵 ΔS_m 公式：

$$\Delta S_m = -k \sum_{i=1}^{n} x_i \ln x_i \tag{4-15}$$

式中，x_i 为 i 种气体的摩尔分数浓度。

将气体 N_2、O_2 分别装入两个气瓶中，在两瓶中间设一闸门（图 4-1）。在温度为 T、压力为 p 的条件下，若打开闸门，两气体将会发生自动混合的现象。

那么，这里要问 N_2 和 O_2 进行自动混合的驱动力是什么？理想气体间的相互作用力几乎为零，所以气体混合的推动力不可能来源于能量的重新分布，那么是来源于何处呢？实际上该驱动力是来源

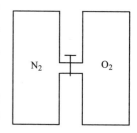

图 4-1　气体混合示意图

于体系熵的增加，或者说气体的体积膨胀导致熵增，熵增使得两种气体发生了自动混合现象（根据微观粒子平动能的计算式 $\varepsilon_t = \dfrac{h^2}{8mV^{2/3}}(n_1^2 + n_2^2 + n_3^2)$ 也可进行解释：因为体积膨胀必然导致平动能能量值下降，则体系趋于稳定）。根据基础物理化学知识，某种理想气体因体积膨胀导致熵增的公式为：

$$\Delta S = nR\ln \frac{V_2}{V_1} \tag{4-16}$$

式中，V_1 和 V_2 为该种气体膨胀前后的体积，m^3；n 为该种气体的摩尔数。

以下推导（4-16）熵增公式。

首先回顾第 1 章介绍过的热力学基本关系式。

A　内能

$$dU = TdS - pdV \tag{4-17}$$

因为体系的内能可视为是构成体系的粒子个数 N、熵 S 和体积 V 的函数，即 $U = U(N, S, V)$，当体系内粒子数 N 一定时，对内能 U 全微分，得：

$$dU(S,V) = \left(\frac{\partial U}{\partial S}\right)_{V,N} dS + \left(\frac{\partial U}{\partial V}\right)_{S,N} dV \tag{4-18}$$

由于式（4-17）与式（4-18）相等，所以有：

$$T = \left(\frac{\partial U}{\partial S}\right)_{V,N} \tag{4-19}$$

$$-p = \left(\frac{\partial U}{\partial V}\right)_{S,N} \tag{4-20}$$

B 焓

$$dH = TdS + Vdp \tag{4-21}$$

设焓 H 是粒子个数 N、熵 S 和压力（压强）p 的函数，即 $H = H(N, S, p)$，同理，当体系内粒子数 N 一定时，对焓 H 进行全微分，可得：

$$dH(S,p) = \left(\frac{\partial H}{\partial S}\right)_{p,N} dS + \left(\frac{\partial H}{\partial p}\right)_{S,N} dp \tag{4-22}$$

由式（4-21）与式（4-22）得：

$$T = \left(\frac{\partial H}{\partial S}\right)_{p,N} \tag{4-23}$$

$$V = \left(\frac{\partial H}{\partial p}\right)_{S,N} \tag{4-24}$$

C 自由能

同理，对于自由能 G，令 $G = G(N, T, p)$，进行全微分再与基本关系式比较，有：

$$-S = \left(\frac{\partial G}{\partial T}\right)_{p,N} \tag{4-25}$$

$$V = \left(\frac{\partial G}{\partial p}\right)_{T,N} \tag{4-26}$$

因为体系的内能 U 还可以认为是温度 T 与体积 V 的函数，对其进行全微分后与式（4-17）相等，所以有：

$$dU(T,V) = \left(\frac{\partial U}{\partial T}\right)_N dT + \left(\frac{\partial U}{\partial V}\right)_T dV = TdS - pdV \tag{4-27}$$

若在恒温条件下，因为 $dT = 0$，所以上式可改写为：

$$\left(\frac{\partial U}{\partial V}\right)_T dV = TdS - pdV \tag{4-28}$$

若假设气体是理想气体，因为理想气体内能只是温度 T 的函数，即：

$$\left(\frac{\partial U}{\partial V}\right)_T = 0 \tag{4-29}$$

代入式（4-28），得：

$$TdS - pdV = 0 \tag{4-30}$$

即：

$$dS = \frac{p}{T}dV \tag{4-31}$$

考虑到理想气体公式：

$$pV = nRT \tag{4-32}$$

代入式（4-31），得：

$$
\begin{aligned}
dS &= \frac{p}{T}dV \bigg|_{pV=nRT} \\
&= nR\frac{dV}{V} \\
&= nRd\ln V
\end{aligned}
\tag{4-33}
$$

对式（4-33）积分，得：

$$\Delta S = nR\int_{V_1}^{V_2}d\ln V = nR\ln\frac{V_2}{V_1} \tag{4-34}$$

式（4-16）证毕。

设恒温（$T = T_0$）、总压力不变（$p_{总} = $ 恒定），将 n_A mol 气体 A 和 n_B mol 气体 B 混合，则混合熵等于气体 A 和 B 由初始压力 $p_{总}$（相当于 p_1）变化到 p_A、p_B（相当于 p_2）时的熵变之和。因为对于 i 气体由压力变化产生的熵变为：

$$(\Delta S)_i = n_i R\ln\left(\frac{V_2}{V_1}\right)_i = n_i R\ln\left(\frac{p_1}{p_2}\right)_i \tag{4-35}$$

所以，根据熵的集合公式可得混合熵增公式为：

$$\Delta S_{n_A+n_B} = n_A R\ln\left(\frac{p_1}{p_2}\right)_A + n_B R\ln\left(\frac{p_1}{p_2}\right)_B \tag{4-36}$$

因为打开闸门后，体系总压力不变，即：

$$(p_1)_A = p_{总}、(p_2)_A = p_{总}\cdot x_A \tag{4-37}$$

$$(p_1)_B = p_{总}、(p_2)_B = p_{总}\cdot x_B \tag{4-38}$$

代入式（4-36），得：

$$\Delta S_{n_A+n_B} = n_A R\ln\frac{1}{x_A} + n_B R\ln\frac{1}{x_B} = -n_A R\ln x_A - n_B R\ln x_B \tag{4-39}$$

将式（4-39）两端同除以（n_A+n_B），得到单位摩尔量的熵变：

$$
\begin{aligned}
\Delta S &= -\frac{n_A}{n_A + n_B}R\ln x_A - \frac{n_B}{n_A + n_B}R\ln x_B \\
&= -x_A R\ln x_A - x_B R\ln x_B
\end{aligned}
\tag{4-40}
$$

若将 A、B 二元体系推广至多元体系，则得 1mol 气体的混合熵增计算式：

$$\Delta S = - R \sum_{i=1}^{n} x_i \ln x_i \tag{4-41}$$

4.2.2.2 混合概率

从无限多黑球与白球的箱子中随机取 N 个球，其中恰好是 B 个黑球和 $W(W=N-B)$ 个白球的概率计算方法在前述章节已经介绍过，这里要说明的是：对于指定的 B 个黑球与 W 个白球的组合相当于微观粒子出现在某能级上的概率密度 $P_{i(B,W)}$ ；而对于给定的 B 个黑球与 W 个白球的组合中存在多种不同的排列形式，相当于在同一能级上配分的粒子个数不变（能量不变），但粒子分布状态不相同的微观状态，该微观状态数目相当于该能级上的简并度 ω_i。

因为 $P_{i(B,W)}$ 为第 i 种黑白球组合（相当于第 i 能级）出现的概率密度，ω_i 为指定的组合中不同的排列方式（相当于同一能级上的简并度），则将 B 个黑球与 $W=N-B$ 白球放在一起的概率为 $P_{i(B,W)} \cdot \omega_i$。那么 $P_{i(B,W)}$ 的值和 ω_i 分别等于多少呢？

首先确定 ω_i 值。例如，取 3 个球（$N=3$），组合形式为 1 个黑球和 2 个白球，即 $B=1$，$W=2$，其排列方式 ω_i 可应用排列组合公式计算：

$$\omega_i = C_N^B = \frac{N!}{B!\ (N-B)!} \bigg|_{\substack{N=3 \\ B=1}} = \frac{3!}{1!\ (3-1)!} = 3 \tag{4-42}$$

采用枚举法，3 种排列方式是：BWW、WBW、WWB。

其次确定出现恰好是 B、W 组合（第 i 能级）的概率 $P_{i(B,W)}$ 值。因为任取第 1 个球为黑球的概率是 $\frac{1}{2}$，同样任取第 2 个球为黑球的概率也是 $\frac{1}{2}$。如此任意取下去，当任意取第 N 个球为黑球的概率仍然是 $\frac{1}{2}$，因此所取的 N 个球全部为黑球概率为 $P_i = \left(\frac{1}{2}\right)^N$，根据等概率原理：

$$P_{i(B,W)} \bigg|_{\substack{B=N \\ W=0}} = P_{i(B=N,0)} = \left(\frac{1}{2}\right)^N \tag{4-43}$$

所以，对于 B、W 组合（某 i 能级）出现的概率为：

$$P_{i(B,W)} \cdot \omega_i = \left(\frac{1}{2}\right)^N \cdot \frac{N!}{B!\ (N-B)!} \tag{4-44}$$

例 1：任取 10 个球（$N=10$），求出现黑球和白球各为 5 个的概率。如果取 100 个球（$N=100$），分别计算 100 个均为黑球的概率以及黑球和白球各为 50 个的概率。

解：对于 10 个球（$N=10$）的情况，根据计算公式：

$$P_{5,5} = \left(\frac{1}{2}\right)^N \cdot \frac{N!}{B! \ (N-B)!} \bigg|_{\substack{N=10 \\ B=5}}$$

$$= \left(\frac{1}{2}\right)^{10} \cdot \frac{10!}{5! \cdot 5!}$$

$$= 0.246(24.6\%)$$

同理计算 $N=100$，且 100 个均为黑球的概率为：

$$P_{(100,0)} = \left(\frac{1}{2}\right)^{100} \cdot \frac{100!}{100! \cdot (100-100)!} = \frac{1}{1.268 \times 10^{30}}$$

进而对于 $N=100$，黑球和白球各为 50 个的概率：

$$P_{(50,50)} = \left(\frac{1}{2}\right)^{100} \cdot \frac{100!}{50! \cdot 50!} = 99.9999964\%$$

说明：以上的阶乘计算采用公式 $x! = \left(\dfrac{x}{e}\right)^x$（关于 $x! = \left(\dfrac{x}{e}\right)^x$ 公式参见附录 3）。

可见，当取球的总数 N 较小的时候，黑、白球各占 50% 的占比不算太高，但随着取球数量的增加，黑、白球各占一半的比例显著升高。由本例可见，总数 N 为 10 个球时，黑、白球各 5 个的比例仅为 24.6%；而当 N 提高至 100 个球时，黑、白球各 50 个比例接近 100%。可以推断，对于 1mol 量（粒子个数 6.022×10^{23}）体系，该比例可视为 100%。

4.2.2.3 混合概率与熵的关系

因为气体混合是自发进行的，所以必然有：

无序混合状态的概率 $\gg$ 有序混合状态的概率

无序混合的熵 $>$ 有序混合的熵

关于体系的熵值计算，Boltzmann 提出了熵与微观状态平均概率的关系式：

$$S = -k\,\overline{\ln P} \tag{4-45}$$

式中，P 为微观状态概率值；k 为常数；$\overline{\ln P}$ 为 $\ln P_i$ 的平均值，$\overline{\ln P} = \sum P_i \ln P_i$。

以下证明式（4-45）中的 k 就是 Boltzmann 常数。

证明：

因为：

$$S = -k\,\overline{\ln P} = -k\sum_{i=1}^{w} P_i \ln P_i \tag{4-46}$$

式中，P_i 为第 i 种微观状态出现的概率；w 为排列方式数（相当于微观状态数）。

根据等概率原理，任一种微观状态出现的频度均为 $\dfrac{1}{w}$，代入式（4-46）得：

$$S = -k \sum_{i=1}^{w} \left(\frac{1}{w} \right) \left(\ln \frac{1}{w} \right)$$

$$= -k \left(\frac{1}{w} \ln \frac{1}{w} \right) \cdot w \qquad (4\text{-}47)$$

$$= k \ln w$$

现在考虑 0.5mol N_2 与 0.5mol O_2 混合，混合后 $x_{N_2} = x_{O_2} = \frac{1}{2}$，前已述及，混合前后的体系熵的变化依照计算公式，得：

$$\Delta S = -R \sum x_i \ln x_i = -R \left(\frac{1}{2} \ln \frac{1}{2} + \frac{1}{2} \ln \frac{1}{2} \right) = -R \ln \frac{1}{2} = R \ln 2 \qquad (4\text{-}48)$$

以下再次采用式（4-47）计算 0.5mol N_2 与 0.5mol O_2 混合熵值的变化。

首先推导式（4-47）中的 w 数值：

因为总摩尔数为 1mol，N_2 和 O_2 各占一半，所以 N_2 和 O_2 粒子数均为 $\frac{N_A}{2}$，则排列方式数：

$$w = C_{N_A}^{\frac{N_A}{2}} = \frac{N_A!}{\left(\frac{N_A}{2} \right)! \left[N_A - \left(\frac{N_A}{2} \right) \right]!} \qquad (4\text{-}49)$$

由 Stirling 公式（参见附录3）：

$$\ln x! = x \ln x - x \qquad (4\text{-}50)$$

得：

$$x! = \left(\frac{x}{e} \right)^x \qquad (4\text{-}51)$$

代入式（4-49），得：

$$w = \frac{\left(\frac{N_A}{e} \right)^{N_A}}{\left(\frac{N_A}{2e} \right)^{\frac{N_A}{2}} \left(\frac{N_A}{2e} \right)^{\frac{N_A}{2}}} = 2^{N_A} \qquad (4\text{-}52)$$

将 $w = 2^N \big|_{N=N_A}$ 代入计算体系熵值式（4-47），得：

$$S = k \ln 2^{N_A} = k N_A \ln 2 \qquad (4\text{-}53)$$

比较式（4-53）和式（4-48）可得：

$$k N_A = R \qquad (4\text{-}54)$$

所以，常数 k 的值为：

$$k = \frac{R}{N_A} = \text{Boltzmann 常数}$$

证毕。

因为：

$$S = -k \sum P_i \ln P_i \tag{4-55}$$

$$P_j = \frac{\exp\left(-\dfrac{\varepsilon_j}{kT}\right)}{\sum \exp\left(-\dfrac{\varepsilon_j}{kT}\right)} = \frac{\exp\left(-\dfrac{\varepsilon_j}{kT}\right)}{z} \tag{4-56}$$

上式两边取对数，得：

$$\ln P_j = -\frac{\varepsilon_j}{kT} - \ln z \tag{4-57}$$

将式（4-57）代入式（4-55），得体系的熵值 S：

$$\begin{aligned}
S &= -k \sum P_j \left(-\frac{\varepsilon_j}{kT} - \ln z\right) \\
&= k \sum \frac{P_j \varepsilon_j}{kT} + k \sum P_j \ln z \\
&= \frac{1}{T} \sum P_j \varepsilon_j + k \ln z \sum P_j
\end{aligned} \tag{4-58}$$

又因为全概率加和一定等于 1，即：

$$\sum P_j = 1 \tag{4-59}$$

所以：

$$\sum P_j \ln z = \ln z \sum P_j = \ln z \tag{4-60}$$

另外，根据独立子体系的性质：

$$\sum P_j \varepsilon_j = \overline{E} \tag{4-61}$$

若体系内没有其他形式的势能，则上式中的平均能量 $\overline{E}$ 就是体系的内能 U，即：

$$\overline{E} = U = \sum P_j \varepsilon_j \tag{4-62}$$

所以，由式（4-58）得到体系的熵值 S 与体系的内能 U 以及配分函数 z 之间的关系式：

$$S = \frac{\overline{E}}{T} + k \ln z = \frac{U}{T} + k \ln z \tag{4-63}$$

4.2.3 体系的功焓 A

以上讨论了体系的熵值计算式，本节讨论体系的功焓 A 与配分函数 z 的关系：

因为：

$$A = U - TS \tag{4-64}$$

将 $S = \dfrac{U}{T} + k \ln z$ 代入式（4-64），得到体系的功焓 A 为：

$$A = U - T\left(\frac{U}{T} + k\ln z\right) \tag{4-65}$$

$$= -kT\ln z$$

4.2.4 体系的压力（压强）p

关于体系的压强与配分函数值间的关系推导如下。首先对功焓式（4-64）进行全微分，得：

$$dA = dU - TdS - SdT \tag{4-66}$$

然后将 $dU = TdS - pdV$（参见 1.2 节）关系式代入上式，得：

$$dA = -pdV - SdT \tag{4-67}$$

所以，恒温条件下体系的压强 p 与配分函数 z 的关系为：

$$p = -\left(\frac{\partial A}{\partial V}\right)_T$$

$$= -\frac{\partial}{\partial V}(-kT\ln z) \tag{4-68}$$

$$= kT\left(\frac{\partial \ln z}{\partial V}\right)_T$$

4.2.5 体系的恒容热容 C_V

关于恒容热容 C_V 与配分函数的关系，推导如下：

根据恒容热容 C_V 的定义：

$$C_V = \left(\frac{\partial U}{\partial T}\right)_V \tag{4-69}$$

把内能 U 与配分函数的关系式（式（4-14）：$U = kT^2\left(\frac{\partial \ln z}{\partial T}\right)_V$）代入上式，并进行数学整理，得：

$$C_V = \left(\frac{\partial U}{\partial T}\right)_V \bigg|_{U = kT^2\left(\frac{\partial \ln z}{\partial T}\right)_V}$$

$$= 2kT\left(\frac{\partial \ln z}{\partial T}\right)_V + kT^2\frac{\partial^2 \ln z}{\partial T^2} \tag{4-70}$$

4.2.6 小结

以上详细讨论了体系各种宏观热力学性质与微观粒子配分函数之间的内在关系，将相应的宏观热力学性质计算式汇总示于表 4-1。

注意：以上推导均是默认微观粒子为定域子。若微观粒子是离域子，由于离域经典子的微观状态数（式（3-18））比定域子的微观状态数（式（3-10））多个 $\frac{1}{N!}$ 因子，所以由配分函数计算热力学参数（如熵

S、功焓 A、Gibbs 自由能 G）的表达式有所不同，相差一个常数项，但是对于内能 U、压强 p、焓 H、恒容热容 C_V 等的计算式无论是定域子还是离域子都是相同的，这是因为计算内能 U、焓 H 等参数时，因子 $\dfrac{1}{N!}$ 对微分结果不产生影响，所以两者表达式相同。

为了便于比较，离域子的热力学参数与配分函数的关系式也列于表 4-1 中。关于离域子计算后述章节中会给出相应的说明，尤其是关于离域子体系的熵值等热力学参数计算式的详细推导参见后述 4.5.2 节。

表 4-1　宏观热力学性质与微观配分函数之间的内在关系

函数	热力学公式	统计热力学公式	
		定域子	离域子
A	$U-TS$	$-kT\ln z$	$-kT\ln\dfrac{z\cdot e}{N_A}$
p	$-\left(\dfrac{\partial A}{\partial V}\right)_T$	$kT\left(\dfrac{\partial\ln z}{\partial V}\right)_T$	同定域子
S	$-\left(\dfrac{\partial A}{\partial T}\right)_V$	$\dfrac{U}{T}+k\ln z = k\ln z + kT\left(\dfrac{\partial\ln z}{\partial T}\right)_V$	$\dfrac{U}{T}+k\ln\dfrac{z\cdot e}{N_A}$
U	$A+TS$	$kT^2\left(\dfrac{\partial\ln z}{\partial T}\right)_V$	同定域子
C_V	$\left(\dfrac{\partial U}{\partial T}\right)_V$	$2kT\left(\dfrac{\partial\ln z}{\partial T}\right)_V+kT^2\left(\dfrac{\partial^2\ln z}{\partial T^2}\right)_V$	同定域子
H	$U+pV$	$kT\left[\left(\dfrac{\partial\ln z}{\partial\ln T}\right)_V+\left(\dfrac{\partial\ln z}{\partial\ln V}\right)_T\right]$	同定域子
G	$A+pV$	$kT\left[V\left(\dfrac{\partial\ln z}{\partial V}\right)_T-\ln z\right]=-kT\ln z$	$kT\left[V\left(\dfrac{\partial\ln z}{\partial V}\right)_T-\ln\dfrac{z\cdot e}{N_A}\right]$

—— 4.3　无相互作用的微观粒子配分函数 ——

从上节分析可知，若已知体系微观粒子的配分函数 z 就可以获得一系列宏观热力学参数，但是体系微观粒子的配分函数 z 如何获得呢？

体系中微观粒子之间存在一定的相互作用，有的较强，有的较弱。目前只能获得一些相互作用较弱体系微观粒子的配分函数，而对于粒子间存在较强相互作用体系微观粒子的配分函数尚无法获得。

本节将讨论无相互作用或相互作用可被忽略条件下的体系微观粒子配分函数问题。

4.3.1　理想气体的配分函数

一般认为，理想气体分子（粒子）之间的作用是可以忽略的，认为气体微观粒子间无相互作用。

设体系总能量 E 有多种能量赋存形式：

$$E = \varepsilon_a + \varepsilon_b + \varepsilon_c \cdots + \varepsilon_W \tag{4-71}$$

式中，脚标 a、b、c、…、W 代表有 W 种的能量赋存形式，如平动能量、转动能量、振动能量等赋存形式。

注意：依据粒子的内部构造不同，粒子的内部振动可能有多种模式（如 CO_2 有 4 种振动模式），因此不同种的振动模式都视为是不同的能量赋存形式。

由于携带 ε_a、ε_b、…、以及 ε_W 任何一种能量形式的粒子都服从玻耳兹曼分布定律，所以无论对于具有 ε_a 能量形式还是具有 ε_b 能量形式的粒子群，其配分函数均可写成：

$$z_a = \sum_i \exp\left(-\frac{\varepsilon_{ai}}{kT}\right) \tag{4-72}$$

$$z_b = \sum_i \exp\left(-\frac{\varepsilon_{bi}}{kT}\right) \tag{4-73}$$

$$\vdots$$

$$z_W = \sum_i \exp\left(-\frac{\varepsilon_{Wi}}{kT}\right) \tag{4-74}$$

以上是针对某种能量形式的配分函数，若第 i 个粒子同时具有 W 种能量赋存形式，则该粒子的总配分函数 $z_{i,\text{tot}}$ 计算式为：

$$z_{i,\text{tot}} = z_a \cdot z_b \cdot z_c \cdots z_j \cdots z_W$$
$$= \prod_{j=1}^{W} z_j \tag{4-75}$$

以下验证式（4-75）的合理性。

简便起见，假设某 i 粒子只有 a、b 两种能量形式，每种能量形式均拥有无穷多个能级，令每种能量组合后的总能量为 $E_{pq} = \varepsilon_{ap} + \varepsilon_{bq}$，则该体系的能量组合总数有：

$$E_{11} = \varepsilon_{a1} + \varepsilon_{b1} \quad E_{12} = \varepsilon_{a1} + \varepsilon_{b2} \quad \cdots \quad E_{1\infty} = \varepsilon_{a1} + \varepsilon_{b\infty}$$

$$E_{21} = \varepsilon_{a2} + \varepsilon_{b1} \quad E_{22} = \varepsilon_{a2} + \varepsilon_{b2} \quad \cdots \quad E_{2\infty} = \varepsilon_{a2} + \varepsilon_{b\infty}$$

$$\vdots$$

$$E_{\infty 1} = \varepsilon_{a\infty} + \varepsilon_{b1} \quad E_{\infty 2} = \varepsilon_{a\infty} + \varepsilon_{b2} \quad \cdots \quad E_{\infty\infty} = \varepsilon_{a\infty} + \varepsilon_{b\infty}$$

对于两种能量形式体系，该粒子的总配分函数 $z_{i,\text{tot}}$ 为：

$$z_{i,\text{tot}} = \sum_{p=1}^{\infty} \left[\sum_{q=1}^{\infty} \exp\left(-\frac{E_{pq}}{kT} \right) \right]$$

$$= \sum_{p=1}^{\infty} \left[\sum_{q=1}^{\infty} \exp\left(-\frac{\varepsilon_{ap} + \varepsilon_{bq}}{kT} \right) \right]$$

$$= \sum_{p=1}^{\infty} \sum_{q=1}^{\infty} \left[\exp\left(-\frac{\varepsilon_{ap}}{kT} \right) \exp\left(-\frac{\varepsilon_{bq}}{kT} \right) \right]$$

$$= \sum_{p=1}^{\infty} \left[\exp\left(-\frac{\varepsilon_{ap}}{kT} \right) \sum_{q=1}^{\infty} \exp\left(-\frac{\varepsilon_{bq}}{kT} \right) \right] \quad (4\text{-}76)$$

$$= \sum_{p=1}^{\infty} \left[\exp\left(-\frac{\varepsilon_{ap}}{kT} \right) z_b \right]$$

$$= z_b \sum_{p=1}^{\infty} \left[\exp\left(-\frac{\varepsilon_{ap}}{kT} \right) \right]$$

$$= z_b z_a$$

所以，得：

$$z_{i,\text{tot}} = z_a z_b \quad (4\text{-}77)$$

同理，若体系中拥有 W 种能量类型，则式（4-77）就可写为式（4-75）的形式。

证毕。

由于体系是由多个粒子构成的，若所有粒子的总配分函数 $z_{i,\text{tot}}$ 均相等，即：

$$z_{1,\text{tot}} = z_{2,\text{tot}} = \cdots = z_{i,\text{tot}} = \cdots = z \quad (4\text{-}78)$$

则对 N 个粒子构成的体系总配分函数 z_{tot} 应为：

$$z_{\text{tot}} = z_{i,\text{tot}}^N = \left(\prod_{j=1}^{W} z_j \right)^N \quad (4\text{-}79)$$

注意 1：式（4-79）中的 z_j 是体系中某一个粒子（如第 i 个粒子）对应第 j 种能量赋存形式的配分函数。同时也要注意 $z_{i,\text{tot}}$ 与 z_{tot} 记号的区别：$z_{i,\text{tot}}$ 表示的是第 i 个粒子具有的总配分函数；而 z_{tot} 表示的是由 N 个粒子构成的体系具有的总配分函数。

注意 2：考虑到 N 个粒子可形成 $N!$ 种排列的不同微观状态，但如果粒子是"不可分辨"的离域子，实际的总配分函数 Z_T 应比式（4-79）给出的 N 个粒子构成的体系总配分函数 z_{tot} 小 $N!$ 倍，所以对于离域子体系的总配分函数 Z_T 应写为：

$$Z_T = \frac{1}{N!} z_{\text{tot}} = \frac{1}{N!} \left(\prod_i z_i \right)^N \quad (4\text{-}80)$$

注意：配分函数记号使用大写或小写的区别，如 Z_T、z_{tot} 的含义是不同的，前者是离域子体系的总配分函数，后者是定域子体系的总配分函数。

以下讨论具体的不可分辨离域子总配分函数 Z_T 计算方法。

由于微观粒子的平动、转动、振动以及电子跃迁等形式的能量对应的配分函数 $z_i(i=a、b、\cdots、W)$ 均不相同，所以须根据能量赋存形式分别进行讨论。

4.3.2 理想气体的平动配分函数

因为微观粒子在一维空间运动的平动能量 ε_t 为：

$$\varepsilon_t\big|_{\text{一维空间}} = \frac{h^2}{8ma^2}n^2 \tag{4-81}$$

式中，a 为一维空间（一维势阱）的宽度。

所以平动配分函数为：

$$z_t\big|_{\text{一维空间}} = z_{t,x}$$

$$= \sum_i \exp\left(-\frac{\varepsilon_i}{kT}\right)\bigg|_{\varepsilon_i=\varepsilon_t=\frac{h^2i^2}{8ma^2}} \tag{4-82}$$

$$= \sum_i \exp\left(-\frac{h^2i^2}{8ma^2kT}\right)$$

注意：式中的 i 是量子数，由于习惯上把量子数记为 n，所以以下改用记号 n。

前已述及，平动能的能级差很小，所以能量可视为连续变化，利用积分公式 $\left(\int_0^\infty \exp(-bx^2)\,\mathrm{d}x = \sqrt{\dfrac{\pi}{4b}}\right)$，得：

$$z_{t,x} = \int_0^\infty \exp\left(-\frac{h^2n^2}{8ma^2kT}\right)\mathrm{d}n$$

$$= \sqrt{\frac{2ma^2kT\pi}{h^2}} = \frac{a}{h}\sqrt{2\pi mkT} \tag{4-83}$$

将一维空间扩展至三维空间，对于边长分别为 a、b、c 立方体的三维空间，其平动配分函数 z_t 为：

$$z_t = z_{t,x} \cdot z_{t,y} \cdot z_{t,z} = (2\pi mkT)^{\frac{3}{2}} \cdot \frac{abc}{h^3} \tag{4-84}$$

因为 $abc = V$，尤其当边长均为 a 时，则 $V = a^3$。所以式（4-84）通常写成：

$$z_t = z_{t,x} \cdot z_{t,y} \cdot z_{t,z} = (2\pi mkT)^{\frac{3}{2}} \cdot \frac{V}{h^3} \tag{4-85}$$

进而考虑到体系拥有 L 个不可分辨的微观粒子，所以体系的总配分函数为：

$$Z_t = \frac{1}{L!}z_t^L = \frac{1}{L!}\left[(2\pi mkT)^{\frac{3}{2}} \cdot \frac{V}{h^3}\right]^L \tag{4-86}$$

式（4-86）就是由 L 个只有平动能量赋存形式的不可分辨微观粒子所

构成的体系平动总配分函数 Z_t 的表达式。

4.3.3 单原子气体热力学性质的计算

本节以计算单原子气体的内能和熵值为例，介绍配分函数的应用。

周知：惰性气体、Hg 蒸气、处于离解状态的双原子分子气体均可视为单原子气体，在较低压力（压强）和常温条件下，单原子分子（粒子）能量的赋存形式没有转动和振动的能量赋存形式，也不会有电子跃迁的能量赋存形式，只有平动能量赋存形式。

首先计算单原子分子的内能，因为体系的总配分函数：

$$Z_t = \frac{1}{L!}\left[(2\pi mkT)^{\frac{3}{2}} \cdot \frac{V}{h^3} \right]^L \tag{4-87}$$

对总配分函数式（4-87）两边取对数，得：

$$\ln Z_t = \ln\frac{1}{L!} + L\ln\left[(2\pi mkT)^{\frac{3}{2}} \cdot \frac{V}{h^3} \right] \tag{4-88}$$

以下用总配分函数 Z_t 计算体系的宏观热力学性质。

4.3.3.1 单原子分子体系的内能 U

前已导出体系内能与配分函数的关系为：

$$U = kT^2\left(\frac{\partial \ln Z}{\partial T}\right)_V \tag{4-89}$$

因为是单原子分子，上式中的配分函数 Z 就是平动总配分函数，因此将式（4-88）的 $\ln Z_t$ 代入上式，得到由 L 个微观粒子（单原子分子）构成、体积为 V 的单原子分子体系的内能 U 为：

$$\begin{aligned}
U &= kT^2\left(\frac{\partial \ln Z}{\partial T}\right)_V \Bigg|_{\ln Z = \ln Z_t = \ln\frac{1}{L!} + L\ln\left[(2\pi mkT)^{\frac{3}{2}} \cdot \frac{V}{h^3}\right]} \\
&= kT^2 \frac{\partial}{\partial T}\left\{\ln\frac{1}{L!} + L\ln\left[(2\pi mkT)^{\frac{3}{2}} \cdot \frac{V}{h^3} \right] \right\} \\
&= kT^2 L \frac{h^3}{(2\pi mkT)^{\frac{3}{2}}V} \cdot \frac{V}{h^3}(2\pi mk)^{\frac{3}{2}} \cdot \frac{3}{2}T^{\frac{1}{2}} \\
&= \frac{3}{2}kTL
\end{aligned} \tag{4-90}$$

当粒子数 L 刚好是 1mol 的量时，$L = N_A$，因此有：

$$U = \frac{3}{2}N_A kT = \frac{3}{2}RT \tag{4-91}$$

上式就是通过配分函数推导出的单原子分子 1mol 量体系的内能计算式。可见该式也与经典力学统计得到的单原子分子气体内能计算式完全相同。另外，在 $L=1$ 的极端情况下，式（4-90）可写为：

$$U = \frac{3}{2}kT = \overline{E} \qquad (4\text{-}92)$$

上式与由量子力学分析得到的 1 个单原子分子拥有的平均能量（内能）表达式也完全一致。

4.3.3.2　单原子分子体系的熵 S

同理，应用前已导出的体系熵值与配分函数之间的关系式：

$$S = k\ln Z + kT\left(\frac{\partial \ln Z}{\partial T}\right)_V \qquad (4\text{-}93)$$

将单原子分子的平动总配分函数 Z_t 代入上式替代 Z，即可得到体系的熵值，但因为 $\ln Z_t = \ln\frac{1}{L!} + L\ln\frac{(2\pi mkT)^{\frac{3}{2}}V}{h^3}$ 存在 $L!$ 项，所以应用 Stirling 公式，得：

$$\begin{aligned}
\ln Z_t &= -\ln\left(\frac{L}{e}\right)^L + L\ln\frac{(2\pi mkT)^{\frac{3}{2}}V}{h^3} \\
&= L\ln\left[\frac{(2\pi mkT)^{\frac{3}{2}}Ve}{h^3 \cdot L}\right]
\end{aligned} \qquad (4\text{-}94)$$

又由于：

$$\begin{aligned}
\left.\frac{\partial \ln Z}{\partial T}\right|_{Z=Z_t} &= \frac{\partial}{\partial T}\left\{\ln\frac{1}{L!} + L\ln\left[(2\pi mkT)^{\frac{3}{2}} \cdot \frac{V}{h^3}\right]\right\} \\
&= L\frac{h^3}{(2\pi mkT)^{\frac{3}{2}} \cdot V} \cdot (2\pi mk)^{\frac{3}{2}}\frac{V}{h^3} \cdot \frac{3}{2}T^{\frac{1}{2}} \qquad (4\text{-}95) \\
&= \frac{3L}{2T}
\end{aligned}$$

将式（4-94）和式（4-95）代入式（4-93），得体系的熵值为：

$$\begin{aligned}
S &= kL\ln\frac{(2\pi mkT)^{\frac{3}{2}}Ve}{h^3 \cdot L} + kT\frac{3L}{2T} \\
&= kL\ln\frac{(2\pi mkT)^{\frac{3}{2}}Ve}{h^3 \cdot L} + \frac{3}{2}kL
\end{aligned} \qquad (4\text{-}96)$$

当 $L = N_A$ 时，有：

$$\begin{aligned}
S &= R\ln\frac{(2\pi mkT)^{\frac{3}{2}}Ve}{h^3 \cdot N_A} + \frac{3}{2}R \\
&= R\ln\frac{(2\pi mkT)^{\frac{3}{2}}Ve^{\frac{5}{2}}}{h^3 \cdot N_A} \\
&= R\ln\frac{(2\pi mkT)^{\frac{3}{2}}V}{h^3 \cdot N_A} + \frac{5}{2}R
\end{aligned} \qquad (4\text{-}97)$$

因此，若已知单原子分子气体质量 m、占据空间体积 V 和温度 T 等参数，就可以由式（4-97）计算体系的熵值。实际上式（4-97）就是 Sackur-Tetrode（**沙克尔-特鲁德**）方程。

例 2：计算 $T = 298\text{K}$、$p = 101325\text{Pa}$ 条件下，惰性气体 He、Ne、Ar、Kr、Xe、Rn 的摩尔熵值。

解：已知 $R = 8.314\text{J}/(\text{K}\cdot\text{mol})$，$N_A = 6.022\times10^{23}\text{mol}^{-1}$，$V = 22.4\times10^{-3}$ m^3/mol，$h = 6.63\times10^{-34}\text{J}\cdot\text{s}$，$k = 1.38\times10^{-23}\text{J}/\text{K}$，各种惰性气体单个分子质量 $m(\text{kg})$ 为：

$$m = \frac{M}{N_A} \tag{4-98}$$

式中，M 为某惰性气体的分子量，kg/mol。

应用 Sackur-Tetrode 方程：

$$S = R\ln\frac{(2\pi mkT)^{\frac{3}{2}}Ve^{\frac{5}{2}}}{h^3\cdot N_A} \tag{4-99}$$

$\begin{aligned} &R = 8.314\text{J}/(\text{K}\cdot\text{mol}) \\ &k = 1.38\times10^{-23}\text{J}/\text{K} \\ &T = 298\text{K} \\ &V = 22.4\times10^{-3}\text{m}^3/\text{mol} \\ &h = 6.63\times10^{-34}\text{J}\cdot\text{s} \\ &N_A = 6.022\times10^{23}\text{mol}^{-1} \\ &m = \frac{M}{N_A}\text{kg} \end{aligned}$

$$= 194.1 + \frac{3}{2}R\ln M$$

计算结果和实测结果列于表 4-2。

表 4-2　计算与实测的惰性气体摩尔熵值对照表（$T = 298\text{K}$）

项　目	惰性气体					
	He	Ne	Ar	Kr	Xe	Rn
分子量 $M/\text{kg}\cdot\text{mol}^{-1}$	4.0×10^{-3}	20.18×10^{-3}	39.95×10^{-3}	83.8×10^{-3}	131.3×10^{-3}	222×10^{-3}
S 计算值$/\text{J}\cdot(\text{K}\cdot\text{mol})^{-1}$	125.2	145.4	153.9	163.2	168.8	175.3
S 实测值$/\text{J}\cdot(\text{K}\cdot\text{mol})^{-1}$	—	—	154.6	—	—	—
Barin 数据$/\text{J}\cdot(\text{K}\cdot\text{mol})^{-1}$	126.1	146.3	154.8	164.1	169.7	176.2

由表可见：

（1）各种气体熵的计算值与实测值和 **Barin** 给出的数据基本一致，尤其是惰性气体 Ar 计算值和实测值两者的相对误差仅为 0.45%，说明由配分函数计算的熵值精度很高。

（2）随着气体分子量的增加，摩尔熵值呈增加趋势。其原因在于：根据微观粒子平动能数学表达式 $\varepsilon_t = \dfrac{h^2}{8ma^2}n^2$，随粒子质量 m 增加，平动能

▶ 人物录 24.

沙克尔

奥托·沙克尔（Otto Sackur，1880～1914 年），德国物理化学家。

▶ 人物录 25.

特鲁德

特鲁德（Hugo Martin Tetrode，1895～1931 年），荷兰物理学家，出生于范德斯特拉特。

1912 年两人各自独立发现了著名的 Sackur-Tetrode 方程。1915 年特鲁德在荷兰皇家科学院院报（Koninklijke Nederlandse Akademie van Wetenschappen）发表了一篇长论文，进一步阐述了对"化学常数"的看法。

绝对值下降，导致可能分布的能级数增加，即微观状态数 ω 增加，因为体系的熵值 $S = k\ln\omega$。所以若其他条件不变，粒子质量增大必然导致体系的熵值增加。

对于大量的非单原子分子（非单一质点构成的微观粒子）的复杂粒子来说，可将整个微观粒子视为只有几何位置的质点，然后可以按单原子分子平动的计算方法计算复杂微观粒子的平动配分函数及相关的体系热力学性质参数。

例3：对于 F_2 双原子分子气体，计算 101325Pa 压力、298K 温度条件下 F_2 气体的平动配分函数及 F_2 气体分子平动对 1mol 量体系的内能和熵值的贡献。

解：根据平动的配分函数：

$$Z_t = \frac{1}{L!}\left[(2\pi mkT)^{\frac{3}{2}} \cdot \frac{V}{h^3}\right]^L \qquad (4\text{-}100)$$

取对数，得：

$$\ln Z_t = L\ln\left[(2\pi mkT)^{\frac{3}{2}} \cdot \frac{V e}{h^3 L}\right] \qquad (4\text{-}101)$$

因为是针对 1mol 的 F_2 气体，所以 $L = N_A$，将 F_2 气体视为理想气体，则由气体状态方程知，此时 1mol 的 F_2 气体体积为：

$$V = \left.\frac{nRT}{p}\right|_{\substack{n=1\text{mol} \\ T=298\text{K} \\ p=p^{\ominus}=101325\text{Pa}}} = 2.45 \times 10^{-2}\,\text{m}^3 \qquad (4\text{-}102)$$

因为 F_2 分子的质量 m 为：

$$m = \left.\frac{M_{F_2}}{N_A}\right|_{\substack{M_{F_2}=38\times10^{-3}\text{kg/mol} \\ N_A=6.022\times10^{23}\text{mol}^{-1}}} = 6.31 \times 10^{-26}\,\text{kg} \qquad (4\text{-}103)$$

将体积 V 和单个 F_2 分子质量 m 代入式（4-101），得：

$$\ln Z_t = \left.L\ln\left[(2\pi mkT)^{\frac{3}{2}} \cdot \frac{V e}{h^3 L}\right]\right|_{\substack{L=N_A \\ m=6.31\times10^{-26}\text{kg} \\ T=298\text{K} \\ V=2.45\times10^{-2}\text{m}^3 \\ e=2.71828}} = 1.026 \times 10^{25}$$

$$(4\text{-}104)$$

进而计算 F_2 双原子分子平动对体系的内能 U_t 和熵值 S_t 的贡献：

▶ 人物录 26.

巴伦

伊赫桑·巴伦（Ihsan Barin），热化学及过程工程教授，在材料科学、化工、物理和天文、地球和行星科学、化学和能源领域颇有建树。1995 年出版专著《纯物质的热化学数据手册》，包含了大量的化合物热力学数据，是重要的基础数据参考书，备受赞誉，被评为"最广泛的数据集之一"。

$$U_t = kT^2 \left(\frac{\partial \ln Z_t}{\partial T} \right)$$

$$= kT^2 \left(\frac{3L}{2T} \right) \Bigg|_{L=N_A}$$

$$= \frac{3}{2} RT \Bigg|_{T=298K}$$

$$= 3716 J/mol$$

$$S_t = R\ln \frac{(2\pi mkT)^{\frac{3}{2}} Ve^{\frac{5}{2}}}{h^3 \cdot N_A} \Bigg|_{\substack{m=6.31\times10^{-26}kg \\ T=298K \\ V_m=2.45\times10^{-2}m^3/mol \\ e=2.71828 \\ N_A=6.022\times10^{23}mol^{-1}}} = 154.1 J/(K \cdot mol)$$

Barin 给出的 298K 温度条件下 F_2 气体摩尔熵值为 202.8J/（K·mol），与上述计算值存在一定的差异，暗示 298K 温度条件下 F_2 气体除了平动能量赋存形式外还应具有其他的能量赋存形式。

4.3.4 考虑内部运动的粒子配分函数

作为粒子的平动只是涉及粒子的整体运动，没有考虑粒子内部运动状况。但是，能够忽略内部运动的只有单质点构成的微观粒子，如单原子分子。而对于非单质点构成的粒子，由于粒子内部存在转动、振动等运动形式，此时在进行热力学参数计算时必须考虑粒子内部运动形式的能量贡献或者说粒子内部运动对配分函数的影响。

除了平动能，微观粒子携带的其他形式能量均属于内部能量。一般情况下，粒子内部运动包含：粒子的转动、构成微观粒子的多个质点在各自平衡位置附近的振动，以及电子跃迁等形式，因此微观粒子的内部能量 $\varepsilon_{内部}$ 可写为：

$$\varepsilon_{内部} = \varepsilon_{转动} + \varepsilon_{振动} + \varepsilon_{电子跃迁} \tag{4-105}$$

由于存在多种能量赋存形式，所以每种能量赋存形式都对应着各自的配分函数：$z_{转动}$、$z_{振动}$ 和 $z_{电子跃迁}$，分别记为 z_r、z_v 和 z_e。由式（4-105）可知粒子内部能量是加和关系，因此粒子内部配分函数 $z_{内部}$ 等于各种内部运动配分函数的乘积（参见式（4-75）），即：

$$z_{内部} = z_r \cdot z_v \cdot z_e \tag{4-106}$$

那么，如何给出每种内部运动形式对应的配分函数表达式呢？以下分别讨论。

4.3.4.1 转动配分函数

为了减少其他因素影响，假设微观粒子内部没有振动现象，即把微观粒子视为刚性分子，依照由量子力学导出的转动能量公式：

$$\varepsilon_r = J(J+1) \cdot \frac{h^2}{8\pi^2 I} \qquad (J = 0,1,2,\cdots) \qquad (4\text{-}107)$$

将转动能量 ε_r 代入配分函数的定义式中，得到微观粒子内部转动形式的配分函数表达式为：

$$z_r = \sum_i \omega_i \exp\left(-\frac{\varepsilon_{ri}}{kT}\right) \qquad (4\text{-}108)$$

式中，ω_i 为转动能量形式在第 i 能级上的简并度。

$$\omega_i = (2i+1) \qquad (4\text{-}109)$$

注意：i 为转动量子数，$i=0$，1，2，$\cdots$，相当于式（4-107）中的 J。
ε_{ri} 为转动能量形式在第 i 能级上的能量，J。

$$\varepsilon_{ri} = \frac{i(i+1)h^2}{8\pi^2 I} \qquad (4\text{-}110)$$

把简并度式（4-109）和转动能式（4-110）代入式（4-108），得：

$$z_r = \sum_i (2i+1)\exp\left(-\frac{\varepsilon_{ri}}{kT}\right)$$
$$= \sum_i (2i+1)\exp\left[-\frac{i(i+1)h^2}{8\pi^2 IkT}\right] \qquad (4\text{-}111)$$

定义转动特征温度 Θ_r：

$$\Theta_r = \frac{h^2}{8\pi^2 Ik} \qquad (4\text{-}112)$$

因此，转动配分函数 z_r 可写为：

$$z_r = \sum_i (2i+1)\exp\left[-i(i+1)\frac{\Theta_r}{T}\right] \qquad (4\text{-}113)$$

若视转动在各能级上的能量变化是连续的，或者在温度较高的条件下转动能量级差 $\Delta\varepsilon$ 较小时（$\Delta\varepsilon \ll kT$），也可将转动能级上的能量变化视为连续函数，可将式（4-111）的连加（$\sum_i$）视为连续函数的积分，得：

$$z_r = \int_0^\infty (2i+1)\exp\left[-\frac{i(i+1)h^2}{8\pi^2 IkT}\right]\mathrm{d}i$$
$$= \int_0^\infty \exp\left[-\frac{i(i+1)h^2}{8\pi^2 IkT}\right]\mathrm{d}(i^2+i)$$
$$= -\frac{8\pi^2 IkT}{h^2}\exp\left[-\frac{i(i+1)h^2}{8\pi^2 IkT}\right]\Big|_0^\infty \qquad (4\text{-}114)$$
$$= \frac{8\pi^2 IkT}{h^2}$$

这里引入一个新的概念：对称数 σ。所谓对称数是由多质点构成的分子围绕轴心转动一周（360°）出现的复原次数。对于异质点双原子分子需在完成一周转动时才能复原，因此异质点双原子分子的对称数为 1，而对于同质点双原子分子每旋转 180° 就可以复原一次，因此同质点双原子分子的对称数为 2。即：

$$\sigma = \begin{cases} 1 & \text{异质点分子} \\ 2 & \text{同质点分子} \end{cases}$$

注意：有时也把"同质点分子"称为"同核分子"、把"异质点分子"称为"异核分子"。

因为存在对称数的影响，所以转动配分函数应扣除重复计算部分。若将对称数 σ 引入到微观粒子内部转动配分函数表达式中，则式（4-114）可改写为：

$$z_r = \frac{8\pi^2 IkT}{\sigma h^2} \tag{4-115}$$

与平动类似，若体系内有 L 个微观粒子，则体系的转动总配分函数 Z_r 为：

$$\begin{aligned} Z_r &= z_r^L \\ &= \left(\frac{8\pi^2 IkT}{\sigma h^2} \right)^L \end{aligned} \tag{4-116}$$

注意：式（4-116）与前述的平动总配分函数表达式式（4-86）不同，不存在 $\dfrac{1}{N!}$ 因子，这是因为转动属于内部能量形式，不涉及粒子排列的问题。

以下探讨转动对体系的内能 U 和熵值 S 的贡献。

对于刚性线型分子，单个粒子的内部运动的转动形式对体系内能 U 的贡献为：

$$\begin{aligned} U_r &= kT^2 \left(\frac{\partial \ln Z}{\partial T} \right)_r \bigg|_{Z=z_r} \\ &= kT^2 \left(\frac{\partial \ln z_r}{\partial T} \right)_r \end{aligned} \tag{4-117}$$

当 $L = N_A$ 时，转动形式的内能 $U_r |_{1\text{mol}}$ 为：

$$\begin{aligned} U_r |_{1\text{mol}} &= N_A U_r = k N_A T^2 \left(\frac{\partial \ln z_r}{\partial T} \right)_r \\ &= RT^2 \left(\frac{\partial \ln \frac{8\pi^2 IkT}{\sigma h^2}}{\partial T} \right)_r \\ &= \frac{2}{2} RT \end{aligned} \tag{4-118}$$

上述结果与经典力学中质点为线型排列的 1mol 粒子拥有的转动能量表达式一致。

L 个（令 $L = N_A$）刚性线型分子的内部转动形式对体系的熵值贡献为：

$$S_r = L\left(k\ln Z_r + \frac{U_r}{T}\right)\Bigg|_{\substack{Z_r = \left(\frac{8\pi^2 IkT}{\sigma h^2}\right)^L \\ U_r = kT \\ L = N_A}} \qquad (4\text{-}119)$$

$$= R\ln\frac{8\pi^2 IkT}{\sigma h^2} + R$$

上式就是由配分函数导出的体系由粒子内部运动形式之一——转动运动形式对 1mol 量体系的熵值贡献计算式。

例 4：计算 298K 温度条件下，气体 F_2 内部转动对 1mol 体系熵值的贡献。（已知 F_2 的转动惯量 $I = 32.5 \times 10^{-47} kg \cdot m^2$）

解：因为已知 F_2 的转动惯量 I 为：

$$I = 32.5 \times 10^{-47} kg \cdot m$$

代入转动配分函数 z_r 表达式中，得：

$$z_r = \left(\frac{8\pi^2 IkT}{\sigma h^2}\right)\Bigg|_{\substack{I = 32.5 \times 10^{-47} kg \cdot m^2 \\ k = 1.38 \times 10^{-23} J/K \\ T = 298K \\ \sigma = 2(同质点粒子) \\ h = 6.63 \times 10^{-34} J \cdot s}}$$

$$= 120$$

把 z_r 值代入式（4-119），得到粒子的内部转动对 1mol 体系熵值的贡献为：

$$S_r = k\ln(z_r)^L + \frac{U_r}{T}\Bigg|_{\substack{Z_r = 120 \\ L = N_A \\ U_r = RT}}$$

$$= 8.314\ln(120) + 8.314$$

$$= 48.1 J/(K \cdot mol)$$

对于刚性非线型粒子，因为非线型粒子在三维空间上均有转动，其转动配分函数表达式为：

$$z_r = \frac{\sqrt{\pi}}{\sigma}\left(\frac{8\pi^2 I_x kT}{h^2}\right)^{\frac{1}{2}}\left(\frac{8\pi^2 I_y kT}{h^2}\right)^{\frac{1}{2}}\left(\frac{8\pi^2 I_z kT}{h^2}\right)^{\frac{1}{2}} = \frac{8\pi^2}{\sigma h^3}(8\pi^3 I_x I_y I_z)^{\frac{1}{2}}(kT)^{\frac{3}{2}}$$

$$(4\text{-}120)$$

式中，I_x、I_y、I_z 分别为围绕 x 轴、y 轴、z 轴的转动惯量。

若球形对称，则 $I_x = I_y = I_z$；

若某一个轴不对称，如 z 轴方向的转动惯量不同于 x 轴和 y 轴，则 $I_x = I_y \neq I_z$。

因此，若已知微观粒子的对称数 σ，且能获得三个维度上的转动惯量 I_x、I_y、I_z，就可由式（4-120）计算 T 温度下的转动配分函数。

另外，有些有机物质分子内部构造比较复杂，可能会存在更微细的

"内旋转"现象，因此在计算有机物的配分函数时应考虑"内旋转"的贡献，有关内容这里不详述。

4.3.4.2 振动配分函数

除了转动，另一种常见的微观粒子内部运动形式是构成微观粒子的质点在平衡位置附近的振动。依据粒子内部构造的不同，粒子内部可能存在多种振动模式，如 CO_2 气体就有 4 种振动模式，分别是对称伸缩、不对称伸缩以及简并度为 2 的两种弯曲振动模式。对于任何一种振动模式其振动频率（有时称为基频）是一定的，因此该振动模式不同振动能级的能量值随振动量子数 v 发生变化，其表达式为：

$$\varepsilon_v = h\nu\left(v + \frac{1}{2}\right) \qquad v = 0, 1, 2, \cdots \tag{4-121}$$

设某体系的微观粒子只有一种振动模式，则对于由 N 个微观粒子构成的体系总振动能量为：

$$E_v = \sum_{i=1}^{N} \varepsilon_{vi} \tag{4-122}$$

注意：式中的 ε_{vi} 为第 i 个粒子的振动能。

对于第 i 个粒子具有的振动配分函数 z_{vi} 为：

$$\begin{aligned} z_{vi} &= \sum_{v=0}^{\infty} \exp\left(-\frac{\varepsilon_v}{kT}\right) \\ &= \sum_{v=0}^{\infty} \exp\left[-\frac{h\nu}{kT} \cdot \left(v + \frac{1}{2}\right)\right] \\ &= \exp\left(-\frac{h\nu}{2kT}\right) \sum_{v=0}^{\infty} \exp\left(-\frac{h\nu}{kT} \cdot v\right) \end{aligned} \tag{4-123}$$

由数学公式知：

$$\sum_{i=0}^{\infty} y^i \Big|_{y<1} = 1 + y + y^2 + \cdots = \frac{1}{1-y} \tag{4-124}$$

令式（4-123）中的 $\exp\left(-\dfrac{h\nu}{kT}\right) = y$，则：

$$\sum_{v=0}^{\infty} \exp\left(-\frac{h\nu}{kT} \cdot v\right) = \frac{1}{1 - \exp\left(-\dfrac{h\nu}{kT}\right)} \tag{4-125}$$

所以，第 i 个粒子的振动配分函数式（4-126）可改写为：

$$z_{vi} = \exp\left(-\frac{h\nu}{2kT}\right) \cdot \frac{1}{1 - \exp\left(-\dfrac{h\nu}{kT}\right)} \tag{4-126}$$

定义振动特征温度 Θ_v：

$$\Theta_v = \frac{h\nu}{k} \tag{4-127}$$

因此，振动配分函数 z_v 可写为：

$$z_{vi} = \frac{\exp\left(-\dfrac{\Theta_v}{2T}\right)}{1 - \exp\left(-\dfrac{\Theta_v}{T}\right)} \tag{4-128}$$

因此，对于由 N 个粒子构成的体系总振动配分函数 Z_v：

$$Z_v = z_{v1} \cdot z_{v2} \cdot z_{v3} \cdots z_{vN} = \prod_{i=1}^{N} z_{vi} \tag{4-129}$$

如果所有 N 个粒子的振动配分函数相等，$z_{v1} = z_{v2} = z_{v3} \cdots\cdots = z_{vN} = z_v$，则式（4-129）可改写为：

$$Z_v = (z_v)^N \tag{4-130}$$

注意：如果微观粒子具有 Q 种振动模式，则式（4-129）中第 i 个微观粒子振动配分函数 z_{vi} 应修正为如下形式：

$$z_{vi} = z_{vi,1}, z_{vi,2} \cdots z_{vi,j} \cdots z_{vi,Q} = \prod_{j=1}^{Q} z_{vi,j} \tag{4-131}$$

例 5：已知 F_2 气体的基本振动频率为 $2.676 \times 10^{13}\,Hz$，计算 298K 温度条件下，F_2 的振动配分函数。

解：因为已知振动基频 $\nu = 2.676 \times 10^{13}\,Hz$，得：

$$\frac{h\nu}{kT} \bigg|_{\substack{h=6.63\times10^{-34}J\cdot s \\ \nu=2.676\times10^{13}s^{-1} \\ k=1.38\times10^{-23}J/K \\ T=298K}} = 4.31$$

所以代入振动配分函数式（4-126），得：

$$z_v = \exp\left(-\frac{4.31}{2}\right) \cdot \frac{1}{1 - \exp(-4.31)} = 0.117$$

振动配分函数值（$z_v = 0.117$）小于 F_2 气体转动配分函数值（$z_r \approx 120$），更小于平动配分函数值（$z_t \approx 10^{30}$）。一般情况下，如果某种能量赋存形式的配分函数值较小，则说明体系在该能量赋存形式上可使用的能级数就较少。表 4-3 给出了指定温度条件下，各种能量赋存形式的配分函数及由配分函数估算的可能使用的能级数。

表 4-3　各种能量赋存形式的配分函数及由配分函数估算的可能使用的能级数

运动形式	自由度	配分函数表达式	配分函数值的数量级（300K）	每一自由度上配分函数值的数量级
平动	3	$(2\pi mkT)^{\frac{3}{2}} \dfrac{V}{h^3}$	$(10^{30} \sim 10^{32}) \cdot V$	$(10^{10} \sim 10^{11}) \cdot V$
转动（线型）	2	$\dfrac{8\pi^2 IkT}{\sigma h^2}$	$10 \sim 10^2$	$10^0 \sim 10$

运动形式	自由度	配分函数表达式	配分函数值的数量级（300K）	每一自由度上配分函数值的数量级
转动（非线型）	3	$\dfrac{8\pi^2}{\sigma h^3}(8\pi^3 I_x I_y I_z)^{\frac{1}{2}}(kT)^{\frac{3}{2}}$	$10^2 \sim 10^3$	$10^{0.6} \sim 10$
振动（某振动模式）	1	$\dfrac{\exp\left(-\dfrac{h\nu}{2kT}\right)}{1-\exp\left(-\dfrac{h\nu}{kT}\right)}$	$10^{-2} \sim 10$	$10^{-2} \sim 10$

A　振动对体系内能的贡献

前已述及，在经典力学中，微观粒子在每一个振动自由度上可配分的能量为：

$$\varepsilon_v = \frac{2}{2}kT \tag{4-132}$$

对于1mol拥有f_v振动自由度的物质，体系以振动形式赋存的能量E_v为：

$$E_v = f_v N_A \cdot \varepsilon_v = f_v \frac{2}{2}RT \tag{4-133}$$

当$f_v = 1$时，$E_v = \dfrac{2}{2}RT$。

由于经典力学认为体系只有在高温情况下才可能表现出振动能量形式，使得经典力学的普适性不足。

以下从配分函数的角度探讨振动对体系内能和熵值的贡献。

根据内能与配分函数的关系式知：

$$U_v = kT^2\left(\frac{\partial \ln Z_v}{\partial T}\right) \tag{4-134}$$

式中，Z_v为体系内微观粒子的总振动配分函数，对于拥有L个微观粒子的体系，其总振动配分函数Z_v应用前已导出的式（4-129）：

$$Z_v = z_{v1} \cdot z_{v2} \cdot z_{v3} \cdots z_{vL}$$
$$= (z_v)^L \tag{4-135}$$

将上式代入式（4-134），并应用式（4-126），得：

$$U_v = kT^2\left(\frac{\partial \ln Z_v}{\partial T}\right)\Bigg|_{Z_v = (z_v)^L}$$

$$= LkT^2\left(\frac{\partial \ln z_v}{\partial T}\right)\Bigg|_{z_v = \exp\left(-\frac{h\nu}{2kT}\right)\cdot\frac{1}{1-\exp\left(-\frac{h\nu}{kT}\right)}} \tag{4-136}$$

对于1mol量的物质，$L = N_A$，上式改写为：

$$U_v = RT^2 \left(\frac{\partial \ln z_v}{\partial T} \right) \Bigg|_{z_v = \exp\left(-\frac{h\nu}{2kT} \right) \cdot \frac{1}{1 - \exp\left(-\frac{h\nu}{kT} \right)}} \tag{4-137}$$

因为：

$$\left(\frac{\partial \ln z_v}{\partial T} \right) \Bigg|_{z_v = \exp\left(-\frac{h\nu}{2kT} \right) \cdot \frac{1}{1 - \exp\left(-\frac{h\nu}{kT} \right)}} = \frac{\partial \left\{ -\dfrac{h\nu}{2kT} - \ln \left[1 - \exp\left(-\dfrac{h\nu}{kT} \right) \right] \right\}}{\partial T}$$

$$= -\frac{h\nu}{2k} \left(-\frac{1}{T^2} \right) - \frac{-\exp\left(-\dfrac{h\nu}{kT} \right) \cdot \left(-\dfrac{h\nu}{k} \right) \left(-\dfrac{1}{T^2} \right)}{1 - \exp\left(-\dfrac{h\nu}{kT} \right)}$$

$$= \frac{h\nu}{2kT^2} + \frac{\exp\left(-\dfrac{h\nu}{kT} \right)}{1 - \exp\left(1 - \dfrac{h\nu}{kT} \right)} \frac{h\nu}{kT^2} \tag{4-138}$$

将式（4-138）代入式（4-137），得：

$$U_v = \frac{Rh\nu}{2k} + \frac{Rh\nu}{k} \frac{\exp\left(-\dfrac{h\nu}{kT} \right)}{1 - \exp\left(-\dfrac{h\nu}{kT} \right)} \Bigg|_{\frac{R}{k} = N_A} \tag{4-139}$$

$$= N_A h\nu \left[\frac{1}{2} + \frac{\exp\left(-\dfrac{h\nu}{kT} \right)}{1 - \exp\left(-\dfrac{h\nu}{kT} \right)} \right]$$

习惯上称 $\upsilon = 0$ 时的振动为基态振动，基态振动对于内能 u_{v0} 的贡献为：

$$u_{v0} = h\nu \left(0 + \frac{1}{2} \right) \tag{4-140}$$

所以，对于 1mol 量物质的基态振动对内能的贡献为：

$$U_{v0} = N_A u_{v0} = \frac{1}{2} N_A h\nu \tag{4-141}$$

从总的由振动贡献的内能 U_v 中扣除基态振动对内能的贡献值 U_{v0}，并令 $\dfrac{h\nu}{kT} = x$，得：

$$U_v - U_{v0} = N_A h\nu \left[\frac{1}{2} + \frac{\exp\left(-\dfrac{h\nu}{kT}\right)}{1 - \exp\left(-\dfrac{h\nu}{kT}\right)} \right] - \frac{1}{2} N_A h\nu \Bigg|_{\frac{h\nu}{kT} = x}$$

$$= N_A h\nu \cdot \frac{kT}{kT} \cdot \frac{\exp(-x)}{1 - \exp(-x)} \tag{4-142}$$

$$= Rx \cdot \frac{\exp(-x)}{1 - \exp(-x)} \cdot T$$

$$= Rx \cdot \frac{\exp(-x)}{1 - \exp(-x)} \cdot \frac{\exp(x)}{\exp(x)} T$$

$$= \frac{Rx}{\exp(x) - 1} \cdot T$$

上式就是振动对体系内能贡献的计算式。

如果微观粒子振动模式有两种以上，则需按式（4-131）计算单一微观粒子的总振动配分函数，然后再按式（4-129）计算体系的总配分函数，进而计算相关的热力学性质。

B　恒容热容 C_V

关于振动对恒容热容的贡献推导如下。

将式（4-142）代入恒容热容的定义式，得：

$$C_V = \frac{\partial U_v}{\partial T} = \frac{\partial}{\partial T}\left(\frac{RxT}{e^x - 1} \right) \Bigg|_{x = \frac{h\nu}{kT}}$$

$$= \frac{\partial}{\partial T}\left[R \frac{h\nu}{kT} \frac{T}{\exp\left(\dfrac{h\nu}{kT}\right) - 1} \right]$$

$$= \frac{Rh\nu}{k} \frac{-\exp\left(\dfrac{h\nu}{kT}\right) \cdot \left(\dfrac{h\nu}{k}\right)}{\left[\exp\left(\dfrac{h\nu}{kT}\right) - 1 \right]^2} \left(-\frac{1}{T^2} \right)$$

$$= R\left(\frac{h\nu}{kT} \right)^2 \frac{\exp\left(\dfrac{h\nu}{kT}\right)}{\left[\exp\left(\dfrac{h\nu}{kT}\right) - 1 \right]^2} \Bigg|_{x = \frac{h\nu}{kT}} \tag{4-143}$$

$$= Rx^2 \frac{e^x}{(e^x - 1)^2}$$

$$= Rx^2 \frac{e^x}{e^{2x} - 2e^x + 1}$$

$$= Rx^2 \frac{1}{e^x - 2 + e^{-x}}$$

$$= Rx^2 \frac{1}{2\left(\dfrac{e^x + e^{-x}}{2} - 1 \right)}$$

由双曲余弦公式：

$$\cosh x = \frac{e^x + e^{-x}}{2} \tag{4-144}$$

代入式（4-143），得：

$$C_V = \frac{Rx^2}{2(\cosh x - 1)}\bigg|_{x = \frac{h\nu}{kT}} \tag{4-145}$$

上式就是微观粒子内部振动形式对体系恒容热容贡献的计算式。

C 微观粒子内部振动对体系的 Gibbs 自由能 G_v 和功焓 A_v 的贡献

关于微观粒子内部振动对体系 Gibbs 自由能 G_v 及功焓 A_v 的贡献讨论如下。

由热力学基本关系式知：

$$G_v = A_v + pV \tag{4-146}$$

$$A_v = U_v - TS_v \tag{4-147}$$

因为对于由 L 个微观粒子构成的体系功焓 A_v 与配分函数之间的关系式：

$$\begin{aligned}
A_v &= -kT\ln Z_v \big|_{Z_v = (z_v)^L} \\
&= -LkT\ln z_v \big|_{z_v = \exp\left(-\frac{h\nu}{2kT}\right) \cdot \frac{1}{1-\exp\left(-\frac{h\nu}{kT}\right)}} \\
&= -LkT\ln\left[\frac{\exp\left(-\dfrac{h\nu}{2kT}\right)}{1 - \exp\left(-\dfrac{h\nu}{kT}\right)}\right] \tag{4-148} \\
&= -LkT\left\{-\frac{h\nu}{2kT} - \ln\left[1 - \exp\left(-\frac{h\nu}{kT}\right)\right]\right\}
\end{aligned}$$

当 $L = N_A$ 时：

$$\begin{aligned}
A_v &= \frac{N_A h\nu}{2} + RT\ln(1 - e^{-x})\bigg|_{x = \frac{h\nu}{kT}} \tag{4-149} \\
&= U_{v0} + RT\ln(1 - e^{-x})
\end{aligned}$$

上式就是由配分函数导出的微观粒子内部振动对体系功焓 A_v 贡献的计算式。

以下推导 G_v 与 A_v 两者之间的关系。

利用式（4-146）与式（4-147），可得：

$$G_v = U_v - TS_v + pV \tag{4-150}$$

将表 4-1 汇总的有关 U_v、S_v 和 p 等热力学参数的配分函数表达式代入式（4-150），得：

$$G_v = kT\left[V\left(\frac{\partial \ln Z_v}{\partial V}\right)_T - \ln Z_v\right] \tag{4-151}$$

因为 Z_v 不是体积 V 的函数，即 $Z_v \neq f(V)$，恒温条件下：

$$\left(\frac{\partial \ln Z_v}{\partial V}\right)_T = 0 \tag{4-152}$$

所以式（4-151）可改写为：

$$G_v = kT\left[V\left(\frac{\partial \ln Z_v}{\partial V}\right)_T - \ln Z_v\right]\Bigg|_{\left(\frac{\partial \ln Z_v}{\partial V}\right) T=0} \tag{4-153}$$

$$= -kT\ln Z_v$$

$$= A_v$$

因此得恒温条件下：

$$G_v = A_v \tag{4-154}$$

$$= U_{v0} + RT\ln(1 - e^{-x})\big|_{x=\frac{h\nu}{kT}}$$

上式就是由配分函数导出的微观粒子内部运动的振动形式对体系 Gibbs 自由能 G_v 贡献的计算式。

D 微观粒子内部振动对体系熵值 S_v 的贡献

关于微观粒子内部振动对体系熵值的贡献，数学推导如下。

前已述及，1mol 量物质的熵值与体系配分函数的关系式为：

$$S_v = \frac{U_v}{T} + k\ln Z_v \tag{4-155}$$

将有关内能 U_v 和 Z_v 的关系式代入上式，得：

$$S_v = \frac{U_v}{T} + k\ln Z_v \Bigg|_{\substack{U_v = N_A h\nu\left[\frac{1}{2} + \frac{\exp\left(-\frac{h\nu}{kT}\right)}{1-\exp\left(-\frac{h\nu}{kT}\right)}\right] \\ Z_v = (z_v)^{N_A}\big|_{z_v = \frac{\exp\left(-\frac{h\nu}{2kT}\right)}{1-\exp\left(-\frac{h\nu}{kT}\right)}}}} \tag{4-156}$$

$$= \frac{\dfrac{N_A h\nu}{2} + \dfrac{N_A h\nu \exp\left(-\dfrac{h\nu}{kT}\right)}{1 - \exp\left(-\dfrac{h\nu}{kT}\right)}}{T} + kN_A\ln\frac{\exp\left(-\dfrac{h\nu}{2kT}\right)}{1 - \exp\left(-\dfrac{h\nu}{kT}\right)}$$

将 $\frac{h\nu}{kT} = x$ 代入上式，得：

$$S_v = \frac{Rx}{2} + Rx\frac{e^{-x}}{1 - e^{-x}} + R\ln\frac{e^{-\frac{x}{2}}}{1 - e^{-x}} \tag{4-157}$$

$$= R\left[\frac{x}{2} + \frac{x}{e^x - 1} - \frac{x}{2} - \ln(1 - e^{-x})\right]$$

$$= R\left[\frac{x}{e^x - 1} - \ln(1 - e^{-x})\right]$$

因此，式（4-157）$S_v = R\left[\dfrac{x}{e^x - 1} - \ln(1 - e^{-x})\right]$ 就是微观粒子内部振动对体系熵值贡献的数学表达式。

例 6：计算 298K 温度条件下、F_2 分子的微观粒子内部振动对 1mol 量 F_2 气体 U、S、G、C_V 的贡献，已知振动频率（基频）$\nu = 2.676 \times 10^{13}$ Hz。

解：因为：

$$x = \frac{h\nu}{kT}\Bigg|_{\nu = 2.676 \times 10^{13}\mathrm{s}^{-1}} = 4.31$$

又因为 F_2 气体处于基频时的内能：

$$U_{v0} = \frac{N_A h\nu}{2} = 5343\mathrm{J/mol}$$

所以：

$$U_v = U_{v0} + \frac{RxT}{e^x - 1}\Bigg|_{\substack{U_{v0} = 5343\mathrm{J/mol} \\ x = 4.31 \\ T = 298\mathrm{K}}} = 5488\mathrm{J/mol}$$

进而，得到振动对体系 Gibbs 自由能 G_v 和熵值 S_v 的贡献为：

$$G_v = U_{v0} + RT\ln(1 - e^{-x})\Bigg|_{\substack{U_{v0} = 5343\mathrm{J/mol} \\ x = 4.31 \\ T = 298\mathrm{K}}} = 5309\mathrm{J/mol}$$

$$S_v = R\left[\frac{x}{e^x - 1} - \ln(1 - e^{-x})\right]\Bigg|_{x = 4.31} = 0.600\mathrm{J/(K \cdot mol)}$$

由上述结果可见，与 F_2 微观粒子（分子）的平动对体系熵值的贡献 $S_t = 154.1\mathrm{J/(K \cdot mol)}$ 和微观粒子内部转动对体系熵值的贡献 $S_r = 48.1\mathrm{J/(K \cdot mol)}$ 相比较，内部振动对体系熵值的贡献很小，仅有 $S_v = 0.600\mathrm{J/(K \cdot mol)}$。

因此，1mol 的 F_2 气体体系的总熵值 S 为：

$$S = S_t + S_r + S_v = 202.8\mathrm{J/(K \cdot mol)}$$

实际测定 298K 温度条件下 1mol 的 F_2 气体熵值为：

$$S_{实测} = 202.92\mathrm{J/(K \cdot mol)}$$

可见，计算值与实际测定值非常吻合，Barin 数据为 $202.8\mathrm{J/(K \cdot mol)}$ 也完全一致。

进而计算 1mol 的 F_2 气体在 298K 温度下分子振动对恒容热容 C_V 的贡献：

$$C_V = \frac{Rx^2}{2(\cosh x - 1)}\Bigg|_{x = 4.31} = 2.13\mathrm{J/(K \cdot mol)}$$

E 微观粒子的平动、转动和振动对恒容热容 C_V 的贡献小结

将平动、转动及振动对恒容热容 C_V 的贡献整理如下：

$$C_{V,t} = \frac{3}{2}R$$

$$C_{V,r(线型)} = R$$

$$C_{V,r(非线型)} = \frac{3}{2}R$$

$$C_{V,v} = \left. \frac{Rx^2}{2(\cosh x - 1)} \right|_{x = \frac{h\nu}{kT}}$$

4.3.5 电子跃迁配分函数

以上讨论没有考虑原子内电子的跃迁，即假设所有电子均处于最低能级的基态。规定处于基态的电子所携带的能量为零，即：

$$\varepsilon_0 = 0 \tag{4-158}$$

注意：准确地说，处于基态的电子能量并不为零，但设定 $\varepsilon_0 = 0$ 并不影响最终计算结果。

若电子通过高温、射线照射或激烈碰撞等形式获得足够的能量可以从基态跃迁到激发态，激发态电子携带的能量远大于微观粒子的转动、振动等内部运动所拥有的能量。

不同的电子能级可能拥有多个能量相同但电子排列状态不同的状态，存在一定的简并度，设电子的第 i 能级能量为 ε_i，简并度为 ω_i，则电子配分函数表达式为：

$$Z_e = \sum_{i=0}^{\infty} \omega_i \exp\left(-\frac{\varepsilon_i}{kT}\right) \tag{4-159}$$

因为激发态电子拥有的能量远大于 kT，即：

$$\varepsilon_i \gg kT \qquad (i \geqslant 1) \tag{4-160}$$

所以，除了高温情况下，对于电子跃迁的所有能级均有：

$$\exp\left(-\frac{\varepsilon_i}{kT}\right) \approx 0 \qquad (i \geqslant 1) \tag{4-161}$$

将 $\exp\left(-\dfrac{\varepsilon_i}{kT}\right) \approx 0 (i \geqslant 1)$ 连同 $\varepsilon_0 = 0$ 和 ω_0 的数值一同代入式 (4-159)，得到一般情况下的电子配分函数：

$$z_e = \omega_0 \tag{4-162}$$

若电子的最低能级（基态）的简并度 $\omega_0 = 1$，则此时：

$$z_e = 1 \tag{4-163}$$

以下举例说明电子跃迁能量赋存形式对电子在各能级上分布的影响。

例 7：已知 F 的基态简并度为 4（$\omega_0 = 4$），第一激发态的波数 $\tilde{\nu} = 404 \text{cm}^{-1}$，且 $\omega_1 = 2$，求温度为 1000K 条件下处于第一激发态 F 原子数的占比。

解：依据玻耳兹曼分布定律，处于第一激发态的原子数占总原子数之比为：

$$\frac{n_1}{n_{\dot{\otimes}}} = \frac{\omega_1 \exp\left(-\dfrac{\varepsilon_1}{kT}\right)}{\displaystyle\sum_{i=0}^{\infty} \omega_i \exp\left(-\dfrac{\varepsilon_i}{kT}\right)} \tag{4-164}$$

$$\approx \frac{\omega_1 \exp\left(-\dfrac{\varepsilon_1}{kT}\right)}{\omega_0 + \omega_1 \exp\left(-\dfrac{\varepsilon_1}{kT}\right)}$$

依题意，处于第一激发态电子的能量为：

$$\varepsilon_1 = hc\tilde{\nu} \Big|_{\substack{h = 6.63 \times 10^{-34} \mathrm{J \cdot s} \\ c = 3.0 \times 10^{8} \mathrm{m/s} \\ \tilde{\nu} = 4.04 \times 10^{4} \mathrm{m^{-1}}}}$$

$$= 8.03 \times 10^{-21} \mathrm{J}$$

所以，1000K 温度条件下：

$$\exp\left(-\frac{\varepsilon_1}{kT}\right)\Big|_{\substack{\varepsilon_1 = 8.03 \times 10^{-21} \mathrm{J} \\ k = 1.38 \times 10^{-23} \mathrm{J/K} \\ T = 1000\mathrm{K}}} = 0.559$$

将上述结果代入式（4-164），得到 1000K 温度条件下处于第一激发态的 F 原子占原子总数为：

$$\frac{n_1}{n_{\dot{\otimes}}} = \frac{\omega_1 \exp\left(-\dfrac{\varepsilon_1}{kT}\right)}{\omega_0 + \omega_1 \exp\left(-\dfrac{\varepsilon_1}{kT}\right)}\Bigg|_{\substack{\omega_0 = 4 \\ \omega_1 = 2 \\ \exp\left(-\frac{\varepsilon_1}{kT}\right) = 0.559}} = 0.218$$

可见 1000K 温度条件下，约有 21.8% 的 F 原子处于第一激发态。如果温度下降至 300K，经过类似的计算可得，处于第一激发态的 F 原子占总原子数之比约为 0.067，即 300K 时处于第一激发态的比例仅为 6.7%，与 1000K 温度条件时相比显著下降，说明常态下大部分原子内的电子都处于基态。

—— 4.4 反应平衡常数与配分函数的关系 ——

采用统计热力学计算反应的平衡常数一般有两种方式，其一是使用参与反应各物质的配分函数直接计算平衡常数，其二是先利用配分函数求出 Gibbs 自由能函数，然后再计算反应的平衡常数。以下分别介绍之。

4.4.1 平衡常数与配分函数之间的数学关系

对于某化学反应，若反应物与生成物均为理想气体，则可以利用反应物与生成物的配分函数直接计算反应的平衡常数。

设 A、B、C、D 4 种气体均为理想气体或近似理想气体，发生的化学反应如下：

$$aA + bB \Longrightarrow cC + dD \qquad (4\text{-}165)$$

因为当反应达到化学平衡时，必然有反应物化学势与生成物化学势的代数和等于零，即：

$$c\mu_C + d\mu_D - a\mu_A - b\mu_B = 0 \qquad (4\text{-}166)$$

那么，参与反应的每种物质化学势应如何计算呢？以下介绍之。

根据 i 物质化学势 μ_i 的定义，化学势有多种表达方式：

$$\begin{aligned}
\mu_i &= \mu_i^* + RT\ln a_i \\
&= \left(\frac{\partial G}{\partial n_j}\right)_{T,p,n_{j\neq i}} \\
&= \left(\frac{\partial H}{\partial n_j}\right)_{S,p,n_{j\neq i}} \\
&= \left(\frac{\partial U}{\partial n_j}\right)_{S,V,n_{j\neq i}} \\
&= \left(\frac{\partial A}{\partial n_j}\right)_{T,V,n_{j\neq i}}
\end{aligned} \qquad (4\text{-}167)$$

式中，μ_i^* 为 i 物质在选定标准态下的标准化学势，J/mol；a_i 为 i 物质在选定标准态下的活度，量纲一的量。

因为体系的 G、H、U、A 等热力学参数均与体系微观粒子的配分函数 Z 有关，采用任何一种热力学参数均可导出 i 物质的化学势与配分函数之间的关系，但由于功焓 A 与配分函数之间的数学表达式最为简单，因此以下通过功焓 A 与配分函数 Z 之间的关系寻求建立化学势 μ_i 与配分函数 Z 之间的数学关系。

前已导出，功焓与配分函数之间的关系式为：

$$A = -kT\ln Z \qquad (4\text{-}168)$$

针对反应式（4-165）中各种物质，例如 A 物质，考虑到体系中 A 物质摩尔数 n_A 与粒子个数 L_A 之间的关系为：

$$n_A = \frac{L_A}{N_A} \qquad (4\text{-}169)$$

进而利用 i 物质化学势与功焓的关系，有：

$$\begin{aligned}
\mu_A &= \left(\frac{\partial A}{\partial n_A}\right)_{T,V,n_B,n_C,n_D}\bigg|_{n_A=\frac{L_A}{N_A}} \\
&= N_A\left(\frac{\partial A}{\partial L_A}\right)_{T,V,L_B,L_C,L_D} \\
&= N_A\left(\frac{-kT\partial\ln Z_A}{\partial L_A}\right)
\end{aligned} \qquad (4\text{-}170)$$

因为，A 物质的配分函数 Z_A 为：

$$Z_A = \frac{1}{L_A!}(z_t z_r z_v z_e)^{L_A} \tag{4-171}$$

$$= \frac{1}{L_A!}z_A^{L_A}$$

式中 $z_A = z_t z_r z_v z_e$ 是 A 物质微观粒子包含平动、转动、振动及电子跃迁等所有能量赋存形式的总配分函数。

将式（4-171）两边取对数，得：

$$\ln Z_A = L_A \ln z_A - \ln L_A! \tag{4-172}$$

由 Stirling 公式，上式可改写为：

$$\ln Z_A = L_A \ln z_A - (L_A \ln L_A - L_A) \tag{4-173}$$

由于单一微观粒子的配分函数 z_A 可视为是温度和体积的函数，而不是 L_A 的函数，即：

$$z_A = f(V, T) \tag{4-174}$$

$$\frac{\partial \ln z_A}{\partial L_A} = 0 \tag{4-175}$$

因此，对式（4-173）求导数：

$$\frac{\partial \ln Z_A}{\partial L_A} = \left(\ln z_A + L_A \frac{\partial \ln z_A}{\partial L_A}\right) - \left(\ln L_A + L_A \frac{1}{L_A}\right) + 1 \Big|_{\frac{\partial \ln z_A}{\partial L_A}=0}$$

$$= (\ln z_A + 0) - (\ln L_A + 1) + 1$$

$$= \ln \frac{z_A}{L_A} \tag{4-176}$$

将上式结果代入 A 物质化学势表达式（式（4-170）），得：

$$\mu_A = N_A(-kT)\frac{\partial \ln Z_A}{\partial L_A}\Big|_{\frac{\partial \ln Z_A}{\partial L_A}=\ln\frac{z_A}{L_A}} \tag{4-177}$$

$$= -kTN_A \ln \frac{z_A}{L_A}$$

同理：

$$\mu_B = -kTN_A \ln \frac{z_B}{L_B} \tag{4-178}$$

$$\mu_C = -kTN_A \ln \frac{z_C}{L_C} \tag{4-179}$$

$$\mu_D = -kTN_A \ln \frac{z_D}{L_D} \tag{4-180}$$

将式（4-177）~式（4-180），代入化学势的代数和式（4-166）中，得：

$$-c\ln\frac{z_C}{L_C} - d\ln\frac{z_D}{L_D} + a\ln\frac{z_A}{L_A} + b\ln\frac{z_B}{L_B} = 0 \tag{4-181}$$

整理得：

$$\frac{L_C^c L_D^d}{L_A^a L_B^b} = \frac{z_C^c z_D^d}{z_A^a z_B^b} \tag{4-182}$$

由式（4-174）知，配分函数 $z_A = f(V, T)$ 只是温度和体积的函数，所以平衡时式（4-182）的右端也只能是温度和体积的函数，在定温恒容条件下式（4-182）必然等于某常数，该常数就是反应式（4-165）的平衡常数。

把 i 物质微观粒子的配分函数 z_i 进一步展开，并将体积从配分函数中分离出来：

$$\begin{aligned} z_i &= (z_t \cdot z_r \cdot z_v \cdot z_e)_i \\ &= (z_t' \cdot z_r \cdot z_v \cdot z_e)_i \cdot V \bigg|_{z_t' = \frac{(2\pi m k T)^{\frac{3}{2}}}{h^3}} \\ &= z_i' \cdot V \end{aligned} \tag{4-183}$$

再考虑到单位体积内 i 物质的粒子个数相当于 i 物质浓度 $c_i'(\text{m}^{-3})$：

$$c_i' = \frac{L_i}{V} \tag{4-184}$$

将式（4-183）和式（4-184）代入式（4-182），得：

$$\frac{c_C'^c c_D'^d}{c_A'^a c_B'^b} = \frac{z_C'^c z_D'^d}{z_A'^a z_B'^b} \tag{4-185}$$

进而，将 i 物质的浓度单位转化为 mol/m^3（记号为 c_i），即：

$$c_i = \frac{c_i'}{N_A} \tag{4-186}$$

代入式（4-185），得：

$$\frac{c_C^c c_D^d}{c_A^a c_B^b} N_A^{c+d-a-b} = \frac{z_C'^c z_D'^d}{z_A'^a z_B'^b} \tag{4-187}$$

因为所有参与反应的气体物质均为理想气体或近似理想气体，所以对于 i 物质的分压 $p_i(\text{Pa})$ 有：

$$\begin{aligned} p_i &= \frac{n_i}{V} RT \\ &= c_i RT \end{aligned} \tag{4-188}$$

再将 $c_i = \dfrac{p_i}{RT}$ 代入式（4-187），得：

$$\frac{\left(\dfrac{p_C}{RT}\right)^c \left(\dfrac{p_D}{RT}\right)^d}{\left(\dfrac{p_A}{RT}\right)^a \left(\dfrac{p_B}{RT}\right)^b} N_A^{c+d-a-b} = \frac{z_C'^c z_D'^d}{z_A'^a z_B'^b} \tag{4-189}$$

整理得：

$$\frac{p_C^c p_D^d}{p_A^a p_B^b} (RT)^{a+b-c-d} N_A^{c+d-a-b} = \frac{z_C'^c z_D'^d}{z_A'^a z_B'^b} \qquad (4\text{-}190)$$

整理上式，并考虑到 $\frac{R}{N_A} = k$，得：

$$\frac{p_C^c p_D^d}{p_A^a p_B^b} = (kT)^{c+d-a-b} \frac{z_C'^c z_D'^d}{z_A'^a z_B'^b} \Bigg|_{p_i \text{的单位均为Pa}} \qquad (4\text{-}191)$$

注意：式（4-191）中所有气体分压单位均为 Pa。

由于化学反应平衡常数 K_p 中的气体分压为 atm（1atm=101325Pa），所以针对化学反应式（4-165）在 $T=T_0$ 温度条件下的平衡常数 K_p 应写为：

$$K_p = \frac{p_C^c p_D^d}{p_A^a p_B^b} \Bigg|_{p_i \text{的单位均为atm}} \qquad (4\text{-}192)$$

若将式（4-192）中气体分压单位改为 Pa，则平衡常数 K_p 表达式可改写为：

$$K_p = \frac{p_C^c p_D^d}{p_A^a p_B^b} \Bigg|_{p_i \text{的单位均为atm}}$$

$$= \frac{p_C^c p_D^d}{p_A^a p_B^b} \cdot (p^\ominus)^{a+b-c-d} \Bigg|_{p_i \text{的单位均为Pa}} \qquad (4\text{-}193)$$

令：

$$K_p' = \frac{p_C^c p_D^d}{p_A^a p_B^b} \Bigg|_{p_i \text{的单位为Pa}} \qquad (4\text{-}194)$$

则：

$$K_p \big|_{p_i \text{单位均为atm}} = K_p' \big|_{p_i \text{单位均为Pa}} \cdot (p^\ominus)^{a+b-c-d} \qquad (4\text{-}195)$$

将式（4-191）代入式（4-194），得：

$$K_p' = \frac{p_C^c p_D^d}{p_A^a p_B^b} \Bigg|_{p_i \text{的单位均为Pa}}$$

$$= \left(\frac{kT}{p^\ominus}\right)^{c+d-a-b} \frac{z_C'^c z_D'^d}{z_A'^a z_B'^b} \Bigg|_{T=T_0} \qquad (4\text{-}196)$$

对于式（4-196），因为配分函数 z_i' 不含体积，因此配分函数退化为只是温度的单值函数，所以当指定温度时，反应的平衡常数必为定值。

上述分析也佐证了化学反应平衡常数只是温度单值函数结论的正确性。

注意1：以上记号 K_p 和 K_p' 分别代表气体分压单位采用 atm 和 Pa，在以后的书写中无论单位使用 atm 和 Pa，反应平衡常数一律使用记号 K_p，而分压单位要通过上下文体现。

一般来说，i 物质的配分函数可以通过光谱测定分子的核间距、角度、振动频率、电子能级等信息来计算其配分函数值（z_i，$i=$ A，B，C，D），进而再利用配分函数计算反应平衡常数。

注意 2：以上在计算配分函数 z 时对应的基点分别是各自自身的零点，但是在计算平衡常数 K_p 时，计算各物质的配分函数时必须采用统一的最低能级，即需要确定计算的参考基准点。

以下讨论之。

4.4.2 由配分函数计算平衡常数时的基准点问题

为了准确评价反应，在计算配分函数时应采用统一的基准点，例如在讨论反应平衡常数式（4-196）中配分函数 z'_A 及其他物质如 z'_D 时，应寻找统一的基准点，然后对式（4-196）进行修正。

以下探讨共同基准点的确定。考虑如下简单的可逆反应：

$$a\text{A} \rightleftharpoons b\text{B} \tag{4-197}$$

方便起见，令反应式中的系数 a 和 b 均等于 1。

$T = T_0$ 温度下，气体分压单位使用 Pa 时的平衡常数表达式为：

$$K_p = \left(\frac{kT}{p^\ominus}\right)^{b-a} \frac{z'^b_B}{z'^a_A}\Bigg|_{\substack{T=T_0 \\ b=a=1}} \tag{4-198}$$

$$= \frac{z'_B}{z'_A}\Bigg|_{T=T_0}$$

设物质 A 和物质 B 均拥有各自不同的能级分布（图 4-2）。

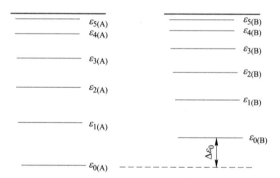

图 4-2　A 物质和 B 物质各自能级分布示意图

从图 4-2 可知，A、B 两种物质各自基态（最低能级）间的能量差为：

$$\Delta\varepsilon_0 = \varepsilon_{0(B)} - \varepsilon_{0(A)} \tag{4-199}$$

当反应式（4-197）达到平衡时，A 物质微观粒子将遵循 Boltzmann 定律分布在自身的各个能级上 $\varepsilon_{i(A)}$，同样 B 物质微观粒子也遵循 Boltzmann 定律分布在自身的各个能级上 $\varepsilon_{i(B)}$，显然，A、B 两种物质微观粒子的最低能级（基准点）是不同的。

对于 A 物质微观粒子来说，若基于自身的最低能级为零点能级，其配分函数 z_A 为：

$$z_A = \sum_{i=0}^{\infty} \exp\left(-\frac{\varepsilon_{i(A)}}{kT}\right) \tag{4-200}$$

同理，对于 B 物质微观粒子若也取自身的最低能级为零点能级，其配分函数 z_B 为：

$$z_B = \sum_{i=0}^{\infty} \exp\left(-\frac{\varepsilon_{i(B)}}{kT}\right) \tag{4-201}$$

为了统一体系的零点（或说体系的基准点），若以 A 物质微观粒子的零点能级作为整个体系的零点，则此时 A 物质微观粒子的配分函数 z_A^* 仍维持式（4-200）形式，即：

$$z_A^* = z_A = \sum_{i=0}^{\infty} \exp\left(-\frac{\varepsilon_{i(A)}}{kT}\right) \tag{4-202}$$

但是对于 B 物质来说就必须调整配分函数中各能级的能量值，从图 4-2 及式（4-199）可知，以 A 物质零点为基准的 B 物质微观粒子的各能级能量 $\varepsilon_{i(B)}^*$ 与原来以自身零点能级为基准的各能级能量值 $\varepsilon_{i(B)}$ 之间的关系为：

$$\varepsilon_{i(B)}^* = \varepsilon_{i(B)} + \Delta\varepsilon_0 \tag{4-203}$$

将上式代入式（4-201），得到 B 物质微观粒子在以 A 物质微观粒子最低能级为基点的配分函数 z_B^* 为：

$$\begin{aligned}
z_B^* &= \sum_{i=0}^{\infty} \exp\left(-\frac{\varepsilon_{i(B)} + \Delta\varepsilon_0}{kT}\right) \\
&= \exp\left(-\frac{\Delta\varepsilon_0}{kT}\right) \cdot \sum_{i=0}^{\infty} \exp\left(-\frac{\varepsilon_{i(B)}}{kT}\right) \\
&= \exp\left(-\frac{\Delta\varepsilon_0}{kT}\right) \cdot z_B
\end{aligned} \tag{4-204}$$

可见，若以 A 物质最低能级为基准点的 B 物质微观粒子的配分函数表达式与以自身最低能级为基准点的配分函数表达式相差 $\exp\left(-\dfrac{\Delta\varepsilon_0}{kT}\right)$ 倍。

将统一基准点的 A 物质和 B 物质的配分函数 z_A^* 与 z_B^* 代入平衡常数式（4-198），同时考虑到要消去体积 V 对配分函数的影响，即使用 z_A'、z_B' 与 $z_A'^*$、$z_B'^*$，得：

$$K_p = \frac{z_B'^*}{z_A'^*} = \frac{z_B'}{z_A'} \exp\left(-\frac{\Delta\varepsilon_0}{kT}\right) \tag{4-205}$$

上式就是把参与反应各物质的能量基准点统一之后的平衡常数 K_p 计算表达式。

注意 1：式（4-205）中参与反应的各物质配分函数 z_A' 与 z_B' 的计算基准仍是各自基态（最低能级）的能量值。

注意 2：计算式中的 z_i' 与 z_i 是不同的，前者是不含体积参数的配分函数。

4.4.3　由配分函数计算反应平衡常数 K_p 例

以下举例说明反应平衡常数的计算方法。

例 8：计算温度 $T = 2000K$、总压为 101325Pa 条件下，氯气离解反应 $Cl_2 = 2Cl$ 的平衡常数 K_p。

已知：反应 $Cl_2 = 2Cl$ 的离解能 $D_0 = 238.9kJ/mol$，Cl_2 的基态振动频率 $\nu_0 = 1.694 \times 10^{13} Hz$、转动惯量 $I = 1.16 \times 10^{-45} kg \cdot m^2$；Cl 基态简并度 $\omega_0 = 4$、第一激发态频率为 $\nu_{1(Cl)} = 2.643 \times 10^{13} Hz$，简并度 $\omega_1 = 2$。Cl 原子摩尔质量为 $35g/mol$。

解：首先计算 Cl 原子（微观粒子）的质量：

$$m_{Cl} = \frac{35 \times 10^{-3}}{6.022 \times 10^{23}} = 5.81 \times 10^{-26} kg$$

进而，根据 K_p 与配分函数关系：

$$K_p = \left(\frac{kT}{p^{\ominus}} \right)^{b-a} \frac{z_{Cl}'^{b}}{z_{Cl_2}'^{a}} \exp\left(-\frac{\Delta \varepsilon_0}{kT} \right) \Bigg|_{\substack{a=1 \\ b=2}} \tag{4-206}$$

$$= \left(\frac{kT}{p^{\ominus}} \right) \frac{z_{Cl}'^{2}}{z_{Cl_2}'} \exp\left(-\frac{\Delta \varepsilon_0}{kT} \right)$$

由于参与反应物质的配分函数分别为：

$$z_{Cl}' = (z_t' z_r z_v z_e)_{Cl} \tag{4-207}$$

$$z_{Cl_2} = (z_t' z_r z_v z_e)_{Cl_2} \tag{4-208}$$

所以，平衡常数 K_p：

$$K_p = \frac{kT}{p^{\ominus}} \frac{z_{t(Cl)}'^{2}}{z_{t(Cl_2)}'} \frac{1}{z_{r(Cl_2)}} \frac{1}{z_{v(Cl_2)}} \frac{z_{e(Cl)}^{2}}{z_{e(Cl_2)}} \exp\left(-\frac{\Delta \varepsilon_0}{kT} \right) \tag{4-209}$$

其中：

$$\frac{z_{t(Cl)}'^{2}}{z_{t(Cl_2)}'} = \frac{\left[\frac{(2\pi m_{Cl} kT)^{\frac{3}{2}}}{h^3} \right]^2}{\frac{[2\pi(2m_{Cl})kT]^{\frac{3}{2}}}{h^3}} \tag{4-210}$$

$$= \frac{(\pi m_{Cl} kT)^{\frac{3}{2}}}{h^3} = 1.227 \times 10^{33}$$

$$\frac{1}{z_{r(Cl_2)}} = \left(\frac{8\pi^2 I kT}{\sigma h^2} \right)^{-1} \Bigg|_{\substack{I = 1.16 \times 10^{-45} kg \cdot m^2 \\ T = 2000K \\ \sigma = 2}} \tag{4-211}$$

$$= 3.478 \times 10^{-4}$$

$$\frac{1}{z_{v(Cl_2)}} = \left[\frac{\exp\left(-\frac{h\nu}{2kT} \right)}{1 - \exp\left(-\frac{h\nu}{kT} \right)} \right]^{-1} \Bigg|_{\substack{\nu = 1.694 \times 10^{13} Hz \\ T = 2000K}} \tag{4-212}$$

$$= 0.410$$

因为 Cl_2 处于基态，所以 $z_{e(Cl_2)} = 1$，而离解得到的 Cl 的电子跃迁配分函数 $z_{e(Cl)}$ 可由下式求得：

$$z_{e(Cl)} = \sum_{i=0}^{\infty} \omega_i \exp\left(-\frac{\varepsilon_{i(Cl)}}{kT}\right)\Bigg|_{\substack{\varepsilon_{0(Cl)} = 0 \\ \omega_0 = 4 \\ \varepsilon_{1(Cl)} = h\nu_{1(Cl)} \\ \omega_1 = 2}} \quad (4\text{-}213)$$

$$\approx 4 + 2\exp\left(-\frac{\varepsilon_{1(Cl)}}{kT}\right)\Bigg|_{\substack{\varepsilon_{1(Cl)} = h\nu_{1(Cl)} \\ \nu_{1(Cl)} = 2.643 \times 10^{13} Hz}}$$

$$= 5.060$$

所以：

$$\frac{z_{e(Cl)}^2}{z_{e(Cl_2)}} = \frac{z_{e(Cl)}^2}{1}\Bigg|_{z_{e(Cl)} = 5.060} \quad (4\text{-}214)$$

$$= 25.603$$

以下求算 $\Delta\varepsilon_0$，因为：

$$\Delta\varepsilon_0 = 2\varepsilon_{Cl} - \varepsilon_{Cl_2} \quad (4\text{-}215)$$

又因为离解能就是 Cl_2 从基态能级跃迁到 Cl 状态的能量差，也称化学离解能。而基态振动能量为：

$$\varepsilon_0 = \frac{1}{2}h\nu_0 \quad (4\text{-}216)$$

式中，ν_0 为基频。

光谱离解能 D_e 是分子最低势能与离解为原子状态之间的能量差，图 4-3 给出了离解能 $D_0(J/mol)$、光谱离解能 $D_e(J/mol)$ 和单一粒子基态振动势能 $\varepsilon_0(J)$ 之间关系，依图可知：

$$D_e = D_0 + N_A\varepsilon_0\Bigg|_{\varepsilon_0 = \frac{1}{2}h\nu_0} \quad (4\text{-}217)$$

$$= D_0 + N_A\frac{1}{2}h\nu_0$$

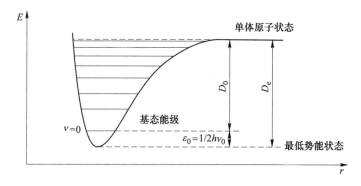

图 4-3　离解能 D_0、光谱离解能 D_e 和基态振动势能 ε_0 之间的关系

因此，从单一氯气分子（Cl_2）离解为两个氯原子（$2Cl$）的能量差 $\Delta\varepsilon_0$ 为：

$$\Delta\varepsilon_0 = \varepsilon_{2Cl} - \varepsilon_{Cl_2} = \frac{D_e}{N_A} \tag{4-218}$$

$$= \frac{D_0}{N_A} + \frac{1}{2}h\nu_0 \Bigg|_{\substack{D_0 = 238900J/mol \\ N_A = 6.022 \times 10^{23} mol^{-1} \\ \nu_0 = 1.694 \times 10^{13} Hz}}$$

$$= 4.023 \times 10^{19} J \tag{4-219}$$

所以：

$$\exp\left(-\frac{\Delta\varepsilon_0}{kT}\right)\Bigg|_{\substack{\Delta\varepsilon_0 = 4.023 \times 10^{-19}J \\ T = 2000K}} = 4.674 \times 10^{-7} \tag{4-220}$$

将以上的相关数据代入平衡常数计算式（式（4-209）），得：

$$K_p = \frac{kT}{p^\ominus}\frac{z'^2_{t(Cl)}}{z'_{t(Cl_2)}}\frac{1}{z_{r(Cl_2)}}\frac{1}{z_{v(Cl_2)}}\frac{z^2_{e(Cl)}}{z_{e(Cl_2)}}\exp\left(-\frac{\Delta\varepsilon_0}{kT}\right)\Bigg|_{\substack{p^\ominus = 101325Pa \\ T = 2000K}}$$

$$= (2.724 \times 10^{-25})(1.227 \times 10^{33})(3.478 \times 10^{-4})(0.410)(25.603)(4.674 \times 10^{-7})$$

$$= 0.570 \tag{4-221}$$

为了对比，以下采用热力学传统方法计算 Cl_2 离解反应的平衡常数 K_p。已知氯气离解反应：

$$Cl_2 \Longrightarrow 2Cl \qquad \Delta G^\ominus\Big|_{T=2000K} = 10350J/mol \tag{4-222}$$

由热力学关系式计算反应平衡常数 K_p 的自然对数值：

$$\ln K_{p(热力学计算)} = -\frac{\Delta G^\ominus}{RT}\Bigg|_{\substack{\Delta G^\ominus = 10350J/mol \\ T = 2000K}} \tag{4-223}$$

$$= -0.622$$

得到离解反应的平衡常数 $K_{p(热力学计算)}$：

$$K_{p(热力学计算)} = \frac{p_{Cl_2}}{p^2_{Cl}}\cdot p^\ominus = 0.537 \tag{4-224}$$

比较由统计热力学（配分函数）计算得到的平衡常数 K_p（$K_p = 0.570$）与由热力学计算得到的平衡常数 $K_{p(热力学计算)}$（$K_{p(热力学计算)} = 0.537$），两者相对误差较小，约 5.8%，表明了统计热力学计算的有效性。

例 9：计算 700K 温度条件下，反应 $H_2 + I_2 \Longrightarrow 2HI$ 的平衡常数 K_p。

解：首先将计算 K_p 过程中所需要的分子质量 m、转动惯量 I、对称数

σ、振动频率（基频）ν、离解能 D_0 等数据列于表 4-4。

表 4-4　有关计算反应 $H_2+I_2 \Longrightarrow 2HI$ 平衡常数的参数

项　目	H_2	I_2	HI
m/kg	0.332×10^{-26}	42.14×10^{-26}	21.24×10^{-26}
R_e/pm（键长）	74.0	267	160
折合质量 μ/kg	0.0837×10^{-26}	10.54×10^{-26}	0.165×10^{-26}
$I(=\mu R_e^2)/kg \cdot m^2$	0.0459×10^{-46}	75.14×10^{-46}	0.422×10^{-46}
对称数 σ	2	2	1
基频 ν/Hz	12.95×10^{13}	0.642×10^{13}	6.805×10^{13}
离解能 $D_0/kJ \cdot mol^{-1}$	431.8	149.0	295.0

由平衡常数 K_p 计算式：

$$K_p = \left(\frac{kT}{p^\ominus}\right)^{c-a-b} \frac{z_{HI}^{\prime c}}{z_{H_2}^{\prime a} z_{I_2}^{\prime b}} \Bigg|_{\substack{a=1 \\ b=1 \\ c=2 \\ T=T_0}}$$

$$= \frac{z_{HI}^{\prime 2}}{z_{H_2}^{\prime} z_{I_2}^{\prime}}$$

$$= \frac{z_{t(HI)}^{\prime 2}}{z_{t(H_2)}^{\prime} z_{t(I_2)}^{\prime}} \cdot \frac{z_{r(HI)}^2}{z_{r(H_2)} z_{r(I_2)}} \cdot \frac{z_{v(HI)}^2}{z_{v(H_2)} z_{v(I_2)}} \cdot \frac{z_{e(HI)}^2}{z_{e(H_2)} z_{e(I_2)}} \cdot \exp\left(-\frac{\Delta\varepsilon_0}{kT}\right)$$

（4-225）

因为：

$$\frac{z_{t(HI)}^{\prime 2}}{z_{t(H_2)}^{\prime} z_{t(I_2)}^{\prime}} = \frac{\left[(2\pi m_{HI}kT)^{\frac{3}{2}}/h^3\right]^2}{\left[(2\pi m_{H_2}kT)^{\frac{3}{2}}/h^3\right]\left[(2\pi m_{I_2}kT)^{\frac{3}{2}}/h^3\right]}$$

（4-226）

$$= \left(\frac{m_{HI}^2}{m_{H_2} m_{I_2}}\right)^{\frac{3}{2}}$$

$$= 183.1$$

$$\frac{z_{r(HI)}^2}{z_{r(H_2)} z_{r(I_2)}} = \frac{\left[(8\pi I_{HI}kT)/(\sigma_{HI}h^2)\right]^2}{\left[(8\pi I_{H_2}kT)/(\sigma_{H_2}h^2)\right]\left[(8\pi I_{I_2}kT)/(\sigma_{I_2}h^2)\right]} \Bigg|_{\substack{\sigma_{H_2}=2 \\ \sigma_{I_2}=2 \\ \sigma_{HI}=1}}$$

$$= \frac{[I_{HI}]^2}{[I_{H_2}/2][I_{I_2}/2]}$$

$$= \frac{4[I_{HI}]^2}{[I_{H_2}][I_{I_2}]}$$

$$= 0.208$$

（4-227）

$$\frac{z_{v(HI)}^2}{z_{v(H_2)}z_{v(I_2)}} = \frac{\left[e^{-\frac{h\nu_{HI}}{2kT}} \Big/ \left(1 - e^{-\frac{h\nu_{HI}}{kT}} \right) \right]^2}{\left[e^{-\frac{h\nu_{H_2}}{2kT}} \Big/ \left(1 - e^{-\frac{h\nu_{H_2}}{kT}} \right) \right] \cdot \left[e^{-\frac{h\nu_{I_2}}{2kT}} \Big/ \left(1 - e^{-\frac{h\nu_{I_2}}{kT}} \right) \right]}$$

$$= \frac{e^{-\frac{2h\nu_{HI}}{2kT}} \cdot \left(1 - e^{-\frac{h\nu_{H_2}}{kT}} \right) \cdot \left(1 - e^{-\frac{h\nu_{I_2}}{kT}} \right)}{e^{-\frac{h(\nu_{H_2}+\nu_{I_2})}{2kT}} \cdot \left(1 - e^{-\frac{h\nu_{HI}}{kT}} \right)^2}$$

$$= e^{-\frac{h}{2kT}(2\nu_{HI}-\nu_{H_2}-\nu_{I_2})} \cdot \frac{\left(1 - e^{-\frac{h\nu_{H_2}}{kT}} \right) \cdot \left(1 - e^{-\frac{h\nu_{I_2}}{kT}} \right)}{\left(1 - e^{-\frac{h\nu_{HI}}{kT}} \right)^2} \quad \begin{array}{l} \nu_{HI} = 6.805\times10^{13}\,\text{Hz} \\ \nu_{H_2} = 12.95\times10^{13}\,\text{Hz} \\ \nu_{I_2} = 0.642\times10^{13}\,\text{Hz} \end{array}$$

$$= 0.9938 \times \frac{0.9999 \times 0.3564}{0.9906^2}$$

$$= 0.361$$

$$(4\text{-}228)$$

由于各种物质的电子均处于基态，所以：

$$\frac{z_{e(HI)}^2}{z_{e(H_2)}z_{e(I_2)}} = 1 \qquad (4\text{-}229)$$

关于所有参与反应物质采用共同基准点的 $\Delta\varepsilon_0$，因为反应可视为由以下 3 个离解环节构成：

$$H_2 \Longrightarrow 2H \qquad\qquad ①$$

$$I_2 \Longrightarrow 2I \qquad\qquad ②$$

$$2H + 2I \Longrightarrow 2HI \qquad\qquad ③$$

所以，对于反应 $H_2+I_2 \Longrightarrow 2HI$ 等价于 1 个 H_2 和 1 个 I_2 离解，然后离解原子再相结合生成 2 个 HI（放出 2 个 HI 的离解能）的过程。

所以，采用共同基准点后的能量差 $\Delta\varepsilon_0$ 为：

$$\Delta\varepsilon_0 = \Delta\varepsilon_{H_2\to2H} + \Delta\varepsilon_{(I_2\to2I)} - \Delta\varepsilon_{(2HI\to2H+2I)}$$

$$= \frac{D_{e(H_2)} + D_{e(I_2)} - 2D_{e(HI)}}{N_A}$$

$$= \left(\frac{D_{0(H_2)}}{N_A} + \frac{1}{2}h\nu_{H_2} \right) + \left(\frac{D_{0(I_2)}}{N_A} + \frac{1}{2}h\nu_{I_2} \right) - 2\left(\frac{D_{0(HI)}}{N_A} + \frac{1}{2}h\nu_{HI} \right)$$

$$= \frac{D_{0(H_2)} + D_{0(I_2)} - 2D_{0(HI)}}{N_A} + \left(\frac{1}{2}h\nu_{H_2} + \frac{1}{2}h\nu_{I_2} - 2\cdot\frac{1}{2}h\nu_{HI} \right)$$

$$(4\text{-}230)$$

因此，平衡常数式（4-225）右端的末项可写为：

$$\exp\left(-\frac{\Delta\varepsilon_0}{kT}\right) = \exp\left(-\frac{D_{0(H_2)} + D_{0(I_2)} - 2D_{0(HI)}}{N_A kT}\right) \cdot$$

$$\exp\left(-\frac{\frac{1}{2}h\nu_{H_2} + \frac{1}{2}h\nu_{I_2} - 2\cdot\frac{1}{2}h\nu_{HI}}{kT}\right)$$

$$= \exp\left[\frac{2D_{0(HI)} - D_{0(H_2)} - D_{0(I_2)}}{N_A kT}\right] \cdot \exp\left[\frac{h}{2kT}(2\nu_{HI} - \nu_{H_2} - \nu_{I_2})\right]$$

$$= 4.861 \times 1.006$$

$$= 4.891$$

将以上有关数据代入平衡常数计算式（式（4-225）），得：

$$K_p = \frac{z_{t(HI)}'^2}{z_{t(H_2)}' z_{t(I_2)}'} \cdot \frac{z_{r(HI)}^2}{z_{r(H_2)} z_{r(I_2)}} \cdot \frac{z_{v(HI)}^2}{z_{v(H_2)} z_{v(I_2)}} \cdot \frac{z_{e(HI)}^2}{z_{e(H_2)} z_{e(I_2)}} \cdot \exp\left(-\frac{\Delta\varepsilon_0}{kT}\right)$$

$$= 183.1 \times 0.208 \times 0.361 \times 1 \times 4.891$$

$$= 67.24$$

对于 HI 合成反应，经实验测得反应在 700K 温度条件下的平衡常数值为 $K_p = 60.3$，可见实验测定值与由统计热力学配分函数计算得到的计算值非常接近。

再次要强调的是：对于振动配分函数，上述例子均为双原子分子的情况，微观粒子的内部振动只有一种振动模式，如果微观粒子是三原子或更复杂结构时，将有多种内部振动模式（如三原子线型分子的内部振动模式将有 4 种（$3n-f_t-f_r\Big|_{\substack{n=3\\f_t=3\\f_r=2}} = 4$）），在计算此情况下的振动配分函数时必须同时考虑 4 种振动模式的贡献。

—— • 4.5　由配分函数求算自由能函数 • ——

根据物理化学知识，利用自由能函数可以求算各种热力学参数。例如利用自由能函数计算化学反应 $aA + bB = cC + dD$（式（4-165））的 Gibbs 自由能变化 $\Delta G^{\ominus}$，进而计算反应的平衡常数。具体计算是利用反应平衡常数 K_p 与以 0K（或 298K）为参考态的自由能函数 $\left(\dfrac{G_T^{\ominus} - E_0^{\ominus}}{T}\right)$ 之间的关系计算反应的平衡常数 K_p：

$$-R\ln K_p = \frac{\Delta G_T^{\ominus}}{T} = \Delta\left(\frac{G_T^{\ominus} - E_0^{\ominus}}{T}\right) + \frac{\Delta E_0^{\ominus}}{T} \tag{4-231}$$

注意 1：式（4-231）中 $\Delta E_0^{\ominus}$ 是 0K 时反应 $aA + bB = cC + dD$（式（4-165））的摩尔总内能变化量，J/mol。

$$\Delta E_0^{\ominus} = N_A \Delta \varepsilon_0 \tag{4-232}$$

$$\Delta \varepsilon_0^{\ominus} = c\varepsilon_{0,C} + d\varepsilon_{0,D} - a\varepsilon_{0,A} - b\varepsilon_{0,B} \tag{4-233}$$

式中，$\varepsilon_{0,i}$ 是 i 物质在 0K 时的单个分子具有的内能，J。

注意 2：式（4-231）中 $\Delta\left(\dfrac{G_T^{\ominus} - E_0^{\ominus}}{T}\right)$ 是反应式（4-165）的自由能函数变化，J/(K·mol)。

$$\Delta\left(\frac{G_T^{\ominus} - E_0^{\ominus}}{T}\right) = c\left(\frac{G_T^{\ominus} - E_0^{\ominus}}{T}\right)_C + d\left(\frac{G_T^{\ominus} - E_0^{\ominus}}{T}\right)_D - a\left(\frac{G_T^{\ominus} - E_0^{\ominus}}{T}\right)_A - b\left(\frac{G_T^{\ominus} - E_0^{\ominus}}{T}\right)_B \tag{4-234}$$

上式中 i 物质的自由能函数 $\left(\dfrac{G_T^{\ominus} - E_0^{\ominus}}{T}\right)_i$ 可通过分别计算 i 物质平动、转动、振动的能量赋存形式对其贡献，然后进行加和获得：

$$\left(\frac{G_T^{\ominus} - E_0^{\ominus}}{T}\right)_i = \left(\frac{G_T^{\ominus} - E_0^{\ominus}}{T}\right)_t + \left(\frac{G_T^{\ominus} - E_0^{\ominus}}{T}\right)_r + \left(\frac{G_T^{\ominus} - E_0^{\ominus}}{T}\right)_v + \cdots \tag{4-235}$$

另外，对于 i 物质的 $\left(\dfrac{H_T^{\ominus} - H_0^{\ominus}}{T}\right)_i$，也可通过计算平动、转动、振动等能量形式对其贡献值，再进行加和获得：

$$\left(\frac{H_T^{\ominus} - H_0^{\ominus}}{T}\right)_i = \left(\frac{H_T^{\ominus} - H_0^{\ominus}}{T}\right)_t + \left(\frac{H_T^{\ominus} - H_0^{\ominus}}{T}\right)_r + \left(\frac{H_T^{\ominus} - H_0^{\ominus}}{T}\right)_v + \cdots \tag{4-236}$$

因此，若采用配分函数计算 $\Delta E_0^{\ominus}$ 和 $\left(\dfrac{G_T^{\ominus} - E_0^{\ominus}}{T}\right)$ 以及 $\left(\dfrac{H_T^{\ominus} - H_0^{\ominus}}{T}\right)_i$ 就可以由式（4-231）获得反应的平衡常数 K_p。

在讨论 $\Delta E_0^{\ominus}$ 和 $\left(\dfrac{G_T^{\ominus} - E_0^{\ominus}}{T}\right)$ 以及 $\left(\dfrac{H_T^{\ominus} - H_0^{\ominus}}{T}\right)_i$ 的计算方法之前，首先介绍几种热力学参数之间的内在关系。

（1）T 温度下热焓 $H_T^{\ominus}$ 与内能 $E_T^{\ominus}$ 之间的关系。

因为根据热焓 H 和内能 U 之间的热力学关系式：

$$H = U + pV \tag{4-237}$$

注意：式中的内能 U 就是式（4-231）中的 $E^{\ominus}$，0K 时的内能记为 $E_0^{\ominus}$。

对于 1mol 理想气体，由气体状态方程：

$$pV = RT \tag{4-238}$$

将式（4-238）代入式（4-237），并使用 E 替代 U，得到 T 温度下标准态热力学参数关系式：

$$H_T^{\ominus} = E_T^{\ominus} + RT \tag{4-239}$$

当 $T=0K$ 时，有：

$$H_0^\ominus = E_0^\ominus \qquad (4\text{-}240)$$

进而根据第 1 章给出的热力学基本关系式：

$$A = U - TS \qquad (4\text{-}241)$$

$$G = H - TS \qquad (4\text{-}242)$$

可知，在 0K 温度条件下，必然有：

$$E_0^\ominus = H_0^\ominus = A_0^\ominus = G_0^\ominus \qquad (4\text{-}243)$$

所以：

$$H_T^\ominus - E_0^\ominus = H_T^\ominus - H_0^\ominus \qquad (4\text{-}244)$$

$$G_T^\ominus - E_0^\ominus = G_T^\ominus - H_0^\ominus = G_T^\ominus - G_0^\ominus \qquad (4\text{-}245)$$

（2）T 温度下内能 $E_T^\ominus$ 与 0K 下 $E_0^\ominus$ 之间的关系。

因为：

$$dE_T = C_V dT \qquad (4\text{-}246)$$

所以：

$$E_T^\ominus = \int C_V dT + E_0^\ominus \qquad (4\text{-}247)$$

对于 i 物质，当温度变化范围不大，可认为 C_V 为常数时：

$$E_T^\ominus - E_0^\ominus = C_V T \qquad (4\text{-}248)$$

由于单原子气体分子 $C_V = \dfrac{3}{2}R$、刚性双原子气体分子 $C_V = \dfrac{5}{2}R$ ……所以对于单原子气体分子 $E_T^\ominus - E_0^\ominus = \dfrac{3}{2}RT$，对于刚性双原子气体分子 $E_T^\ominus - E_0^\ominus = \dfrac{5}{2}RT$。

又由于 T 温度时反应热（焓）变化 $\Delta H_T^\ominus$：

$$\Delta H_T^\ominus = \Delta H_0^\ominus + \int_0^T \Delta C_p dT = \Delta E_0^\ominus + \int_0^T \Delta C_p dT \qquad (4\text{-}249)$$

所以：

$$\Delta E_0^\ominus = \Delta H_0^\ominus = \Delta H_T^\ominus - \int_0^T \Delta C_p dT \qquad (4\text{-}250)$$

可见，若获得 ΔC_p 就可由上式计算 $\Delta E_0^\ominus$。

同理，对于 i 物质，当温度变化范围不大时可认为 C_p 为常数，所以有：

$$E_0^\ominus = H_0^\ominus = H_T^\ominus - C_p T \qquad (4\text{-}251)$$

或：

$$\frac{H_T^\ominus - H_0^\ominus}{T} = C_p \qquad (4\text{-}252)$$

注意：由于上述计算存在 C_V 和 C_p 等于常数的假设，导致有时会出现一些误差。

以下分别讨论 $\Delta E_0^{\ominus}$ 和 $\left(\dfrac{G_T^{\ominus} - E_0^{\ominus}}{T}\right)$ 以及 $\left(\dfrac{H_T^{\ominus} - H_0^{\ominus}}{T}\right)_i$ 的计算方法。

4.5.1 $\Delta E_0^{\ominus}$ 的获得

4.5.1.1 由量热法或光谱法求算 $\Delta E_0^{\ominus}$

一般 $\Delta E_0^{\ominus}$ 可由量热法或光谱法等方法测定。

（1）量热法。由式（4-248）和式（4-251）可知，若采用量热法测定 i 物质的恒容热容 C_V 或恒压热容 C_p，就可获得 $\Delta E_0^{\ominus}$。

（2）光谱法。参考图 4-3 和式（4-217），如果将分子从完全不振动的状态离解为中性原子时所需的最小能量记为 D_e，则 D_e 与 D_0 的关系为：

$$|D_e| = |D_0| + \frac{1}{2}h\nu \tag{4-253}$$

式中，ν 为 i 振动模式下的振动基频，s^{-1}；D_0 为 i 物质单个分子从基态的分子状态分解为完全独立的中性气态原子，即分子从振动量子数为零（$\nu = 0$）离解为中性原子时需要的最小能量，称为离解能，J。

注意：D_e 和 D_0 在式（4-253）和式（4-217）中采用的单位略有不同，式（4-253）中为单个分子的离解能量，而在式（4-217）中为 1mol 分子的离解能量。

可见，若由光谱法测定 i 物质的离解能 D_0 就可由 $\Delta E_0^{\ominus} = N_A \cdot D_0$ 计算 $\Delta E_0^{\ominus}$。

4.5.1.2 由标准焓函数计算 $\Delta E_0^{\ominus}$

由式（4-244）知，若以 0K 为参考态，则标准焓函数可写为：

$$H_T^{\ominus} - H_0^{\ominus} = H_T^{\ominus} - E_0^{\ominus} \tag{4-254}$$

或：

$$\frac{H_T^{\ominus} - H_0^{\ominus}}{T} = \frac{H_T^{\ominus} - E_0^{\ominus}}{T} \tag{4-255}$$

所以：

$$\Delta E_0^{\ominus} = \Delta H_T^{\ominus} - \Delta(H_T^{\ominus} - H_0^{\ominus}) = \Delta H_T^{\ominus} - T\Delta\left(\frac{H_T^{\ominus} - H_0^{\ominus}}{T}\right) \tag{4-256}$$

若以 298K 为参考态，对于标准焓函数（$H_0^{\ominus} - H_{298}^{\ominus}$）的变化为：

$$\Delta(H_0^{\ominus} - H_{298}^{\ominus}) = \Delta H_0^{\ominus} - \Delta H_{298}^{\ominus} = \Delta E_0^{\ominus} - \Delta H_{298}^{\ominus} \tag{4-257}$$

所以：

$$\begin{aligned}
\Delta E_0^{\ominus} &= \Delta H_{298}^{\ominus} + \Delta(H_0^{\ominus} - H_{298}^{\ominus}) \\
&= \Delta H_{298}^{\ominus} + T\Delta\left(\frac{H_0^{\ominus} - H_{298}^{\ominus}}{T}\right)
\end{aligned} \tag{4-258}$$

4.5.1.3 由 $\Delta S_T^\ominus$ 及自由能函数计算 $\Delta E_0^\ominus$

因为：

$$\Delta G_T^\ominus = \Delta H_T^\ominus - T\Delta S_T^\ominus \qquad (4\text{-}259)$$

即：

$$\Delta H_T^\ominus - T\Delta S_T^\ominus - \Delta G_T^\ominus = 0 \qquad (4\text{-}260)$$

所以有：

$$\Delta H_0^\ominus = \Delta E_0^\ominus = -T\left[\Delta\left(\frac{G_T^\ominus - H_0^\ominus}{T}\right) + \Delta S_T^\ominus\right] + \Delta H_T^\ominus \qquad (4\text{-}261)$$

因此，通过配分函数计算 $\Delta S_T^\ominus$ 和自由能函数 $\left(\dfrac{G_T^\ominus - H_0^\ominus}{T}\right)$ 可以求

算 $\Delta E_0^\ominus$。

反之，若将式（4-261）改写为：

$$-\Delta\left(\frac{G_T^\ominus - H_0^\ominus}{T}\right) = -\Delta\left(\frac{G_T^\ominus - E_0^\ominus}{T}\right) = \Delta S_T^\ominus - \Delta\frac{H_T^\ominus - E_0^\ominus}{T} \qquad (4\text{-}262)$$

也可通过配分函数先计算 $\Delta S_T^\ominus$ 和 $\Delta\dfrac{H_T^\ominus - E_0^\ominus}{T}$，然后求算 $-\Delta\left(\dfrac{G_T^\ominus - H_0^\ominus}{T}\right)$。

4.5.2 由配分函数计算 $-\dfrac{G_T^\ominus - H_0^\ominus}{T}$

举例介绍由配分函数计算自由能函数 $-\dfrac{G_T^\ominus - H_0^\ominus}{T}$ 的方法。

例 10： 试计算 500K 下的 1mol CO_2 自由能函数，并给出 $-\dfrac{G_{500}^\ominus - H_0^\ominus}{500}$ 的

表达式。已知：CO_2 气体分子的摩尔质量 $M=44\text{g/mol}$，CO_2 气体分子的转动惯量 $I = 7.18\times10^{-46}\text{kg}\cdot\text{m}^2$。

解： 对于 500K 下的 1mol CO_2 的自由能函数 $-\dfrac{G_{500}^\ominus - H_0^\ominus}{500}$，由式

（4-262）知：

$$-\left(\frac{G_T^\ominus - H_0^\ominus}{T}\right) = -\left(\frac{G_T^\ominus - E_0^\ominus}{T}\right) = S_T^\ominus - \frac{H_T^\ominus - E_0^\ominus}{T} \qquad (4\text{-}263)$$

首先分别计算平动、转动、振动对 $S_T^\ominus$ 和 $\dfrac{H_T^\ominus - E_0^\ominus}{T}$ 的贡献值，然后进

行加和确定 $-\dfrac{G_{500}^\ominus - H_0^\ominus}{500}$。

关于体系的熵值与配分函数之间的关系式，在 4.2.2 节曾从混合概率的角度出发进行了推导。但由于统计热力学重点关注的是体系微观状态数，所以本节将从体系微观状态数的视角出发，再次对体系的熵与配分函

数之间的关系进行推导。

考虑到气体属于不可分辨的离域子体系，而且对于简并度 ω_i 远大于微观粒子数 n_i 的离域子体系，无论是离域玻色子还是离域费米子，其总的微观状态数均可用离域经典子的微观状态数表达式表示。以下对离域经典子体系的熵值计算式进行详细推导。

因为离域经典子的微观状态数表达式（式（3-18））为：

$$P_{\text{tot}} = w = \prod_i \frac{\omega_i^{n_i}}{n_i!}$$

根据式（4-47）玻耳兹曼公式（也称玻耳兹曼-普朗克公式（Boltzmann-Planck）），体系的熵值与微观状态数之间的关系式为：

$$S = k\ln P_{\text{tot}} = k\ln w$$

将式（3-18）代入式（4-47），得：

$$S = k\Big(\sum_i n_i\ln\omega_i - \sum_i \ln n_i! \Big) \tag{4-264}$$

尽管 $n_i \ll \omega_i$，但 n_i 仍然数目巨大，所以式（4-264）中须引入斯特林公式（Stirling 公式），得：

$$S = k\sum_i (n_i\ln\omega_i - n_i\ln n_i + n_i) \tag{4-265}$$

$$= k\sum_i \left(n_i\ln\frac{\omega_i}{n_i} + n_i \right)$$

设总的粒子数为 1mol，即：

$$N_{\text{总}} = \sum_i n_i = N_A \tag{4-266}$$

所以式（4-265）也可写为：

$$S = -k\sum_i n_i\ln\frac{n_i}{\omega_i} + kN_A \tag{4-267}$$

进而，对于 1mol 的微观粒子，由玻耳兹曼分布定律（参见（式3-34））：

$$n_i = \frac{N_A}{z}\omega_i\exp\left(-\frac{\varepsilon_i}{kT} \right) \tag{4-268}$$

可得：

$$\ln\frac{n_i}{\omega_i} = \ln\frac{N_A}{z} - \frac{\varepsilon_i}{kT} \tag{4-269}$$

将式（4-269）代入式（4-267），得：

$$S = -k \sum_i n_i (\ln \frac{N_A}{z} - \frac{\varepsilon_i}{kT}) + kN_A$$

$$= -k (\sum_i n_i) \cdot \ln \frac{N_A}{z} + \frac{1}{T} \sum_i n_i \varepsilon_i + kN_A \qquad (4\text{-}270)$$

$$= kN_A \cdot \ln \frac{z}{N_A} + \frac{E}{T} + kN_A$$

$$= R\ln \frac{z}{N_A} + \frac{E}{T} + R$$

上式就是离域子体系的熵值与配分函数之间的内在数学关系。

注意：关于定域子体系的熵值计算式也可将定域子微观状态数式（3-10）代入玻耳兹曼熵值公式（式（4-47）），然后推导出与表4-1完全相同的数学表达式，这里不赘述。

由于总配分函数由平动、转动、振动等的配分函数构成，设体系内只存在平动、转动和振动三种形式的能量，则总配分函数 z 可写成：

$$z = z_t \cdot z_r \cdot z_v \qquad (2\text{-}271)$$

代入式（4-270），得：

$$S = R\ln \frac{z_t z_r z_v}{N_A} + \frac{E_t + E_r + E_v}{T} + R \qquad (4\text{-}272)$$

式中内能 $E_i (i = t, r, v)$ 分别由下式计算：

$$E_t = RT^2 \left(\frac{\partial \ln z_t}{\partial T} \right)_V \qquad (4\text{-}273)$$

$$E_r = RT^2 \frac{d\ln z_r}{dT} \qquad (4\text{-}274)$$

$$E_v = RT^2 \frac{d\ln z_v}{dT} \qquad (4\text{-}275)$$

注意：由于式（4-272）中含有阿伏伽德罗常数 N_A 和气体常数 R，因此在分别计算平动、转动和振动对熵的贡献时，需把这两个常数分配在平动、转动和振动三者中的某一项里，一般是将这两个参数都归结到平动项中。

所以，对于平动熵值，由配分函数 $\left(z_t = \frac{(2\pi mkT)^{\frac{3}{2}} V}{h^3} \right)$、内能 $\left(E_t = \frac{3}{2}RT \right)$ 以及 N_A 和 R 得：

$$S_t = R\ln \frac{(2\pi mkT)^{\frac{3}{2}} V}{N_A h^3} + \frac{5}{2}R \qquad (4\text{-}276)$$

比较前述的沙克尔-特鲁德方程（参见式（4-97）），可见两者完全一致。

对于转动熵值，由线型结构分子转动的配分函数$\left(z_r = \dfrac{8\pi^2 IkT}{\sigma h^2}\right)$、内能$\left(E_r = \dfrac{2}{2}RT\right)$得到前述的式（4-119）：

$$S_r = R\ln\frac{8\pi^2 IkT}{\sigma h^2} + R$$

而对于非线型结构分子转动，应用前述的（4-120）非线型结构分子转动配分函数表达式$z_r = \dfrac{\pi^{\frac{1}{2}}}{\sigma}\left(\dfrac{8\pi^2 I_A kT}{h^2}\right)^{\frac{1}{2}}\left(\dfrac{8\pi^2 I_B kT}{h^2}\right)^{\frac{1}{2}}\left(\dfrac{8\pi^2 I_C kT}{h^2}\right)^{\frac{1}{2}}$和$E_r = \dfrac{3}{2}RT$得：

$$S_r = \frac{R}{2}\ln\left[\pi I_A I_B I_C \left(\frac{8\pi^2 kT}{h^2}\right)^3\right] - R\ln\sigma + \frac{3}{2}R \qquad (4\text{-}277)$$

对于振动熵值，将第i种模式振动配分函数$z_{v,i} = \dfrac{\exp\left(-\dfrac{\Theta_{v,i}}{2T}\right)}{1 - \exp\left(-\dfrac{\Theta_{v,i}}{T}\right)}\Bigg|_{\Theta_{v,i}=\frac{h\nu_i}{k}}$

（式(4-128)）和内能$E_{v,i} = \dfrac{R\Theta_{v,i}}{2} + \dfrac{R\Theta_{v,i}}{\exp\left(\dfrac{\Theta_{v,i}}{T}\right) - 1}$（式（4-139））代入

式（4-270），并考虑到N_A与R已分配在平动项中，得：

$$S_v = \sum_{i=1}^{n}\left\{\frac{R\Theta_{v,i}}{T\left[\exp\left(\dfrac{\Theta_{v,i}}{T}\right) - 1\right]} - R\ln\left[1 - \exp\left(-\frac{\Theta_{v,i}}{T}\right)\right]\right\} \qquad (4\text{-}278)$$

以下，再次详细推导平动熵、转动熵与振动熵的计算公式。

（1）平动贡献。

对于理想气体，因为$V = \dfrac{RT}{p} = \dfrac{kN_A T}{p}\Bigg|_{p=101325\text{Pa}}$，又因为$m = \dfrac{M}{1000N_A}$，

将V和m代入式（4-276），得：

$$S_t = R\ln M^{\frac{3}{2}}T^{\frac{5}{2}} + R\ln\left[\left(\frac{2\pi k}{1000N_A}\right)^{\frac{3}{2}}\frac{k}{101325h^3}\right] + \frac{5}{2}R \qquad (4\text{-}279)$$

$$= \frac{3}{2}R\ln M + \frac{5}{2}R\ln T - 9.685$$

当$T = 273.15\text{K}$：

$$S_{t,298}^{\ominus} = \frac{3}{2}R\ln M + 108.745 \qquad (4\text{-}280)$$

因此，对于1mol CO_2气体将$M = 44$（注意：此处M已包含了单位换

算，是单纯的数值）代入式（4-279），得：

$$S_{t,500} = \frac{3}{2}R\ln M + \frac{5}{2}R\ln T - 9.685 = 166.677 \text{J}/(\text{K} \cdot \text{mol}) \quad (4\text{-}281)$$

对于平动 $\left(\dfrac{H_T^{\ominus} - E_0^{\ominus}}{T}\right)_t$，由热力学基本关系式 $H = U + pV$ 和 $E_t = RT^2$

$\left(\dfrac{\partial \ln z_t}{\partial T}\right)_V$，并考虑到理想气体，所以：

$$H_{t,T}^{\ominus} = U_t^{\ominus} + pV \xrightarrow{\text{理想气体}} E_t^{\ominus} + RT = \frac{3}{2}RT + RT = \frac{5}{2}RT \quad (4\text{-}282)$$

虽然 0K 时的 $E_{t,0}^{\ominus}$ 绝对值无法测定，但由于有关能量计算时主要关注能量相对变化值，故方便起见，设定：

$$E_{t,0}^{\ominus} = 0 \quad (4\text{-}283)$$

所以，1mol CO_2 气体 500K 时的 $\left(\dfrac{H_T^{\ominus} - E_0^{\ominus}}{T}\right)_t$：

$$\left(\frac{H_{t,500}^{\ominus} - E_{t,0}^{\ominus}}{500}\right)_t = \frac{5}{2}R = 20.785 \text{J}/(\text{K} \cdot \text{mol}) \quad (4\text{-}284)$$

因此：

$$-\left(\frac{G_{500}^{\ominus} - H_0^{\ominus}}{500}\right)_t = S_{t,500}^{\ominus} - \left(\frac{H_{t,500}^{\ominus} - E_0^{\ominus}}{500}\right)_t = 145.90 \text{J}/(\text{K} \cdot \text{mol})$$

$$(4\text{-}285)$$

（2）转动贡献。

若分子为线型结构，由于转动配分函数：

$$z_r = \frac{8\pi^2 IkT}{\sigma h^2} = \left.\frac{T}{\sigma \Theta_r}\right|_{\Theta_r = \frac{h^2}{8\pi^2 Ik}} \quad (4\text{-}286)$$

又由于线型分子的转动熵 S_r，由式（4-119）得：

$$S_r = R\ln z_r + \frac{2}{2}R = R\ln \frac{T}{\sigma \Theta_r} + R \quad (4\text{-}287)$$

$T = 298$K 时：

$$S_r = \left.R\ln \frac{T}{\sigma \Theta_r} + R\right|_{T=298} = 55.65 - R\ln(\sigma \Theta_r) \quad (4\text{-}288)$$

另外，对于式（4-286），也可改写为：

$$z_r = \frac{8\pi^2 IkT}{\sigma h^2} = 2.479 \times 10^{45} \cdot \frac{IT}{\sigma} \quad (4\text{-}289)$$

将式（4-289）代入式（4-287），得：

$$S_r = R\ln z_r + R$$

$$= R\ln\left(2.479 \times 10^{45} \cdot \frac{IT}{\sigma}\right) + R \quad (4\text{-}290)$$

$$= R\ln \frac{IT}{\sigma} + 877.38$$

将 $T = 298K$ 代入上式：

$$S_r = R\ln\frac{I}{\sigma} + 924.76 \qquad (4\text{-}291)$$

对于 $\left(\dfrac{H_T^\ominus - E_0^\ominus}{T}\right)_r$，因为对于转动和振动，有：

$$H_{r,T}^\ominus = E_{r,T}^\ominus \qquad (4\text{-}292)$$

$$H_{v,T}^\ominus = E_{v,T}^\ominus \qquad (4\text{-}293)$$

由于 $E_r = RT^2\dfrac{\mathrm{d}\ln z_r}{\mathrm{d}T}$，得：

$$H_{r,T}^\ominus = U_{r,T}^\ominus = E_{r,T}^\ominus \xrightarrow{\text{线型结构}} \frac{2}{2}RT = RT \qquad (4\text{-}294)$$

所以，1mol CO_2 气体 500K 时的 $\left(\dfrac{H_T^\ominus - E_0^\ominus}{T}\right)_r$：

$$\left(\frac{H_{r,500}^\ominus - E_{r,0}^\ominus}{500}\right)_r = R = 8.314 \mathrm{J/(K \cdot mol)} \qquad (4\text{-}295)$$

与设定 0K 时平动内能 $E_{t,0}^\ominus$ 为零的理由类似，设定：

$$E_{r,0}^\ominus = 0 \qquad (4\text{-}296)$$

因此：

$$-\left(\frac{G_{500}^\ominus - H_0^\ominus}{500}\right)_r = S_{r,500}^\ominus - \left(\frac{H_{r,500}^\ominus - E_{r,0}^\ominus}{500}\right)_r$$

$$= \left[\left(R\ln\frac{IT}{\sigma} + 877.38\right) - R\right]\Bigg|_{\substack{T = 500K \\ I = 7.18\times10^{-46}\mathrm{kg\cdot m^2} \\ \sigma = 2}}$$

$$= 50.71 \mathrm{J/(K \cdot mol)}$$

$$(4\text{-}297)$$

关于非线型结构分子的转动熵值计算方法，因为非线型结构转动配分函数（式（4-120））：

$$z_r = \frac{\pi^{\frac{1}{2}}}{\sigma}\left(\frac{8\pi^2 I_A kT}{h^2}\right)^{\frac{1}{2}}\left(\frac{8\pi^2 I_B kT}{h^2}\right)^{\frac{1}{2}}\left(\frac{8\pi^2 I_C kT}{h^2}\right)^{\frac{1}{2}}$$

$$= \frac{(\pi I_A I_B I_C)^{\frac{1}{2}}}{\sigma}\left(\frac{8\pi^2 kT}{h^2}\right)^{\frac{3}{2}}$$

$$= \frac{\pi^{\frac{1}{2}}}{\sigma}\left(\frac{T^3}{\Theta_{r,A}\Theta_{r,B}\Theta_{r,C}}\right)^{\frac{1}{2}}$$

式中，σ 为对称数，其取值与分子结构有关，如 H_2O 分子 $\sigma = 2$、CH_4 和 C_6H_6 分子 $\sigma = 12$；$\Theta_{r,A}$、$\Theta_{r,B}$、$\Theta_{r,C}$ 均为转动特征温度，$\Theta_{r,A} = \dfrac{h^2}{8\pi^2 I_A k}$，

$\Theta_{r,B} = \dfrac{h^2}{8\pi^2 I_B k}$，$\Theta_{r,C} = \dfrac{h^2}{8\pi^2 I_C k}$。

所以，对于 1mol 的气体，若以转动惯量为计算参数，则非线型结构分子转动对熵值的贡献值：

$$S_r = R\ln z_r + \frac{3}{2}R$$

$$= R\ln\left[\frac{(\pi I_A I_B I_C)^{\frac{1}{2}}}{\sigma}\left(\frac{8\pi^2 kT}{h^2}\right)^{\frac{3}{2}}\right] + \frac{3}{2}R \qquad (4\text{-}298)$$

$$= \frac{R}{2}\ln\left[\pi I_A I_B I_C\left(\frac{8\pi^2 kT}{h^2}\right)^3\right] - R\ln\sigma + \frac{3}{2}R$$

$$= R\ln\left[\frac{(I_A I_B I_C)^{\frac{1}{2}}}{\sigma}\right] + \frac{3}{2}R\ln T + 1320.84$$

若以转动特征温度作为计算参数，则：

$$S_r = \frac{R}{2}\ln\left(\frac{\pi T^3}{\Theta_{r,A}\Theta_{r,B}\Theta_{r,C}}\right) - R\ln\sigma + \frac{3}{2}R \qquad (4\text{-}299)$$

298K 时，

$$S_{r,298} = R\ln\left[\frac{(I_A I_B I_C)^{\frac{1}{2}}}{\sigma}\right] + 1391.89 \qquad (4\text{-}300)$$

或：

$$S_{r,298} = 88.289 - R\ln\left[\sigma\left(\Theta_{r,A}\Theta_{r,B}\Theta_{r,C}\right)^{\frac{1}{2}}\right] \qquad (4\text{-}301)$$

对于非线型结构的 $H_{r,T}^{\ominus}$，因为非线型结构转动内能为 $E_r = RT^2\dfrac{\mathrm{d}\ln z_r}{\mathrm{d}T} = \dfrac{3}{2}RT$，所以：

$$H_{r,T}^{\ominus} = U_{r,T}^{\ominus} = E_{r,T}^{\ominus} \xrightarrow{\text{非线型结构}} \frac{3}{2}RT \qquad (4\text{-}302)$$

所以：

$$-\left(\frac{G_{500}^{\ominus} - H_0^{\ominus}}{500}\right)_r = S_{r,500}^{\ominus} - \frac{H_{r,500}^{\ominus} - E_0^{\ominus}}{500}$$

$$= \left[\frac{R}{2}\ln\left(\frac{\pi T^3}{\Theta_{r,A}\Theta_{r,B}\Theta_{r,C}}\right) - R\ln\sigma + \frac{3}{2}R\right] - \frac{3}{2}R$$

$$= \frac{R}{2}\ln\left(\frac{\pi T^3}{\Theta_{r,A}\Theta_{r,B}\Theta_{r,C}}\right) - R\ln\sigma \qquad (4\text{-}303)$$

（3）振动贡献。

对于具有 n 种振动模式分子（对于 CO_2 气体分子，$n=4$）的总振动配分函数：

$$z_v = \prod_{i=1}^{n} z_{v,i} \qquad (4\text{-}304)$$

上式两边取对数，得：

$$\ln z_v = \sum_{i=1}^{n} \ln z_{v,i} \tag{4-305}$$

因为：

$$z_{v,i} = \sum_{v=0}^{\infty} \exp\left[\left(-\frac{\Theta_{v,i}}{T}\right)\left(v + \frac{1}{2}\right)\right] \tag{4-306}$$

式中，v 为 i 种振动模式下的振动量子数，$v=0$，1，2，…。

所以：

$$z_{v,i} = \exp\left(-\frac{\Theta_{v,i}}{2T}\right) \sum_{v=0}^{\infty} \exp\left(-\frac{\Theta_{v,i}}{T} v\right)$$

$$= \frac{\exp\left(-\dfrac{\Theta_{v,i}}{2T}\right)}{1 - \exp\left(-\dfrac{\Theta_{v,i}}{T}\right)} \tag{4-307}$$

因此总振动配分函数的计算表达式：

$$z_v = \prod_{i=1}^{n} \frac{\exp\left(-\dfrac{\Theta_{v,i}}{2T}\right)}{1 - \exp\left(-\dfrac{\Theta_{v,i}}{T}\right)} \tag{4-308}$$

所以振动对熵值的贡献为：

$$S_v = \frac{U_v}{T} + R\ln z_v \Bigg|_{\substack{U_v = RT^2\left(\frac{\partial \ln z_v}{\partial T}\right)_V \\ z_v = \frac{\exp\left(-\frac{\Theta_{v,i}}{2T}\right)}{1-\exp\left(-\frac{\Theta_{v,j}}{T}\right)}}}$$

$$= \sum_{i=1}^{n} \left\{ \frac{R\Theta_{v,i}}{T\left[\exp\left(\dfrac{\Theta_{v,i}}{T}\right) - 1\right]} - R\ln\left[1 - \exp\left(-\dfrac{\Theta_{v,i}}{T}\right)\right] \right\} \tag{4-309}$$

对于式（4-263）中的 $-\dfrac{H_T^{\ominus} - E_0^{\ominus}}{T}$，由热焓与配分函数的关系式：

$$H_{T,v,i}^{\ominus} = RT\left[\left(\frac{\partial \ln z_{T,v,i}}{\partial \ln T}\right)_V + \left(\frac{\partial \ln z_{T,v,i}}{\partial \ln V}\right)_T\right] \Bigg|_{\substack{z_{T,v,j} \neq f(V) \\ z_{T,v,j} = \frac{\exp\left(-\frac{\Theta_{v,j}}{2T}\right)}{1-\exp\left(-\frac{\Theta_{v,j}}{T}\right)}}}$$

$$= \left[R\frac{\Theta_{v,i}}{2} + R\frac{\Theta_{v,i}}{\exp\left(\dfrac{\Theta_{v,i}}{T}\right) - 1}\right] + 0 \tag{4-310}$$

$$= \frac{R\Theta_{v,i}}{2} \times \frac{\exp\left(\dfrac{\Theta_{v,i}}{T}\right) + 1}{\exp\left(\dfrac{\Theta_{v,i}}{T}\right) - 1}$$

又因为：

$$U = E = RT^2 \left(\frac{\partial \ln z}{\partial T} \right)_V \tag{4-311}$$

将 0K 时的振动配分函数代入上式，得 0K 时的基点能：

$$E_{0,v,i}^{\ominus} = U_{0,v,i} = RT^2 \left(\frac{\partial \ln z_{0,v,i}}{\partial T} \right)_V \Bigg|_{z_{0,v,i} = \exp\left(-\frac{\Theta_{v,i}}{2T} \right)} \tag{4-312}$$

$$= \frac{R\Theta_{v,i}}{2}$$

所以，将式（4-310）和式（4-312）代入 $-\dfrac{H_T^{\ominus} - E_0^{\ominus}}{T}$，得：

$$-\left(\frac{H_T^{\ominus} - E_0^{\ominus}}{T} \right)_{v,i} = -\frac{1}{T} \left[\frac{R\Theta_{v,i}}{2} \cdot \frac{\exp\left(\dfrac{\Theta_{v,i}}{T} \right) + 1}{\exp\left(\dfrac{\Theta_{v,i}}{T} \right) - 1} - \frac{R\Theta_{v,i}}{2} \right]$$

$$= -\frac{R\Theta_{v,i}}{T \left[\exp\left(\dfrac{\Theta_{v,i}}{T} \right) - 1 \right]} \tag{4-313}$$

将 $T = 500K$ 和 CO_2 气体分子的 4 种振动特征温度 $\Theta_{v,i}$ 值（$\Theta_{v,1} = 1890K$、$\Theta_{v,2} = 954K$、$\Theta_{v,3} = 954K$、$\Theta_{v,4} = 3360K$）代入式（4-313），得：

$$-\left(\frac{E_T^{\ominus} - H_0^{\ominus}}{T} \right)_{v,1} \Bigg|_{T=500K} = -0.734 \text{J/(K} \cdot \text{mol)}$$

$$-\left(\frac{E_T^{\ominus} - H_0^{\ominus}}{T} \right)_{v,2\text{和}3} \Bigg|_{T=500K} = -2.764 \text{J/(K} \cdot \text{mol)}$$

$$-\left(\frac{E_T^{\ominus} - H_0^{\ominus}}{T} \right)_{v,4} \Bigg|_{T=500K} = -0.067 \text{J/(K} \cdot \text{mol)}$$

所以，振动对 $-\left(\dfrac{H_T^{\ominus} - E_0^{\ominus}}{T} \right)_v$ 贡献值为：

$$-\left(\frac{E_T^{\ominus} - H_0^{\ominus}}{T} \right)_v \Bigg|_{T=500} = \sum_{i=1}^{4} -\left(\frac{E_T^{\ominus} - H_0^{\ominus}}{T} \right)_{v,i} \Bigg|_{T=500K} = -6.239 \text{J/(K} \cdot \text{mol)} \tag{4-314}$$

把式（4-309）和式（4-313）代入式（4-263），即可得 $T = 500K$ 时的振动贡献值为：

$$-\left(\frac{G_T^{\ominus} - H_0^{\ominus}}{T}\right)_v = -\left(\frac{G_T^{\ominus} - E_0^{\ominus}}{T}\right)_v = S_{T,v}^{\ominus} - \left(\frac{H_T^{\ominus} - E_0^{\ominus}}{T}\right)_v$$

$$= \left(\sum_{i=1}^{4}\left\{\frac{R\Theta_{v,i}}{T\left[\exp\left(\frac{\Theta_{v,i}}{T}\right) - 1\right]} - R\ln\left[1 - \exp\left(-\frac{\Theta_{v,i}}{T}\right)\right]\right\}\right) -$$

$$\sum_{i=1}^{4}\frac{R\Theta_{v,i}}{T\left[\exp\left(\frac{\Theta_{v,i}}{T}\right) - 1\right]}$$

$$= \sum_{i=1}^{4}\left\{-R\ln\left[1 - \exp\left(-\frac{\Theta_{v,i}}{T}\right)\right]\Bigg|_{T=500K}\right\}$$

$$= 0.192 + 1.336 + 1.336 + 0.010 = 2.874 J/(K \cdot mol)$$

$$(4\text{-}315)$$

因此，500K 时 1mol CO_2 气体总的自由能函数 $-\left(\frac{G_T^{\ominus} - H_0^{\ominus}}{T}\right)$ 或

$-\left(\frac{G_T^{\ominus} - E_0^{\ominus}}{T}\right)$ 等于上述分别计算的平动、转动、振动贡献值之和。把

式（4-285）、式（4-297）和式（4-315）进行加和，得：

$$-\left(\frac{G_T^{\ominus} - H_0^{\ominus}}{T}\right) = -\left(\frac{G_T^{\ominus} - E_0^{\ominus}}{T}\right) = 145.90 + 50.71 + 2.87 = 199.48 J/(K \cdot mol)$$

$$(4\text{-}316)$$

关于 500K 时 1mol CO_2 气体的 $-\frac{G_{500}^{\ominus} - H_0^{\ominus}}{500} + \frac{H_{500}^{\ominus} - H_0^{\ominus}}{500}$ 值计算，采用

统计的方法由 CO_2 气体 4 种振动模式的振动特征温度 $\Theta_v = 1890K$、954K、

954K、3360K，计算 500K 下 1mol CO_2 气体的焓 $\left(\frac{H_T^{\ominus} - H_0^{\ominus}}{T}\right)$ 值。因为：

$$\left(\frac{H_T^{\ominus} - H_0^{\ominus}}{T}\right) = \left(\frac{H_T^{\ominus} - H_0^{\ominus}}{T}\right)_t + \left(\frac{H_T^{\ominus} - H_0^{\ominus}}{T}\right)_r + \left(\frac{H_T^{\ominus} - H_0^{\ominus}}{T}\right)_v + \cdots$$

$$(4\text{-}317)$$

对于 1mol 物质，式（4-317）中右边的各项分别取值如下：

$$\left(\frac{H_T^{\ominus} - H_0^{\ominus}}{T}\right)_t = \frac{U + PV}{T} = \frac{3}{2}R + R = \frac{5}{2}R \tag{4-318}$$

$$\left(\frac{H_T^{\ominus} - H_0^{\ominus}}{T}\right)_r = R \quad （线型结构） \tag{4-319}$$

或：

$$\left(\frac{H_T^{\ominus} - H_0^{\ominus}}{T}\right)_r = \frac{3}{2}R \quad （非线型结构） \tag{4-320}$$

$$\left(\frac{H_T^{\ominus} - H_0^{\ominus}}{T}\right)_v = \sum_i \frac{R\Theta_{v,i}}{T\left[\exp\left(\frac{\Theta_{v,i}}{T}\right) - 1\right]} \qquad (4\text{-}321)$$

（1）CO_2 气体分子的平动对焓的贡献，由式（4-318）给出：

$$\left.\left(\frac{H_T^{\ominus} - H_0^{\ominus}}{T}\right)\right|_t\bigg|_{T=500} = \frac{5}{2}R = 20.785\text{J/(K·mol)} \qquad (4\text{-}322)$$

（2）CO_2 气体的内部转动对焓的贡献，因为 CO_2 气体为线型结构，所以由式（4-319）得：

$$\left.\left(\frac{H_T^{\ominus} - H_0^{\ominus}}{T}\right)\right|_r\bigg|_{T=500} = \left.\left(\frac{E_T^{\ominus} - E_0^{\ominus}}{T}\right)\right|_r\bigg|_{T=500} = R \qquad (4\text{-}323)$$

（3）CO_2 气体内部振动对焓的贡献，由于 CO_2 分子具有 4 种模式振动，根据式（4-321）先分别计算每一种振动模式对焓的贡献，然后加和得到总的振动贡献：

$$\left.\left(\frac{H_T^{\ominus} - H_0^{\ominus}}{T}\right)\right|_v\bigg|_{T=500} = \left.\left(\frac{E_T^{\ominus} - E_0^{\ominus}}{T}\right)\right|_v\bigg|_{T=500} = \left.\sum_{i=1}^{4} \frac{R\Theta_{v,i}}{T\left[\exp\left(\frac{\Theta_{v,i}}{T}\right) - 1\right]}\right|_{T=500}$$

$$= (0.0883 + 0.3324 + 0.3324 + 0.0081)R$$

$$= 0.7612R$$

$$= 6.329\text{J/(K·mol)} \qquad (4\text{-}324)$$

将式（4-322）～式（4-324）相加，得到 500K 时总的热焓值 $\left.\left(\frac{H_T^{\ominus} - H_0^{\ominus}}{T}\right)\right|_{T=500}$：

$$\left.\left(\frac{H_T^{\ominus} - H_0^{\ominus}}{T}\right)\right|_{T=500} = \frac{5}{2}R + R + 0.7612R \qquad (4\text{-}325)$$

$$= 4.2612R$$

$$= 35.43\text{J/(K·mol)}$$

因此，将式（4-316）与式（4-325）相加，得：

$$-\frac{G_{500}^{\ominus} - H_0^{\ominus}}{500} + \frac{H_{500}^{\ominus} - H_0^{\ominus}}{500} = 199.48 + 35.43 = 234.91\text{J/(K·mol)} \qquad (4\text{-}326)$$

4.5.3　使用自由能函数计算 $\Delta G_T^{\ominus}$

在利用参与反应各物质自由能函数的值计算化学反应 $\Delta G_T^{\ominus}$ 时，可根据如下关系进行计算：

$$\Delta G_T^{\ominus} = \Delta H_0^{\ominus} - T\Delta\left(-\frac{G_T^{\ominus} - H_0^{\ominus}}{T}\right) \qquad (4\text{-}327)$$

注意：上式中 $\Delta H_0^{\ominus}$ 即是式（4-231）中的 $\Delta E_0^{\ominus}$。

对于反应 $I_2(g) = 2I(g)$ 可由光谱法或通过量热法获得 $\Delta H_{298}^{\ominus}$，然后由下式计算 $\Delta H_0^{\ominus}$：

$$\Delta H_0^{\ominus} = \Delta H_{298}^{\ominus} - 298.15\Delta\left(\frac{H_{298}^{\ominus} - H_0^{\ominus}}{298.15}\right) \qquad (4\text{-}328)$$

另外由热化学实验获得 $\Delta H_{298}^{\ominus}$，也可直接利用下式计算 $\Delta G_T^{\ominus}$：

$$\Delta G_T^{\ominus} = \Delta H_{298}^{\ominus} - T\Delta\left(-\frac{G_T^{\ominus} - H_{298}^{\ominus}}{T}\right) \qquad (4\text{-}329)$$

又因为 $\Delta G_T^{\ominus} = \Delta H_T^{\ominus} - T\Delta S_T^{\ominus}$，所以：

$$\Delta S_{298}^{\ominus} = \Delta\left(-\frac{G_{298}^{\ominus} - H_{298}^{\ominus}}{298}\right) \qquad (4\text{-}330)$$

可见，若已知 298K 时的自由能函数就可以计算不同温度下的熵变。

以下介绍由自由能函数计算反应 $H_2(g) + I_2(g) = 2HI(g)$ 的 $\Delta G_{298}^{\ominus}$、$\Delta G_{500}^{\ominus}$ 和 $\Delta S_{298}^{\ominus}$ 的方法。已知以 0K 和 298K 为参考态时的自由能函数分别列于表 4-5 和表 4-6。

表 4-5　以 0K 为参考态时的自由能函数

气体	$-\left(\dfrac{G_T^{\ominus} - H_0^{\ominus}}{T}\right) /\mathrm{J \cdot (K \cdot mol)^{-1}}$			$H_{298}^{\ominus} - H_0^{\ominus}/\mathrm{kJ \cdot mol^{-1}}$	$\Delta H_{0f}^{\ominus}/\mathrm{kJ \cdot mol^{-1}}$
	298.15K	500K	1000K		
$H_2(g)$	102.17	116.84	136.98	8.468	0
$I_2(g)$	226.69	244.60	269.45	10.117	65.10
$HI(g)$	177.40	192.42	212.978	8.657	28.0

表 4-6　以 298K 为参考态时的自由能函数

气体	$-\left(\dfrac{G_T^{\ominus} - H_{298}^{\ominus}}{T}\right) /\mathrm{J \cdot (K \cdot mol)^{-1}}$			$H_{298}^{\ominus} - H_0^{\ominus}/\mathrm{kJ \cdot mol^{-1}}$	$\Delta H_{298f}^{\ominus}/\mathrm{kJ \cdot mol^{-1}}$
	298.15K	500K	1000K		
$H_2(g)$	130.59	133.89	145.44	8.468	0
$I_2(g)$	260.58	264.81	279.57	10.117	62.43
$HI(g)$	206.48	209.83	221.67	8.657	25.94

（1）若以 0K 为参考态，将表 4-5 数据代入式（4-327），得：

$$\Delta G_T^{\ominus} = \Delta H_0^{\ominus} - T\Delta\left(-\frac{G_T^{\ominus} - H_0^{\ominus}}{T}\right)$$

$$\Delta G_{298}^{\ominus} = (2 \times 28.0 - 0 - 65.10) - \frac{298.15}{1000}(2 \times 177.40 - 102.17 - 226.69)$$

$$= -16.8\mathrm{kJ/mol}$$

$$\Delta G_{500}^{\ominus} = (2 \times 28.0 - 0 - 65.10) - \frac{500}{1000}(2 \times 192.42 - 116.94 - 244.60)$$

$$= -20.88 \text{kJ/mol}$$

注意：式中的 1000 是把 J 换算为 kJ 的换算系数。

（2）若以 298K 为参考态，将表 4-6 数据代入式（4-329），得：

$$\Delta G_{298}^{\ominus} = (2 \times 25.94 - 0 - 62.43) -$$

$$\frac{298.15}{1000}(2 \times 206.48 - 130.59 - 260.58)$$

$$= -17.05 \text{kJ/mol}$$

$$\Delta G_{500}^{\ominus} = (2 \times 25.94 - 0 - 62.43) - \frac{500}{1000}(2 \times 209.83 - 133.89 - 264.81)$$

$$= -21.03 \text{kJ/mol}$$

比较两种参考态下得到的 $\Delta G_{298}^{\ominus}$ 或 $\Delta G_{500}^{\ominus}$ 计算结果都很相近，相对误差均小于 1.5%。可见无论使用何种参考态对计算结果都不会产生较大的影响。进而计算 $\Delta S_{298}^{\ominus}$，将表 4-6 数据代入式（4-330），得：

$$\Delta S_{298}^{\ominus} = \Delta \left(-\frac{G_{298}^{\ominus} - H_{298}^{\ominus}}{298} \right)$$

$$= 2 \times 206.48 - 130.59 - 260.58$$

$$= 21.79 \text{J/(K·mol)}$$

习　　题

1. 已知 Zn(g)，$M_{Zn} = 65.37\text{g/mol}$ 和 HCl(g)，$M_{HCl} = 36.46\text{g/mol}$，试计算 298K、101325Pa 条件下的摩尔平动熵。实测两种物质的摩尔熵值分别为 160.7J/(K·mol) 和 186.2J/(K·mol)，试与计算值相比较。

（参考答案：160.9J/(K·mol)，153.6J/(K·mol)）

2. 气体 CO 和 N_2 的分子量和转动惯量相等，试比较同温度、压强条件下两者摩尔平动熵和转动熵异同。

（参考答案：两者相差 $R\ln2 = 5.8$J/(K·mol)（提示：对称性））

3. 试求线型分子 N_2O 在 293K 温度条件下的恒容热容 C_V。已知：振动特征温度 Θ_v 为 3200K、1840K、850K（2）括号 2 表示简并度为 2；C_V 实测值 = 30.01J/(K·mol)。

（参考答案：30.03J/(K·mol)）

4. 试采用统计热力学的方法计算单原子 Na 蒸气在 298K 下的摩尔熵值，并与实测值 153.35J/(K·mol) 进行比较。已知 $M_{Na} = 22.99\text{g/mol}$。（Barin 数据：153.675J/(K·mol)）

（参考答案：$S_t = 147.84$，$S_e = R\ln2 = 5.76$，$S_{tot} = 153.60$J/(K·mol)）

5.（1）NO 气体的电子最低能级与第一激发状态的简并度均为 2，第一激发态能量较基态高出 121cm^{-1}（0.363×10^{13}Hz）试给出电子配分函数 z_e 与温度 T 的关系式，并计

算 $T = 298K$ 温度条件下的电子配分函数值。（2）试求该温度下电子跃迁对摩尔内能和摩尔熵的贡献。

（参考答案：（1）$z_e = 3.115$；（2）$E_e = 518J/mol$，$S_e = 11.184J/(K \cdot mol)$）

6. 已知 H_2、I_2、HI 三种物质从最低振动能级（振动量子数 $v = 0$）的双原子分子离解为两个原子的离解能分别为：$7.171 \times 10^{-19}J$、$2.470 \times 10^{-19}J$、$4.896 \times 10^{-19}J$，求 0K 时，由 $H_2(g)$ 和 $I_2(g)$ 生成 1mol HI(g) 的焓变。

（参考答案：$\Delta H_0^\ominus = -4.55kJ/mol$）

7. 试计算反应 $N_2(g) + O_2(g) = 2NO(g)$ 在 2000K 时的平衡常数 K_p。已知：$N_2(g)$、$O_2(g)$、$NO(g)$ 的分子量 $M(g/mol)$ 分别为 28.0、32.0、30.0，转动特征温度 Θ_r 分别为 2.89K、2.08K、2.45K，振动特征温度 Θ_v 分别为 3353K、2239K、2699K，离解能 $D_0(kJ/mol)$ 分别为 941.2、490.1、626.1。另外，O_2 电子基态简并度为 3，激发态简并度为 2，其能量比基态高出 $1.5733 \times 10^{-19}J$；NO 电子基态简并度为 2，激发态简并度为 2，其能量比基态高出 $2.3838 \times 10^{-19}J$。

（参考答案：$K_p = 1.0067 \times 4.01 \times 0.9978 \times 4.891 \times \exp\left(-\dfrac{179.1 \times 10^3}{8.314 \times 2000}\right) = 4.14 \times 10^{-4}$）

8. 试根据表 4-7 数据计算 500K 温度下反应 $N_2(g) + 3H_2(g) = 2NH_3(g)$ 的平衡常数 K_p。已知 $NH_3(g)$ 的标准生成焓变 $\Delta H_0^\ominus = -39.2kJ/mol$。

表 4-7　有关 N_2、H_2、NH_3 分子的参数

气体	$M/g \cdot mol^{-1}$	Θ_r/K	Θ_v/K
N_2	28.02	2.89	3353
H_2	2.016	87.5	5986
NH_3	17.03	14.30　14.30　9.08	4912(2)　4801　2342(2)　1367

注：表中（2）表示简并度为 2。

（参考答案：$K_p = 0.148$）

9. 试根据表 4-8 数据计算 800K 温度下反应 $H_2O(g) + D_2O(g) = 2HOD(g)$ 平衡常数 K_p。忽略振动对 Gibbs 自由能的贡献。

表 4-8　有关 H_2O、D_2O、HOD 分子的参数

气体	$M/g \cdot mol^{-1}$	$I_A/10^{-47}kg \cdot m^2$	$I_B/10^{-47}kg \cdot m^2$	$I_C/10^{-47}kg \cdot m^2$	基准能 $\Delta H_0^\ominus/kJ \cdot mol^{-1}$
H_2O	18.01	1.02	1.92	2.94	231.92
D_2O	20.03	1.84	3.83	5.67	169.58
HOD	19.02	1.21	3.06	4.27	201.79

（参考答案：$K_p = 1.0042 \times 4.17 \times 1.000 \times 0.731 = 3.06$）

10. 试求 700K 温度下 KBr(g) 离解为离子反应的平衡常数 K_p。已知：KBr 的键长为 294pm，$\Delta H_0^\ominus = 472kJ/mol$，忽略振动影响并将气体视为理想气体。原子量 $M_K = 39$，$M_{Br} = 80g/mol$。

（参考答案：$K_p = 4.08 \times 10^{-32}$）

11. 已知 1200K 温度下反应 $I_2(g) \Longrightarrow 2I(g)$ 平衡常数 $K_p = 1.23$，并已知 I_2 的键长为 266.6pm，伸缩振动波数 213.2cm^{-1}，原子量 $M_I = 129$g/mol，试求反应的 $\Delta H_0^{\ominus}$。

（参考答案：$\Delta H_0^{\ominus} = 120.1$kJ/mol）

12. 对于 300K、101325Pa 条件下 1mol 不可分辨的分子体系，设配分函数 $z = 1.00 \times 10^{30}$，（1）若此时的能量比零点能高出 3740J/mol，试求摩尔熵；（2）若粒子可分辨，摩尔熵又是多少？

（参考答案：（1）139.9；（2）586.8J/(K·mol)，定域子与离域子相差 $R(\ln L - 1) = 446.9$J/(K·mol)）

13. 设某粒子只有平动和转动能，若平动能级允许能量为 0、1 个能量单位，转动能级允许能量为 0、2 个能量单位（假设两种形式的能量单位相等），同时设两个平动能级的简并度均为 3，基态转动能级为非简并、另一转动能级简并度为 3，分别给出平动、转动以及体系的总配分函数。

（参考答案：$z_t = 3 + 3\exp\left(-\dfrac{1}{kT}\right)$，$z_r = 1 + 3\exp\left(-\dfrac{2}{kT}\right)$，

$$z_{tot} = z_t z_r = 3 + 3\exp\left(-\frac{1}{kT}\right) + 9\exp\left(-\frac{2}{kT}\right) + 9\exp\left(-\frac{3}{kT}\right)$$

$\varepsilon_0 = 0 + 0, \varepsilon_1 = 1 + 0, \varepsilon_2 = 0 + 2, \varepsilon_3 = 1 + 2, \omega_0 = \omega_{t,0}\omega_{r,0} = 3 \times 1, 3 \times 1, 3 \times 3, 3 \times 3$）

14. 已知 300K、101325Pa 条件下某理想气体的平动配分函数 $z_t = 1.00 \times 10^{30}$、转动配分函数 $z_r = 1.00 \times 10^2$、振动配分函数 $z_v = 1.10$。（1）分别求平动简并度 $\omega_t = 10^{15}$、具有 $\varepsilon_t = 6.00 \times 10^{-21}$J 能量分子的占比，转动简并度 $\omega_r = 30$、具有 $\varepsilon_r = 4.00 \times 10^{-21}$J 能量分子的占比以及振动简并度 $\omega_v = 1$、具有 $\varepsilon_v = 1.00 \times 10^{-21}$J 能量分子的占比；（2）计算总能量 $\varepsilon_{tot} = 11.00 \times 10^{-21}$J 的分子比例。

（参考答案：（1）$\dfrac{n_t}{N} = 2.35 \times 10^{-26}$，$\dfrac{n_r}{N} = 0.114$，$\dfrac{n_v}{N} = 0.714$；（2）$\dfrac{n_t}{N} \cdot \dfrac{n_r}{N} \cdot \dfrac{n_v}{N} = 1.91 \times 10^{-27}$）

15. 已知 300K、101325Pa 条件下某双原子分子理想气体的平动配分函数 $z_t = 1.00 \times 10^{30}$、转动配分函数 $z_r = 1.00 \times 10^2$、振动配分函数 $z_v = 1.00$，该条件下经典力学给出的摩尔平动与转动能量分别是 $\varepsilon_t = \dfrac{3}{2}RT$ 和 $\varepsilon_r = RT$，问摩尔振动能量是多少？并计算摩尔熵。

（参考答案：因为 $z_v = 1.00$，表明分子均处于基态，则 $E_v = 0.00$；又因为 $E_t = 3742$J/mol，$E_r = 2494$J/mol，所以 $S_t = 140$J/(K·mol)、$S_r = 47$J/(K·mol)）

16. 试求 273K 温度下、占据 22.4×10^{-3}m^3 体积一个 O_2 分子的平动配分函数 z_t。已知氧气分子量 $M_{O_2} = 32 \times 10^{-3}$kg/mol。

（参考答案：$z_t = 3.441 \times 10^{30}$）

17. 求 Ar 气在 298K 温度下的标准熵。已知分子量 $M_{Ar} = 40$kg/mol。

（参考答案：$S^{\ominus} = S_t^{\ominus} = 154.736$J/(K·mol)）

18. 已知 HD 分子的键长为 75pm，原子量 $M_H = 1.0$g/mol、$M_D = 2.0$g/mol，求该分子的转动惯量。

（参考答案：$I = 6.2 \times 10^{-48}$kg·m^2）

19. 已知 $^{14}N_2$ 的分子量为 28g/mol，键长 109.5pm，求 298K、1000atm（$1.01325 \times$

10^8 Pa) 条件下摩尔平动熵和转动熵。已知由热力学第三定律得到的摩尔熵为 192.0J/(K·mol)，试比较两者的差异。

（参考答案：$S_t^\ominus = 150.3$J/(K·mol)；$S_r^\ominus = 41.1$J/(K·mol)；$S_{tot}^\ominus = S_t^\ominus + S_r^\ominus = 191.4$J/(K·mol)）

20. 已知 NH_3 分子呈三角锥结构，其三个转动特征温度分别为 14.303K、14.303K、9.080K，试求 298K 时的 NH_3 分子的摩尔转动能，以及内部转动对体系摩尔热容和摩尔熵的贡献。

（参考答案：$E_r = 3718$J/mol，$C_r = 12.47$J/(K·mol)，$S_r = 47.863$J/(K·mol)）

21. 将 Cl_2 气体视为理想气体，已知 $M = 70$g/mol，设零点能为 0，若转动特征温度为 0.351K、振动特征温度为 810K，求 298K 下的摩尔平动能、转动能和振动能及总能量，计算标准熵及恒容热容 C_V。

（参考答案：$E_t = \dfrac{3}{2}R \times 298$，$E_r = \dfrac{2}{2}R \times 298$，$E_v = 57.32R$，$E_{tot} = 6674$J/mol；$S_t^\ominus = 161.72$，$S_r^\ominus = 58.63$，$S_v^\ominus = 2.17$，$S_{tot}^\ominus = 222.52$J/(K·mol) $C_V = 25.44$J/(K·mol)）

22. 试计算 298K 时 $O_2(g)$ 的标准熵。已知 $M = 32$g/mol，转动特征温度为 2.07K，振动特征温度为 2256K，电子基态的简并度为 3。

（参考答案：$S_t^\ominus = \dfrac{3}{2}R\ln 32.0 + 108.745$，$S_r^\ominus = 55.69 - R\ln(2 \times 2.07)$，$S_v^\ominus \approx 0$，$S_e^\ominus = R\ln\omega \big|_{\omega=3}$，$S_{298}^\ominus = 205.0$J/(K·mol)）

23. H_2 的 $M = 2.0$g/mol，转动特征温度为 87.5K，振动特征温度为 6215K，求 80K、101325Pa 条件下的摩尔熵。

（参考答案：$\because S_t^\ominus = 90.141$，$S_r^\ominus = 15.13$，$S_v^\ominus = 0$，$\therefore S_{tot,80K}^\ominus = 105.27$J/(K·mol)）

24. 试给出 500K 时 $CO_2(g)$ 的 $\dfrac{H_T^\ominus - H_0^\ominus}{T}$ 计算方法及数值。已知振动特征温度为：1890K、3360K、954K、954K。

（参考答案：$\left(\dfrac{H_{500}^\ominus - H_0^\ominus}{500}\right)_t = \dfrac{5}{2}R$，$\left(\dfrac{H_{500}^\ominus - H_0^\ominus}{500}\right)_r = R$，$\left(\dfrac{H_{500}^\ominus - H_0^\ominus}{500}\right)_v = 0.7612R$，$\left(\dfrac{H_{500}^\ominus - H_0^\ominus}{500}\right)_{tot} = 4.2612R = 35.43$J/(K·mol)）

25. 计算 5000K 下，反应 $Na(g) \Longrightarrow Na^+(g) + e^-$ 的平衡常数 K_p。已知 $M_{Na} = 23$g/mol、电子质量 $m_e = 9.111 \times 10^{-31}$kg、$Na(g)$ 电子基态的全角动量量子数 $J = 1/2$、Na 第一离子化能量 5.14eV（1eV $= 1.062 \times 10^{-19}$J）；忽略 Na 的电子激发，将自由电子视为理想气体。

（参考答案：$K_p = \dfrac{\left(\dfrac{z_{Na^+}}{N_A}\right)\left(\dfrac{z_{e^-}}{N_A}\right)}{\left(\dfrac{z_{Na}}{N_A}\right)} \exp\left(-\dfrac{\Delta H_0^\ominus}{RT}\right) = \dfrac{1}{2} \times 1165 \times \exp\left(\dfrac{-496500}{8.314 \times 5000}\right) = 3.83 \times 10^{-3}$）

26. 现有室温下 $He(g)$、$CO(g)$、$H_2O(g)$、冰、$CO_2(s)$ 5 种体系，问：其中哪几种体系的配分函数一定要含 $1/N!$ 因子？

（参考答案：气态物质属于离域经典子，所以需要 $1/N!$ 因子，而固体物质属于

定域子，则不含 $1/N!$)

27. 设 Ar 原子在边长为 1cm、体积为 V 的立方体中，求 100K、298K、10000K 和 0K 时的平动配分函数。

（参考答案：4.74×10^{25}，2.44×10^{26}，4.74×10^{28}，1）

28. 将 N_2 在弧喷射火焰中加热，通过测定其光谱线相对强度，得到各振动激发态相对于基态的百分数为：

$$\upsilon \quad\quad 0 \quad\quad 1 \quad\quad 2 \quad\quad 3$$

$$\frac{N_{\upsilon}}{N} \quad 1.000 \quad 0.261 \quad 0.069 \quad 0.018$$

试说明火焰中的气体处于热力学平衡，并计算气体温度。已知振动特征温度 $\Theta_{\mathrm{v}} = 3390\mathrm{K}$。

（参考答案：实验数据 $\dfrac{N_{\upsilon}}{N_{\upsilon+1}} = 3.82$ 为定值，所以达到平衡；$T = 2520\mathrm{K}$）

29. 已知 CO_2 的振动形式有 4 种：分别为对称伸缩 $\nu_1 = 3.939 \times 10^{13}\mathrm{Hz}$，频率相等的两种弯曲 $\nu_2 = 1.988 \times 10^{13}\mathrm{Hz}$，不对称伸缩 $\nu_3 = 7.000 \times 10^{13}\mathrm{Hz}$，试计算每一振动形式对应的振动特征温度 Θ_{v_i}，298K 时的振动配分函数 $z_{\mathrm{v}i}$ 以及分子的总振动配分函数 $z_{\mathrm{v,tot}}$。

（参考答案：1890K、954（2）K、3360K；1.002、1.042、1.000；基本为 1.0，即表明均在基态振动，但弯曲振动的影响不可忽略，$z_{\mathrm{v,tot}} = 1.002 \times 1.042^2 \times 1.000 = 1.088$）

30. 试计算 400K、101325Pa 下 Ar 气体的摩尔平动能、摩尔熵、摩尔功焓。

（参考答案：4.988J/mol，155.82J/（K·mol），-61.84kJ/mol）

31. 试计算 300K 时 CCl_4 的转动惯量和转动配分函数。已知 C—Cl 键长 0.1766nm。

（参考答案：$I_A = I_B = I_C = 4.89 \times 10^{-45}\mathrm{kg \cdot m^2}$；$z_\mathrm{r} = 3.25 \times 10^4$）

32. 300K 时 HCl 最低的三个振动能级相对粒子数是多少？已知 $\tilde{\nu} = 2990\mathrm{cm}^{-1}$，试计算 10%HCl 分子处于第一振动激发态对应的温度。

（参考答案：1.000，6×10^{-7}，4×10^{-15}，1960K）

33. 某分子的电子第一激发态与基态能差为 20.915kJ/mol，若忽略其他的激发态，试计算 200℃时电子配分函数 z_e 以及电子跃迁对能量 E、热容 C_V 的贡献（设基态及第一激发态均为非简并）

（参考答案：1.0049、101.982J/mol，5.463×10^{-5}J/（K·mol））

34. N_2 的相对分子量 28.01，键长 109.5pm，计算 298K 时 N_2 的摩尔平动熵和转动熵。该温度下的第三定律熵值为 192.0J/（K·mol），试与计算值比较之。

（参考答案：平动熵 150.3、转动熵 41.1J/（K·mol），两者之和总熵 191.4J/（K·mol），与 192.0J/（K·mol）相近，因此可以忽略振动对熵的贡献）

35. N_2O 为线型分子，已知 $M = 44$，转动特征温度 $\Theta_\mathrm{r} = 0.602\mathrm{K}$，求：（1）该分子的转动惯量；（2）298K 时的摩尔平动熵和转动熵；（3）该温度下标准熵的文献值为 220.2J/（K·mol），试比较之。

（参考答案：（1）$I = 6.69 \times 10^{-46}\mathrm{kg \cdot m^2}$；（2）平动熵 155.94J/（K·mol）、转动熵 59.91J/（K·mol）；（3）两者之和 215.85J/（K·mol），比文献值小较多，表明振动的贡献不可忽略）

36. 求算298K时 O_2 的标准摩尔熵，已知 $M=32$、$\Theta_r=2.07K$、$\Theta_v=2256K$，电子基态三重简并。

（参考答案：205.0J/（K·mol））

37. 假定1mol Kr 在300K时的体积为 V，恰好与1mol He 的体积相同，如果两种气体的熵值相同，问此时 He 气体的温度是多少？

（参考答案：6285K）

38. 计算298K和500K时 NO 分子摩尔熵中电子的贡献。已知电子基态与第一激发态能量差为121.1cm^{-1}，且两个能级都是双重简并的。

（参考答案：11.2J/（K·mol）、11.4J/（K·mol））

39. 已知反应 $2HCl+Br_2 = 2HBr+Cl_2$，$\Delta E_0=116.34kJ$（ΔE_0 为0K时的 ΔE）。假设 $\Delta H_{298}^{\ominus}=\Delta E_{298}^{\ominus}=\Delta E_0$，（1）试说明该假设的合理性；（2）分别计算平动对反应熵变的贡献 $\Delta S_{t,298}^{\ominus}$ 和反应的 $\Delta S_{298}^{\ominus}$；（3）计算反应的 $\Delta G^{\ominus}$。已知 HBr、HCl、Br_2、Cl_2 的相对分子质量分别为81、36.5、160、71，转动特征温度分别为12、15、0.12、0.35K，忽略振动的贡献。

（参考答案：（2）9.75J/（K·mol），−5.19J/（K·mol）；（3）114.98kJ/mol）

40. 计算 $CO+H_2O(g) = CO_2+H_2$ 在25℃的标准平动熵变。

（参考答案：−21.76J/（K·mol））

41. 求算500K时摩尔 CO_2 标准焓函数。已知 $\Theta_{v,i}=1890$，3360，954（2）K。

（参考答案：$\left(\dfrac{H_T^{\ominus}-H_0^{\ominus}}{T}\right)_t = \dfrac{5}{2}R + R + 0.7612R = 35.43J/（K·mol）$）

42. 试证明平动对摩尔 Gibbs 自由能函数的贡献为：

$$-\left(\frac{G_T^{\ominus}-E_T^{\ominus}}{T}\right)_t = \frac{3}{2}R\ln M + \frac{5}{2}R\ln T - 30.471$$

并计算1275K时 I_2 气体和 I 原子气体的平动摩尔 Gibbs 自由能函数值。

（参考答案：I_2：187.2J/（K·mol）、I：178.57J/（K·mol））

43. 由下表数据计算298K时反应 $H_2(g)+I_2(g) = 2HI(g)$ 的平衡常数 K_p。

气体	$M/g·mol^{-1}$	Θ_r/K	Θ_v/K	$D_0/10^{-19}J$
$H_2(g)$	2.016	87.51	5986	7.171
$I_2(g)$	253.81	0.0538	306.8	2.470
$HI(g)$	127.91	9.43	3209	4.896

（参考答案：$K_p = 180.81 \times 0.1918 \times 0.6427 \times \exp\left(-\dfrac{9090}{8.314 \times 298}\right) = 880$）

44. 计算2000K时氰离解反应 $C_2N_2 = 2CN$ 的平衡常数 K_p。已知 $\Delta E_0^{\ominus}=475kJ/mol$，CN 基的键长0.1172nm，基频2062cm^{-1}；电子简并度为2；C_2N_2 分子为线型，其 $C\equiv C$ 键长为0.1380nm、C—N 键长为0.1157nm，振动基频226cm^{-1}（2）、506cm^{-1}（2）、848cm^{-1}、2149cm^{-1}、2322cm^{-1}，括号2表示该频率的振动为双重简并。

（参考答案：$K_p=4.16\times10^{-5}$（以 atm 为压力单位））

45. 计算1000K时反应 $N_2(g)+3H_2(g) = 2NH_3(g)$ 的平衡常数 K_p。

已知，振动数据（单位 cm^{-1}）如下：

NH_3：3336.7（1）、950.4（1）、3443.8（2）、1626.8（2）

N_2：2360

H_2：4400

转动惯量（单位 $10^{-47}kg \cdot m^2$）

NH_3：$I_A = I_B = 2.81$、$I_C = 4.43$

N_2：$I = 13.84$

H_2：0.456

（参考答案：$K_p = 4.13 \times 10^{-7}$）

46. 计算 400K 时反应 $CO(g) + H_2O(g) = CO_2(g) + H_2(g)$ 的平衡常数 K_p。

M /g·mol^{-1}	I_A /10^{-47}kg·m^2	I_B /10^{-47}kg·m^2	I_C /10^{-47}kg·m^2	$\tilde{\nu}$/cm^{-1}	$\Delta_f H_0^{\ominus}$ /kJ·mol^{-1}
CO	28.01	14.49	——	2143.2	−113.81
H_2O	18.01	1.02	1.92 2.94	3652、1595、3756	−238.94
CO_2	44.01	71.8	——	1314、2335、663（2）	−393.17
H_2	2.016	0.460	——	4160.2	0

（参考答案：$K_p = 0.148$）

5　动力学参数的微观诠释

▶人物录 27.

阿伦尼乌斯

斯万特·奥古斯特·阿伦尼乌斯（Svante August Arrhenius），物理化学家。1859 年 2 月出生于瑞典乌普萨拉附近的维克城堡。他是电离理论的创立者，解释溶液中电解分离现象，研究过温度对化学反应速度的影响，得出著名的阿伦尼乌斯公式，还提出了等氢离子现象理论、分子活化理论和盐的水解理论，对宇宙化学、天体物理学和生物化学等也有研究，1903 年因建立电离学说获得诺贝尔化学奖。主要著作有：《溶液理论》《宇宙物理学教程》《免疫化学》《生物化学中定量定律》《化学原理》等。

反应动力学参数，如反应速度常数 k 等，通常使用**阿伦尼乌斯**公式计算：

$$k = A\exp\left(-\frac{E}{RT}\right) \tag{5-1}$$

本章从微观粒子的角度对阿伦尼乌斯公式进行微观诠释及公式推导。

注意：本教材中的反应速度常数 k 和玻耳兹曼常数 k 两者均使用同一符号，请在阅读时根据上下文进行区分。

——• 5.1　碰撞理论 •——

对于反应动力学机理解释存在多种理论，其中碰撞理论是普遍被人们认可的理论之一。

碰撞理论的基本观点：

（1）分子在发生反应时，必须由分子（粒子）之间的碰撞才能完成，认为粒子之间的彼此碰撞是分子之间发生反应的必要条件。

（2）只有大于临界能量 E（称之为活化能）的碰撞才能发生反应，因此通常将大于临界能量的碰撞称为有效碰撞，具有大于临界能量的分子称为活化分子。

基于上述观点，反应的反应速度与碰撞次数以及活化分子数量有关，表达式为：

反应速度 ∝ 单位时间的分子碰撞数 × 生成活化分子的概率　（5-2）

因此，若能确定单位时间内的分子碰撞数和生成活化分子的概率即可评价反应速度。

以下介绍碰撞数和活化分子比例数的数学描述。

5.1.1　碰撞数

设有 A、B 两种分子（粒子），假定分子为刚性球体，其半径分别为 r_A 和 r_B，则碰撞半径 r_{AB} 为：

$$r_{AB} = \frac{r_A + r_B}{2} \tag{5-3}$$

进而再假设：B 分子为静止状态，而 A 分子的平均运动速度为 $\bar{v}_A$，则单位时间 A 分子扫描过的碰撞体积 V 为：

$$V = \pi r_{AB}^2 \, \bar{v}_A \tag{5-4}$$

令：

$$\pi r_{AB}^2 = \sigma_{AB} \tag{5-5}$$

称 σ_{AB} 为碰撞截面（图 5-1）。

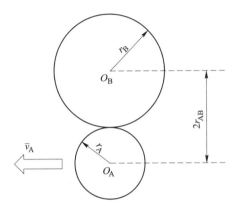

图 5-1　碰撞半径和碰撞截面示意图

如果单位体积内 B 分子的分子个数（分子浓度）为 n_B，则某 A 分子与 B 分子碰撞的次数 N' 为：

$$N' = \pi r_{AB}^2 \, \bar{v}_A \cdot n_B \tag{5-6}$$

若单位时间有 n_A 个 A 分子运动（n_A 相当于 A 分子浓度），则单位时间内 A 分子与 B 分子的碰撞次数 N 为：

$$N = \pi r_{AB}^2 \, \bar{v}_A \cdot n_A \cdot n_B \tag{5-7}$$

如果同时考虑 B 分子的平均运动速度为 $\overline{v_B}$，则 A 分子和 B 分子的平均速度 $\bar{v}$ 为：

$$\bar{v} = \sqrt{\bar{v}_A^2 + \bar{v}_B^2} \tag{5-8}$$

因此，此时的碰撞次数 Z'_{AB} 为：

$$Z'_{AB} = \pi r_{AB}^2 \cdot \sqrt{\bar{v}_A^2 + \bar{v}_B^2} \cdot n_A \cdot n_B \tag{5-9}$$

对于平均速度，应用分子平均速度公式（参见 1.4.2 节与 3.6.2 节）：

$$\bar{v} = \sqrt{\frac{8kT}{\pi m}} \tag{5-10}$$

一般情况下，式中质量 m 使用折合质量 μ：

$$\mu = \frac{m_A m_B}{m_A + m_B} \tag{5-11}$$

所以，式（5-9）可改写为：

$$Z'_{AB} = \pi r_{AB}^2 \cdot \sqrt{\frac{8kT}{\pi \mu}} \cdot n_A \cdot n_B \tag{5-12}$$

若将 $n_A = n_B = 1$ 时对应的碰撞次数记为 Z_{AB}，则：

$$Z_{AB} = \pi r_{AB}^2 \cdot \sqrt{\frac{8kT}{\pi\mu}} \tag{5-13}$$

式中，Z_{AB} 为碰撞数。

5.1.2 活化分子比例数

具有临界能量 E 以上的分子（粒子）称为活化分子（粒子）。

根据概率定义，把具有速度为 $v \rightarrow v+dv$ 的运动粒子数 dn 占总的粒子数 n 比例称为具有速度 v 粒子的概率。

由 Maxwell 速度分布，具有运动速度 v 粒子的概率密度 $p(v)$ 为：

$$p(v) = \sqrt{\frac{m}{2\pi kT}}\exp\left(-\frac{mv^2}{2kT}\right) \tag{5-14}$$

所以，具有运动速度 v 的粒子比例数 $\dfrac{dn}{n}$ 为：

$$\frac{dn}{n} = p(v)dv = \sqrt{\frac{m}{2\pi kT}}\exp\left(-\frac{mv^2}{2kT}\right)dv \tag{5-15}$$

为了易于直接考察具有运动速度 v 的粒子比例数 $\dfrac{dn}{n}$ 与能量之间的关系，进行如下变换。考虑到 1mol 粒子所拥有的动能为：

$$E_{动} = \frac{1}{2}mv^2 \cdot N_A \tag{5-16}$$

对式（5-16）进行微分：

$$\begin{aligned}dv &= \frac{1}{N_A \cdot m \cdot v}dE\Big|_{v=\sqrt{\frac{2E}{N_A m}}}\\ &= \frac{1}{N_A m\left(\dfrac{2E}{N_A m}\right)^{1/2}}dE\\ &= \frac{dE}{\sqrt{2EN_A m}}\end{aligned} \tag{5-17}$$

将式（5-17）代入式（5-15），得：

$$\frac{dn}{n} = 2\sqrt{\frac{m}{2\pi kT}}\exp\left[-\frac{m}{2kT}\cdot\left(\sqrt{\frac{2E}{mN_A}}\right)^2\right]\frac{dE}{\sqrt{2EN_A m}} \tag{5-18}$$

注意：式中右侧的 2 倍关系是考虑到速度分布既有 $v \rightarrow v+dv$ 也有 $-v \rightarrow -(v+dv)$。

整理上式，得：

$$\begin{aligned}\frac{dn}{n} &= \left(\frac{1}{\pi kTN_A}\right)^{1/2}\frac{1}{\sqrt{E}}\exp\left(-\frac{E}{kTN_A}\right)dE\\ &= \left(\frac{1}{\pi RT}\right)^{1/2}E^{-1/2}\exp\left(-\frac{E}{RT}\right)dE\end{aligned} \tag{5-19}$$

对于一维运动，自由度 $f=1$，寻求两粒子正面碰撞，且双方碰撞能量之和恰好为 E 的粒子比例。若 A 粒子携带的能量为 E_1，则 B 粒子携带的能量为 $E_2=E-E_1$，所以，处于能量为 $E \rightarrow E+dE$ 的粒子比例为：

$$\frac{dn}{n} = \left\{ \left[\left(\frac{1}{\pi RT} \right)^{1/2} E_1^{-1/2} \exp\left(-\frac{E_1}{RT} \right) \right] dE_1 \right\} \cdot \left\{ \left[\left(\frac{1}{\pi RT} \right)^{1/2} E_2^{-1/2} \exp\left(-\frac{E_2}{RT} \right) \right] dE_2 \right\}$$

$$(5-20)$$

因为：

$$E_2 = E - E_1 \tag{5-21}$$

所以有：

$$dE_2 = dE \tag{5-22}$$

因为 E 是由 E_1 和 E_2 构成，对 E_1 从 $0 \sim E$ 进行积分，则式（5-20）可改写为：

$$\frac{dn}{n} = \frac{1}{\pi RT} \left[\int_0^E E_1^{-\frac{1}{2}} \exp\left(-\frac{E_1}{RT} \right) (E-E_1)^{-\frac{1}{2}} \exp\left(-\frac{E-E_1}{RT} \right) dE_1 \right] dE$$

$$= \frac{1}{\pi RT} \cdot \exp\left(-\frac{E}{RT} \right) \left[\int_0^E E_1^{-\frac{1}{2}} (E-E_1)^{-\frac{1}{2}} dE_1 \right] dE$$

$$(5-23)$$

设 $t = E_1^{\frac{1}{2}}$，$t^2 = E_1$，所以 $dt = \frac{1}{2t} dE_1$，代入上式，得：

$$\frac{dn}{n} = \frac{1}{\pi RT} \cdot \exp\left(-\frac{E}{RT} \right) \cdot \left[\int_0^{\sqrt{E}} \frac{1}{t} (E-t^2)^{-1/2} 2t dt \right] dE \tag{5-24}$$

上式中括号中的积分值为：

$$\int_0^{\sqrt{E}} \frac{1}{t} (E-t^2)^{-1/2} 2t dt = 2 \int_0^{\sqrt{E}} \frac{dt}{\sqrt{(\sqrt{E})^2 - t^2}}$$

$$(5-25)$$

$$= 2\arcsin \frac{x}{\sqrt{E}} \Big|_0^{\sqrt{E}}$$

$$= \pi$$

将式（5-25）结果代入式（5-24），得：

$$\frac{dn}{n} = \frac{1}{\pi RT} \exp\left(-\frac{E}{RT} \right) \pi dE$$

$$= \frac{1}{RT} \exp\left(-\frac{E}{RT} \right) dE \tag{5-26}$$

因此，碰撞后具有 E 以上能量的活化分子（粒子）的概率为：

$$\frac{n_{活化}}{n} = \int_E^{\infty} \frac{1}{RT} \exp\left(-\frac{E}{RT} \right) dE$$

$$= \exp\left(-\frac{E}{RT} \right) \tag{5-27}$$

因为反应速度常数 k 等于：

$$k = 碰撞数 \times 活化分子比例 \tag{5-28}$$

所以，有：

$$k = A\exp\left(-\frac{E}{RT}\right) \tag{5-29}$$

式中，$\exp\left(-\dfrac{E}{RT}\right)$ 为活化分子比例数；A 为碰撞数。即：

$$A = Z_{AB} = \pi r_{AB}^2 \cdot \sqrt{\frac{8kT}{\pi\mu}} \tag{5-30}$$

如果分子形状是非球形，应考虑分子形状对反应速度的影响，需引入方位因子 p 加以修正。方位因子 p 的数值小于 1，且分子结构越复杂 p 值就越小，有时仅为 10^{-4} 数量级。

例如，对于两个 HI 碰撞生成 H_2 和 I_2 的双原子分子反应：

$$2HI =\!\!=\!\!= I_2 + H_2 \tag{5-31}$$

设想 2 个 HI 分子碰撞的方式有如图 5-2 所示的 4 种形式，但其中只有方式 4 才是有可能发生反应的碰撞。

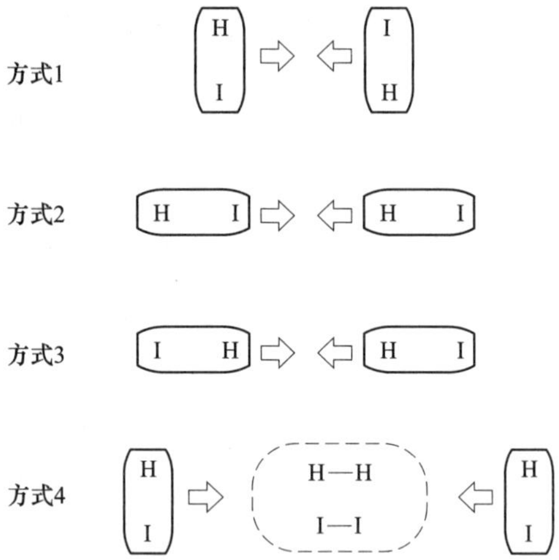

图 5-2　两个 HI 分子反应时的碰撞方式示意图

所以，修正后的阿伦尼乌斯公式为：

$$
\begin{aligned}
k_{碰撞} &= p \cdot A\exp\left(-\frac{E}{RT}\right) \\
&= p\pi r_{AB}^2 \cdot \sqrt{\frac{8kT}{\pi\mu}}\exp\left(-\frac{E}{RT}\right)
\end{aligned}
\tag{5-32}
$$

式（5-32）就是基于碰撞理论和 Maxwell 方程对反应速度常数 k 的阿伦尼乌斯公式的微观诠释。

5.2 活化络合物理论

活化络合物理论是另一种普遍被认可的理论，也称过渡状态理论或绝对反应速度理论。

设 A 物质和 B 物质反应生成 P 物质，反应过程为：

$$A + B \xrightleftharpoons{K^*(\text{平衡常数})} Z^* \xrightarrow{k_3} P \tag{5-33}$$

因此，反应式（5-33）可视为由以下两步构成：

步骤 1，络合反应：

$$A + B \xrightleftharpoons{K^*(\text{平衡常数})} Z^* \tag{5-34}$$

络合反应式中的 Z^* 是络合物，也称活性中间体。该步骤进行速度很快，反应一开始即达到平衡，然后按式（5-35）络合物 Z^* 再转变生成最终物质 P，即步骤 2。由于步骤 1 反应速度很快，因此式（5-35）是整个反应过程的限制性环节。

$$Z^* \xrightarrow{k_3} P \tag{5-35}$$

因为步骤 1 已达到平衡状态，因此活性中间体 Z^* 的浓度可由下式计算：

$$c_{Z^*} = K^* c_A c_B \tag{5-36}$$

若假设步骤 2 为一级反应，则此反应式（5-33）的反应速度可写为：

$$
\begin{aligned}
-\frac{dc_A}{dt} = \frac{dc_P}{dt} &= k_3 c_{Z^*} \\
&= k_3 \cdot (K^* c_A c_B) \\
&= k c_A c_B
\end{aligned}
\tag{5-37}
$$

式中：

$$k = k_3 K^* \tag{5-38}$$

式（5-38）中的 k 是反应式（5-33）的总反应速度常数。

以下推导 k 的数学表达式。

首先明确最佳反应路径，然后推导有关络合反应平衡常数 K^* 的统计热力学表达式。

5.2.1 反应路径

设反应从初始 I 状态过渡到终了 F 状态，其路径示于图 5-3。图 5-3（a）给出了初始 I 状态（反应物 A+B 状态）、终了 F 状态（生成物 P 状态）以及中间产物 X^* 状态（活性中间体 Z^* 状态）的相对势能和各自的能级分布情况。图 5-3（b）是二维的等势能曲面图，从图可见 X 点虽然是 IF 路径中的最高点，但同时却是 m–n 断面上的最低点。从图可以推断：路径 IXF 是最佳路径，任何偏离 IXF 路径所需的能量都要高于 IXF 路径所需的能量，换言之，与其他路径相比，IXF 路径对应的活化分子比例更大些，发生反应的概率也最大。

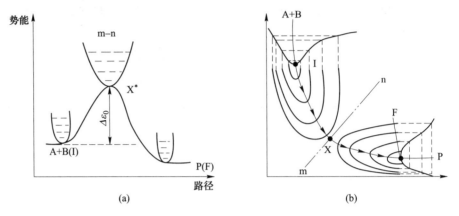

图 5-3　反应从初始 I 状态过渡到终了 F 状态的路径、
相对势能示意图及二维等势能曲面图

5.2.2　络合反应平衡常数 K^* 的统计热力学表达式

根据前述的平衡常数 K 与配分函数关系的热力学推导，络合反应平衡常数 K^* 的数学表达式为：

$$K^* = \frac{z'_{Z^*}}{z'_A z'_B} \exp\left(-\frac{\Delta \varepsilon_0}{kT}\right) \tag{5-39}$$

式中，z' 为不含体积 V 的配分函数；$\Delta \varepsilon_0$ 为 A+B 与活性中间体 Z^* 的最低势能差（参见图 5-3（a））。

对于 i 物质，因为：

$$z'_i = (z'_t \cdot z_r \cdot z_v \cdot z_e)_i \tag{5-40}$$

式中，i 代表反应物或生成物中的某种物质。

（1）关于平动。

对于 i 物质，由式（4-85）知，扣除体积 V 影响的平动配分函数 $(z'_t)_i$ 为：

$$(z'_t)_i = \frac{(2\pi m_i kT)^{\frac{3}{2}}}{h^3} \tag{5-41}$$

$$= \left[\frac{(2\pi m_i kT)^{\frac{1}{2}}}{h}\right]^3$$

令：

$$q'_t = \frac{(2\pi m_i kT)^{\frac{1}{2}}}{h} \tag{5-42}$$

q'_t 代表一个自由度上不含体积 V 的平动配分函数。

注意：q'_t 和 $(z'_t)_i$ 的区别，前者 q'_t 是不含体积因子的单一平动自由度上的平动配分函数，而后者 $(z'_t)_i$ 是不含体积相的一个微观粒子在所有平动自由度上的平动配分函数。

（2）关于转动。

与平动类似，一个转动自由度上的转动配分函数 q_r 表达式按分子结构类型分别为：

1）线型分子，由式（4-115）得一个转动自由度上的转动配分函数：

$$q_r = \left(\frac{8\pi^2 IkT}{\sigma h^2} \right)^{1/2} \tag{5-43}$$

2）非线型分子，由式（4-120）得一个转动自由度上的转动配分函数：

$$q_r = \left[\frac{8\pi^2 (8\pi^3 I_x I_y I_z)^{1/2} (kT)^{3/2}}{\sigma h^3} \right]^{1/3} \tag{5-44}$$

（3）关于振动。

对于微观粒子基频为 ν_i 的振动模式，由于其振动配分函数为：

$$q_{v,i} = \frac{\exp\left(-\dfrac{h\nu_i}{2kT} \right)}{1 - \exp\left(-\dfrac{h\nu_i}{kT} \right)} \tag{5-45}$$

所以，对于该粒子所有的 j 种振动模式（即振动自由度，如 CO_2 具有 4 种振动模式）的总振动配分函数 z_v 为：

$$z_v = \prod_{i=1}^{j} q_{v,i} \tag{5-46}$$

式中，j 为粒子的振动自由度个数。若由 n 个质点构成的分子为线型，则 $j = 3n-5$；若分子为非线型，则 $j = 3n-6$。

关于电子跃迁配分函数：

$$(z_e)_i = \sum_{i=0}^{\infty} \omega_i \exp\left(-\frac{\varepsilon_i}{kT} \right) \tag{5-47}$$

一般情况下 $\varepsilon_i \gg kT$，若设 $\omega_0 = 1$，则：

$$(z_e)_0 = 1 \tag{5-48}$$

以上各式代入络合反应平衡常数式（5-39），得：

$$K^* = \frac{z'_{Z^*}}{z'_A z'_B} \exp\left(-\frac{\Delta \varepsilon_0}{kT} \right) \tag{5-49}$$

在化学反应过程中，为了能发生反应，必然存在一个结合较松散的振动键，可视为该自由度上的化学键趋于断裂，振动频率 ν 显著下降，因此在该自由度上有：

$$h\nu \ll kT \tag{5-50}$$

所以在该振动自由度上的配分函数 q'_v 为：

$$q'_v = \frac{\exp\left(-\dfrac{h\nu}{2kT}\right)}{1 - \exp\left(-\dfrac{h\nu}{kT}\right)}\Bigg|_{h\nu \ll kT} \tag{5-51}$$

根据数学泰勒展开公式：

$$e^x = 1 + x + x^2 + x^3 + \cdots \tag{5-52}$$

当 x 较小时，略去 x^2 以上的高阶无穷小，得：

$$e^x \approx 1 + x \tag{5-53}$$

将泰勒公式应用于式（5-51），得：

$$\begin{aligned} q'_v &= \frac{\exp\left(-\dfrac{h\nu}{2kT}\right)}{1 - \exp\left(-\dfrac{h\nu}{kT}\right)}\Bigg|_{h\nu \ll kT} \\[3mm] &= \frac{1 - \dfrac{h\nu}{2kT}}{1 - \left(1 - \dfrac{h\nu}{kT}\right)}\Bigg|_{1 \gg \frac{h\nu}{2kT}} \\[3mm] &= \frac{kT}{h\nu} \end{aligned} \tag{5-54}$$

所以，对于活性中间体 Z^* 的总配分函数 z'_{Z^*} 的计算式为：

$$\begin{aligned} z'_{Z^*} &= z'_t \cdot z_r \cdot z_v \cdot z_e \Big|_{z_e = 1} \\ &= z'_t \cdot z_r \cdot z_v \\ &= q'_v \cdot z'_{Z^*} \end{aligned} \tag{5-55}$$

因为 q'_v 占用了络合物（活性中间体）的一个自由度（趋于断裂键所在的自由度），所以上式中的 $Z^{\neq}$ 与 Z^* 相比少一个振动自由度，即：

$$f_{Z^{\neq}} = f_{Z^*} - 1 \tag{5-56}$$

将式（5-54）代入上式，得：

$$Z'_{Z^*} = \frac{kT}{h\nu} Z'_{Z^{\neq}} \tag{5-57}$$

所以：

$$K^* = \frac{kT}{h\nu} \frac{z'_{Z^{\neq}}}{z'_A z'_B} \exp\left(-\frac{\Delta\varepsilon_0}{kT}\right) \tag{5-58}$$

式（5-58）就是由配分函数推导得出的络合反应平衡常数 K^* 的数学表达式。其中，$z'_{Z^{\neq}}$ 是比络合物（活性中间体）少一个振动自由度的配分函数。

5.2.3 络合物转变为最终产物 P 过程的反应速度常数 k 统计热力学表达式

以下探讨从 $Z^* \to P$ 过程的反应速率。设络合物（活性中间体）Z^* 转化为生成物 P 的频率为 ν，则有：

$$k_3 = \nu \tag{5-59}$$

上式中的频率 ν 相当于络合物某键断裂形成新物质 P 的频率，与式（5-58）中 ν 相等。

将式（5-59）的 k_3 和式（5-58）的平衡常数 K^* 代入式（5-38），得：

$$
\begin{aligned}
k_{络合} &= k_3 \cdot K^* \\
&= \nu \cdot \frac{kT}{h\nu} \cdot \frac{z'_{Z\neq}}{z'_A z'_B} \exp\left(-\frac{\Delta\varepsilon_0}{RT}\right) \\
&= \frac{kT}{h} \frac{z'_{Z\neq}}{z'_A z'_B} \exp\left(-\frac{\Delta\varepsilon_0}{kT}\right)
\end{aligned}
\tag{5-60}
$$

进而，如果考虑活性中间体 Z^* 在跨越"山梁"转为生成物 P 时将有部分活性中间体 Z^* 返回到原来 I 状态，设 Z^* 转化为 P 的概率为 κ，则式（5-60）可修正为：

$$k_{络合} = \kappa \frac{kT}{h} \frac{z'_{Z\neq}}{z'_A z'_B} \exp\left(-\frac{\Delta\varepsilon_0}{kT}\right) \tag{5-61}$$

由于 1mol 量物质的活化能为：

$$E = \varepsilon_0 N_A \tag{5-62}$$

所以式（5-38）给出的反应速度常数 k 的数学表达式为：

$$
\begin{aligned}
k &= N_A \cdot \left[\kappa \frac{kT}{h} \frac{z'_{Z\neq}}{z'_A z'_B} \exp\left(-\frac{\Delta\varepsilon_0 N_A}{kT N_A}\right)\right] \\
&= \left[\kappa \frac{RT}{h} \frac{z'_{Z\neq}}{z'_A z'_B} \exp\left(-\frac{\Delta E_0}{RT}\right)\right] \\
&= A \exp\left(-\frac{\Delta E_0}{RT}\right)
\end{aligned}
\tag{5-63}
$$

式中，$A = \kappa \dfrac{RT}{h} \dfrac{z'_{Z\neq}}{z'_A z'_B}$，$\Delta E_0$ 是 A + B 与活性中间体 Z^* 的摩尔能量差，也可记为 E_0。

可见，式（5-63）与阿伦尼乌斯公式形式上完全一致，因此过渡状态理论也可以用统计热力学方法得到计算反应速度常数的阿伦尼乌斯公式。

—— · 5.3 碰撞理论与活化络合物理论的比较 · ——

前已述及，分子构造的复杂程度对反应速度常数具有一定影响。以下分别针对简单分子构造，如单原子分子间的反应和多原子分子间的反应，比较由两种理论得到的化学反应平衡常数的差异。

5.3.1　单原子反应

在反应物均为简单构造的条件下，例如假设 A、B 两种物质均为单原子物质，反应后生成双原子分子，该反应如下：

$$A + B = A\cdots B(双原子分子) \tag{5-64}$$

应用活化络合物状态理论，反应速度常数 k 的数学表达式为（参照式（5-61））：

$$k_{络合} = \kappa \frac{kT}{h} \frac{z'_{Z\neq}}{z'_A z'_B} \exp\left(-\frac{\Delta\varepsilon_0}{kT}\right) \tag{5-65}$$

将反应物 A、B 及比活性中间体 Z^* 的配分函数少一个振动自由度的配分函数 $z'_{Z\neq}$ 代入上式，同时考虑到：反应物 A、B 均为单原子物质，都只有 3 个平动自由度，对于活性中间体 Z^*，因为是 A、B 构成的双原子线型结构，所以活性中间体 Z^* 具有 3 个平动自由度、2 个转动自由度和 1 个振动自由度，但由于 $z'_{Z\neq}$ 是比活性中间体 Z^* 少 1 个振动自由度，所以计算式中将不出现振动配分函数，且因为 A 和 B 不重复，故对称数 $\sigma=1$。因此，式（5-65）可写为：

$$k_{络合} = \kappa \frac{kT}{h} \frac{\dfrac{(2\pi m_{AB}kT)^{3/2}}{h^3} \dfrac{8\pi^2 IkT}{\sigma h^2}\bigg|_{\sigma=1}}{\dfrac{(2\pi m_A kT)^{3/2}}{h^3} \cdot \dfrac{(2\pi m_B kT)^{3/2}}{h^3}} \cdot \exp\left(-\frac{\Delta\varepsilon_0}{kT}\right) \tag{5-66}$$

因为转动惯量 I 为：

$$I = \mu r_{AB}^2 = \frac{m_A \cdot m_B}{m_A + m_B} \cdot r_{AB}^2 \tag{5-67}$$

将转动惯量 I 代入式（5-66），整理得：

$$k_{络合} = \kappa \frac{kT}{h} \frac{h^6 [2\pi(m_A + m_B)kT]^{3/2} 8\pi^2 \left(\dfrac{m_A \cdot m_B}{m_A + m_B} \cdot r_{AB}^2\right) kT}{h^5 (2\pi kT)^3 m_A^{3/2} m_B^{3/2}} \cdot \exp\left(-\frac{\Delta\varepsilon_0}{kT}\right)$$

$$= \kappa \pi r_{AB}^2 \sqrt{\frac{8kT}{\pi\mu}} \exp\left(-\frac{\Delta\varepsilon_0}{kT}\right) \tag{5-68}$$

将上式与由碰撞理论得到的反应速度表达式（参见式（5-32））进行比较：

$$k_{碰撞} = p\pi r_{AB}^2 \cdot \sqrt{\frac{8kT}{\pi\mu}} \exp\left(-\frac{\Delta\varepsilon_0}{kT}\right) \tag{5-69}$$

可见：（1）若碰撞半径 r_{AB} 等价于活化络合物理论两反应物的间距 r_{AB}；（2）由于单原子分子可视为球形，所以可认为碰撞理论中的方位因

子 $p=1$；（3）若活化络合物理论中的活性中间体 Z^* 转化为最终物质 P 的转化概率 κ 为 100%，则活化络合物理论和碰撞理论得到的反应速度表达式完全相同，说明对于单原子反应的特殊情况，两种理论得到的结果是一致的。

5.3.2　一般情况

实际上方位因子 p 不一定等于 1，转化概率 κ 也不一定为 100%，所以以下讨论更一般的情况下两种理论的比较。

关于方位因子 p 的影响。假设反应物 A、B 以及活性中间体 Z^* 分别是含有 n_A、n_B 和 n_A+n_B 个质点的非线型复杂分子（粒子），同时假设粒子内所有振动自由度上的振动频率相等。所以有：

$$z'_A = q'^3_t \cdot q^3_r \cdot q^{3n_A-6}_v \tag{5-70}$$

$$z'_B = q'^3_t \cdot q^3_r \cdot q^{3n_B-6}_v \tag{5-71}$$

$$z'_{Z^*} = q'_v z'_{Z^{\neq}} = \frac{kT}{h\nu}q'^3_t \cdot q^3_r \cdot q^{3(n_A+n_B)-6-1}_v \tag{5-72}$$

注意：上式中配分函数 $z'_{Z^{\neq}}$ 的振动自由度是在配分函数 z'_{Z^*} 的振动自由度 $3(n_A+n_B)-6$ 的基础上再减 1。

再假设：反应物 A、B 及活性中间体 Z^*，在每一自由度上的配分函数均相等，即：

$$(q'_t)_A = (q'_t)_B = (q'_t)_{Z^*} \tag{5-73}$$

$$(q_r)_A = (q_r)_B = (q_r)_{Z^*} \tag{5-74}$$

$$(q_v)_A = (q_v)_B = (q_v)_{Z^*} \tag{5-75}$$

则活化络合物理论下的反应速度常数 $k_{络合}$ 为（设活性中间体的转化概率 κ 为 100%）

$$(k_{络合})_{一般} = \frac{kT}{h} \cdot \frac{(q'^3_t \cdot q^3_r \cdot q^{3(n_A+n_B)-7}_v)_{Z^*}}{(q'_t \cdot q^3_r \cdot q^{3n_A-6}_v)_A(q'^3_t \cdot q^3_r \cdot q^{3n_B-6}_v)_B}\exp\left(-\frac{\Delta\varepsilon_0}{kT}\right)$$

$$= \frac{kT}{h} \cdot \frac{q^5_v}{q'^3_t \cdot q^3_r}\exp\left(-\frac{\Delta\varepsilon_0}{kT}\right) \tag{5-76}$$

讨论：对于反应物为单原子情况，因为 A、B 均只有 3 个平动自由度，而活性中间体 Z^* 有 3 个平动自由度、2 个转动自由度和 1 个振动自由度，但由于反应活性中间体 Z^* 的配分函数中需减少 1 个振动自由度，所以：

$$(k_{络合})_{单原子} = \frac{kT}{h} \cdot \frac{q^2_r q^0_v}{q'^3_t}\exp\left(-\frac{\Delta\varepsilon_0}{kT}\right) \tag{5-77}$$

将一般情况下的式（5-76）反应速度常数 $(k_{络合})_{一般}$ 与单原子情况下的式（5-77）反应速度常数 $(k_{络合})_{单原子}$ 相除，得：

$$\frac{(k_{络合})_{一般}}{(k_{络合})_{单原子}} = \left(\frac{q_v}{q_r}\right)^5 \tag{5-78}$$

进而，比较活化络合物理论和碰撞理论各自得到的反应速度常数表达式时，将式（5-69）除以式（5-68），得到两种理论获得的反应速度常数之比为：

$$\frac{k_{碰撞}}{k_{络合}} = \frac{p}{\kappa} \tag{5-79}$$

可见，两者相差一个方位因子 p 和转化概率 κ，即：

$$k_{碰撞} = \frac{p}{\kappa} k_{络合} \tag{5-80}$$

上式就是由碰撞理论和活化络合物理论得到的反应速度常数的比较。因此，若已知方位因子 p 和转化概率 κ，就可以由一种理论获得的反应速度常数计算另一种理论下的反应速度常数。

附　　录

——◆ 附录 1　本征方程 ◆——

若某函数 $f(x)$ 在某种算符（如 R）作用后等于某一个常数 λ 乘以该函数，即存在如下关系：

$$Rf(x) = \lambda f(x) \tag{A-1}$$

则，称 $f(x)$ 称为算符 R 的本征函数，λ 称为算符 R 的本征值，而式（A-1）则称为算符 R 的本征方程。

算符本征值的集合称为算符本征值谱。若本征值的分布是分立的则称为分立谱；若本征值的分布是连续的则称为连续谱；若本征值的分布在某些区间是分立的，而在另一些区间是连续的则称为混合谱。

对于某一本征值 λ，算符 R 可能只有一个本征函数属于该本征值，也可能有多个线性无关的本征函数同时属于该本征值。若有 ω 个线性无关的本征函数属于该本征值，则称本征值 λ 是简并的，ω 就是本征值 λ 的简并度。

如：设算符 R 代表一阶求导，即 $R = \dfrac{\mathrm{d}}{\mathrm{d}x}$，则 $f_1(x) = \mathrm{e}^x$ 或 $f_2(x) = \mathrm{e}^{kx}$ 都属于算符 R 的本征函数，因为：

$Rf_1(x) = \dfrac{\mathrm{d}(\mathrm{e}^x)}{\mathrm{d}x} = \mathrm{e}^x = f_1(x)$，　此时的本征值 $\lambda = 1$；

$Rf_2(x) = \dfrac{\mathrm{d}(\mathrm{e}^{kx})}{\mathrm{d}x} = k\mathrm{e}^{kx} = kf_2(x)$，　此时的本征值 $\lambda = k$。

再如，设 V 是代表二阶求导的算符，$V = \dfrac{\mathrm{d}^2}{\mathrm{d}x^2}$，则 $f_2(x) = \mathrm{e}^{kx}$ 也是算符 V 的本征函数，这时的本征值 $\lambda = k^2$，本征方程为：

$$Vf_2(x) = k^2 f_2(x) \tag{A-2}$$

由于薛定谔方程是将哈密顿算符 $\hat{H}$ 作用于某波函数 ψ 上并等于常数 E 乘以该波函数，所以薛定谔方程属于本征方程。

$$\hat{H}\psi = E\psi \tag{A-3}$$

因此，薛定谔方程中的 E 为哈密顿算符 $\hat{H}$ 的本征值、对应的波函数为哈密顿算符 $\hat{H}$ 的本征函数。

定义本征态，如果体系处于某算符（如哈密顿算符 $\hat{H}$）对应的本征函数所描述的状态时称为本征态。

注意：算符的本征态与本征值不一定一一对应，有时会出现多个（如 S 个）本征态对应同一个本征值，通常把这种情况称为简并，称 S 为简并度。

关于波函数解的物理意义，从上述结论可见，若已知量子数 n，l，m_l 的数值，就可以写出具体的波函数表达式 $\Psi_{nlm_l}(r，\theta，\varphi)$。换言之，氢原子内电子的能量状态、角动量和角动量的 z 分量都是量子化的，电子状态可用量子数 n，l，m_l 表征。

——• 附录 2　有关排列组合 •——

在计算微观状态数时经常涉及到排列组合的数学知识，其主要相关内容整理归纳如下。

1. 有 N 个可分辨的球，将其配分到 i 个盒子里，若每个盒子里的球数不限的话（相当于定域子情况 1），则可能的配分方式数 P 为：

$$P = i^N \tag{A-4}$$

2. 有白、红、绿 3 种颜色 N 个球，其中白球 n_1 个，红球 n_2 个，绿球 n_3 个，若按一字排列，因为相当于每个盒子（颜色）里放置的粒子数固定（相当于定域子情况 2），则排列的方式数 P 为：

$$P = \frac{N!}{n_1!\ n_2!\ n_3} = N! \prod_{i=1}^{3} \frac{1}{n_i!} \tag{A-5}$$

实际上，这种情况相当于 N 个定域子随机放在同一能级的 3 个小盒子里，且每个盒子里的微观粒子数量为 n_i 个的情况。

对于式（A-5）来说，在极端的情况下，例如，N 个球中有 m 个是白的，其他 $(N-m)$ 个球是红的，则可能的排列方式数 P 的计算式可写为：

$$P = \frac{N!}{m!\ (N-m)!} = C_N^m \tag{A-6}$$

可见式（A-6）相当于在 N 个可分辨球中取 m 个球为一组共有多少种的组合形式。

3. 有 N 个可分辨的球，配分到 $i(i>N)$ 个盒子里，若要求每个盒子里最多放一个球（相当于定域子附加每个盒子只能放一个球的条件），则可能的配分方式数 P 相当于从 i 元素取 N 元素排列：

$$P = i(i-1)\cdots(i-N+1) = \frac{i!}{(i-N)!} = A_i^N \tag{A-7}$$

4. 有 N 个不可分辨的球（相当于离域子体系），将其放到 i 个盒子里，若盒子里的球数不限（相当于离域玻色子），则等价于在 N 个球与 $i-1$ 个盒子隔板共 $N+i-1$ 个元素中，其中有 N 个元素是白的，$i-1$ 个元素（＝ $N+(i-1)-N$）是红的情况一样，这时可能的配分方式数 P 套用式（A-6），得：

$$P = C_{N+i-1}^{i-1} = \frac{(N+i-1)!}{(i-1)!\ N!} \tag{A-8}$$

5. 有 N 个不可分辨的球，配分到 $i(i>N)$ 个盒子里，若要求每个盒子里最多放一球（相当于离域费米子），相当于 i 个元素中任意取 N 个元素组合，所以可能的配分方式数 P 为：

$$P = \frac{i!}{N!\ (i-N)!} = C_i^N \tag{A-9}$$

6. 有 N 个不可分辨的球，配分到 i 个盒子里，若 $i \gg N$（相当于离域经典子），则可能的配分方式数 P 为：

$$P = \frac{i^N}{N!} \tag{A-10}$$

实际上式（A-10）相当于 N 个不可分辨的粒子配分到 i 个盒子里并扣除粒子不可分辨的影响。

——• 附录3　Stirling 公式 •——

Stirling 公式表述形式一：
$$\ln x! = x\ln x - x \tag{A-11}$$
Stirling 公式表述形式二：
因为：
$$\begin{aligned}\ln x! &= x\ln x - x\\ &= x(\ln x - \ln e)\\ &= x\ln\left(\frac{x}{e}\right)\\ &= \ln\left(\frac{x}{e}\right)^x\end{aligned} \tag{A-12}$$

所以 Stirling 公式也可表述为：
$$x! = \left(\frac{x}{e}\right)^x \tag{A-13}$$

——• 附录4　正态分布函数积分值 •——

设正态分布概率密度函数：
$$f(S) = \sqrt{\frac{1}{2\pi}}\exp\left(-\frac{S^2}{2}\right) \tag{A-14}$$

则正态分布函数在$-\infty \sim z_0$区间的积分值（图 A-1）为：

$$F(z \leqslant z_0) = \int_{-\infty}^{z_0} \sqrt{\frac{1}{2\pi}} \exp\left(-\frac{S^2}{2}\right) \mathrm{d}S \qquad (A\text{-}15)$$

当 $z_0 = 0.0$ 则 $F(z_0) = 0.5000$
当 $z_0 = 0.5$ 则 $F(z_0) = 0.6915$
当 $z_0 = 1.0$ 则 $F(z_0) = 0.8413$
当 $z_0 = 2.0$ 则 $F(z_0) = 0.9773$
当 $z_0 = 2.5$ 则 $F(z_0) = 0.9938$
当 $z_0 = 3.0$ 则 $F(z_0) = 0.9987$
当 $z_0 = 2.236$ 则 $F(z_0) = 0.987$

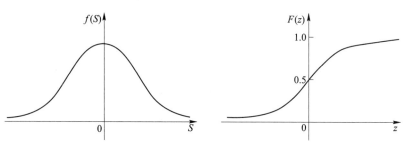

图 A-1 正态分布函数在$-\infty \sim z_0$区间的积分值

附录 5 常用物理常数

真空中光速 $c = 299792458\mathrm{m/s}$
真空介电常数 $\varepsilon_0 = 8.8542 \times 10^{-12}\mathrm{F/m}\,(\mathrm{C^2/(N \cdot m^2)})$
普朗克常数 $h = 6.626 \times 10^{-34}\mathrm{J \cdot s}$
约化普朗克常数（狄拉克常数） $\hbar = \dfrac{h}{2\pi} = 1.055 \times 10^{-34}\mathrm{J \cdot s}$
电子电量 $e = 1.602 \times 10^{-19}\mathrm{C}$
电子静止质量 $m_e = 9.109 \times 10^{-31}\mathrm{kg}$
质子静止质量 $m_p = 1.673 \times 10^{-27}\mathrm{kg}$
阿伏伽德罗常数 $N_A = 6.022 \times 10^{23}\mathrm{mol^{-1}}$
气体常数 $R = 8.314\mathrm{J/(mol \cdot K)}$
玻耳兹曼常数 $k = 1.381 \times 10^{-23}\mathrm{J/K}$
摩尔体积（理想气体，273.15K，101325Pa 条件下）
                                $V_m = 22.414 \times 10^{-3}\mathrm{m^3/mol}$
标准大气压 $p^{\ominus} = 101325\mathrm{Pa} = 1\mathrm{atm}$
电子伏特 $1\mathrm{eV} = 1.6022 \times 10^{-19}\mathrm{J}$

—— • 附录6 常用定积分公式 • ——

$$\int_0^\infty x^n \mathrm{e}^{-ax} \mathrm{d}x = \frac{n!}{a^{n+1}}$$

$$\int_0^\infty x^{2n} \mathrm{e}^{-ax^2} \mathrm{d}x = \frac{1 \times 3 \times 5 \times \cdots \times (2n-1)}{2^{n+1}a^n} \sqrt{\frac{\pi}{a}}$$

$$\int_0^\infty x^{2n+1} \mathrm{e}^{-ax^2} \mathrm{d}x = \frac{n!}{2a^{n+1}}$$

$$\int_0^\infty \mathrm{e}^{-ax^2} \mathrm{d}x = \frac{1}{2} \sqrt{\frac{\pi}{a}}$$

$$\int_0^\infty x \mathrm{e}^{-ax^2} \mathrm{d}x = \frac{1}{2a}$$

$$\int_0^\infty x^2 \mathrm{e}^{-ax^2} \mathrm{d}x = \frac{1}{4} \sqrt{\frac{\pi}{a^3}}$$